# BIBLIOTHÈQUE
# DES MERVEILLES

PUBLIÉE SOUS LA DIRECTION

DE M. ÉDOUARD CHARTON

---

## LES MERVEILLES

# DES FLEUVES ET DES RUISSEAUX

16954. — PARIS, IMPRIMERIE A. LAHURE

9, rue de Fleurus, 9

BIBLIOTHÈQUE DES MERVEILLES

# LES MERVEILLES
# DES FLEUVES
# ET DES RUISSEAUX

PAR

## C. MILLET

VICE-PRÉSIDENT DE SECTION A LA SOCIÉTÉ D'ACCLIMATATION

ANCIEN ÉLÈVE DE L'ÉCOLE FORESTIÈRE, ANCIEN INSPECTEUR DES FORÊTS

**TROISIÈME ÉDITION**

ILLUSTRÉE DE 66 VIGNETTES SUR BOIS

PAR A. MESNEL

## PARIS
### LIBRAIRIE HACHETTE ET Cie
79, BOULEVARD SAINT-GERMAIN, 79

### 1888

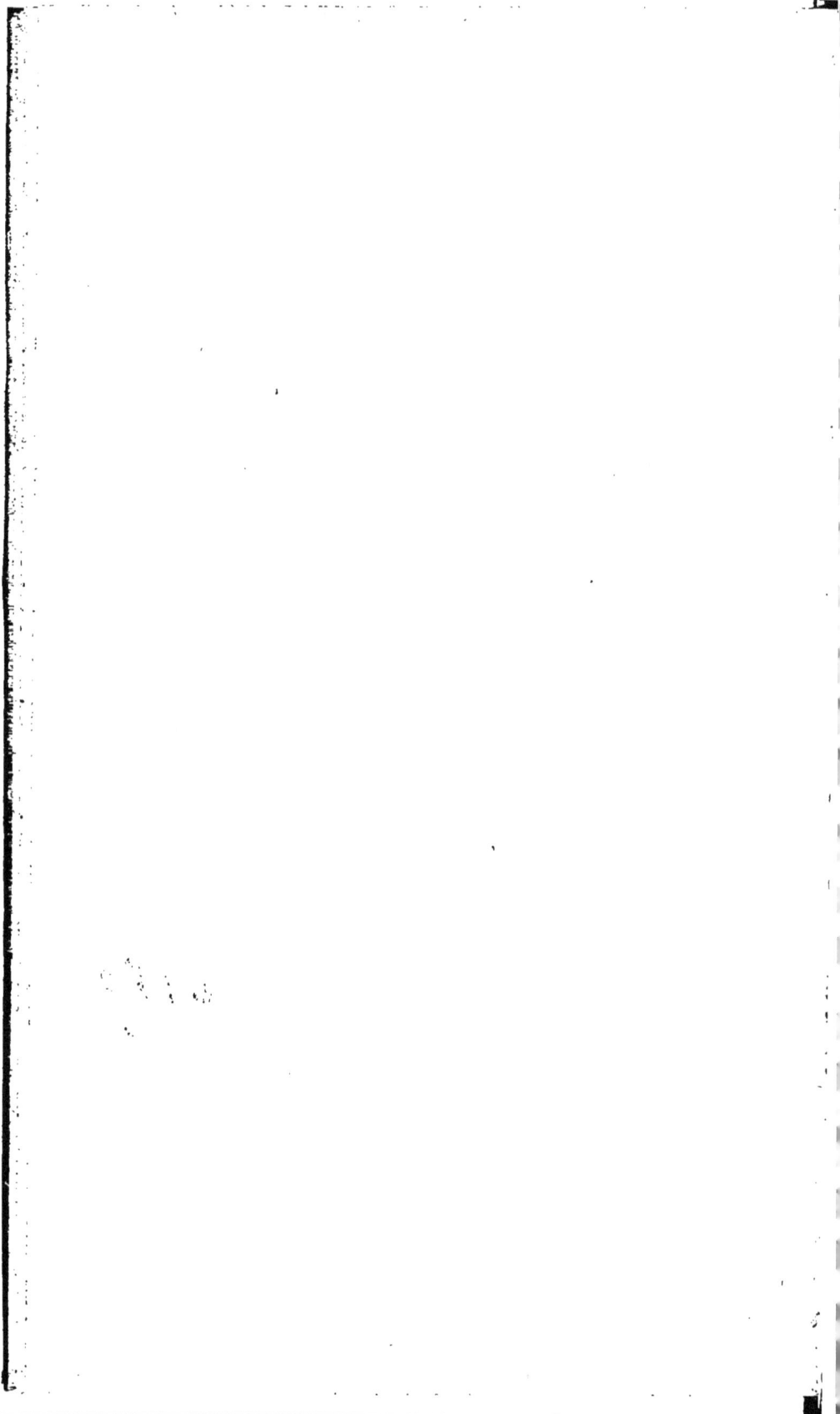

# INTRODUCTION

Quand on examine le globe terrestre, on y voit tout d'abord deux choses : la *terre* et *l'eau;* et quand on voit la terre sillonnée dans tous les sens par une infinité de cours d'eau, on est naturellement conduit à rechercher l'origine de ces cours d'eau et le rôle qu'ils jouent dans l'harmonie générale de notre globe; car tout est harmonie dans l'œuvre de Dieu.

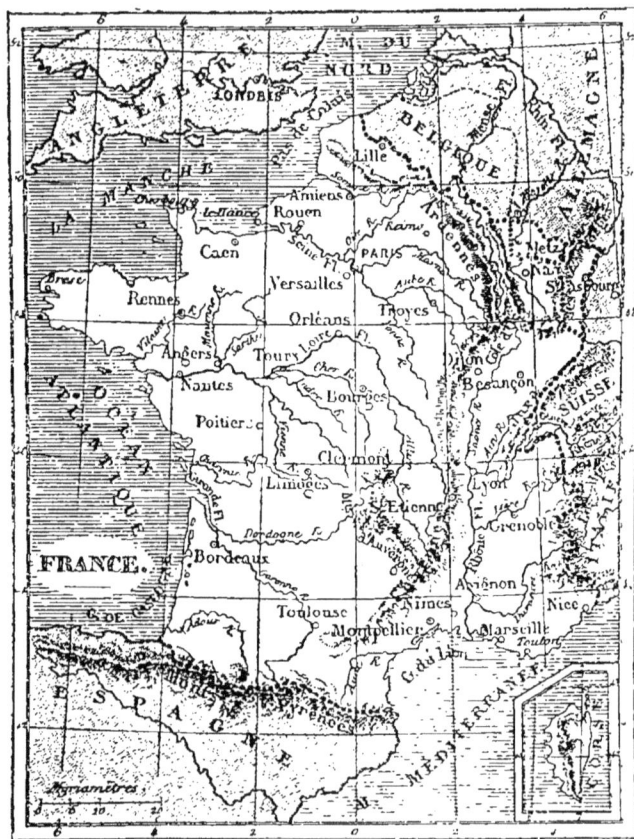

Les fleuves de France.

# LES MERVEILLES

DES

# FLEUVES ET DES RUISSEAUX

## ORIGINE DES COURS D'EAU

### LA PLUIE

Par-dessus les continents et les mers, la terre est enveloppée d'un manteau uniforme et léger qui la préserve du froid, et dans l'épaisseur duquel s'accomplissent des phénomènes du plus haut intérêt. Ce manteau c'est l'atmosphère, qui est formée par un fluide parfaitement transparent, l'air.

L'air contient toujours de l'eau; et ce point doit être étudié avec quelques détails, car c'est la cause de tous les météores aqueux.

Quand on place de l'eau dans une assiette, à l'air libre, on la voit diminuer et disparaître peu à peu, parce qu'elle se change en vapeur, en un gaz aussi incolore et aussi transparent que l'air auquel elle se mêle sans qu'on en soupçonne la présence; et comme cette transformation se produit continuellement à la surface de toutes les mers, de tous les lacs, de tous les cours d'eau, et de tous les sols quand ils sont couverts d'eau ou qu'ils ont été mouillés par la pluie, il en résulte que chaque litre d'air atmosphérique contient un poids déterminé de vapeur d'eau. Ce poids varie suivant les cas, mais ne peut jamais dépasser une limite fixe; cette limite est de 5, 9, 18, 53, 58 centigrammes à des températures de 0°, 10°, 20°, 30°, 40°.

Ces nombres font voir que l'air peut recéler beaucoup de vapeur à 40°, très peu à 0°, par conséquent beaucoup vers l'équateur, très peu vers les pôles ou en hiver.

Quand il contient tout ce qu'il peut recevoir de vapeur d'eau, on dit qu'il est saturé; généralement il ne l'est pas. S'il est très loin du point de saturation, on dit qu'il est sec; s'il en est très près, on dit qu'il est humide. Il résulte de là qu'un air saturé à 0° deviendra sec si on le chauffe jusqu'à 40°, tandis qu'en refroidissant jusqu'à 0° un air qui est sec à 40°, cet air pourra devenir très humide, il pourra même être saturé.

Si on le refroidit davantage, il sera plus que saturé; alors une partie de sa vapeur redeviendra de l'eau à l'état liquide; c'est là l'origine de tous les météores aqueux.

Quand l'herbe des champs se refroidit, elle condense la vapeur à sa surface en gouttelettes de rosée; si c'est l'air de la vallée, l'eau se réunit en vésicules trop petites pour tomber, mais assez nombreuses pour obscurcir l'air : c'est un brouillard. Si le phénomène se produit dans les couches élevées de l'atmosphère, le brouillard, sans changer de nature, prend un autre nom, celui de nuage. Enfin, quand la condensation s'exagère, les gouttelettes grossissent, et peu à peu le brouillard se change en pluie.

En comprimant l'air, on le diminue en volume et on produit le même effet qu'en le refroidissant. Prenons comme exemple deux litres d'air à 20°, température à laquelle chacun de ces litres contient 15 centigrammes de vapeur, ils ne seront point saturés ; mais si, en les comprimant, on les réduit à un litre, ce litre contiendra la totalité de la vapeur ou 30 centigrammes, et aura alors dépassé la saturation.

En résumé, la compression et le froid agissant ensemble ou séparément amèneront la pluie ; le réchauffement et la dilatation produiront l'effet contraire.

Quand l'air se refroidit tout en se dilatant, comme cela arrive quand il s'élève, il éprouve deux actions opposées, et suivant que l'une ou l'autre domine, on voit la pluie tomber ou le brouillard se dissiper.

Une des causes les plus fréquentes de pluie est le mélange de deux vents, l'un chaud, l'autre froid, qui ne sont saturés ni l'un ni l'autre, mais qui tous deux sont près de l'être. Le plus chaud se refroidit et par là devient sursaturé ; le plus froid s'échauffe et se dessèche ; mais le premier effet l'emporte toujours sur le second, ce qui amène la pluie.

Prenons un exemple : l'un des vents est à 0° et contient 4 centigrammes de vapeur, l'autre est à 40° et contient 50 centigrammes d'eau. Mêlés en volumes égaux, ils prennent une température de 20° et renferment une moyenne de 27 centigrammes de vapeur par litre. Or, a cette température, ils n'en peuvent recéler que 18 ; il y en a 9 de trop ; chaque litre de cet air versera donc 9 centigrammes ou 90 millimètres cubes de pluie.

Voilà toute la physique de ce grand phénomène.

La question mécanique est plus complexe.

En général, c'est le mouvement de l'air qui amène la pluie ou le beau temps.

Si elle était immobile et comme attachée au sol, l'atmosphère serait toujours saturée sur la mer, où il pleuvrait à chaque refroidissement ; elle serait, au contraire, toujours sèche au-dessus des continents qui ignoreraient la pluie.

Le vent fait le métier de *porteur d'eau;* il va la puiser aux contrées chaudes pour la porter sur les pays tempérés ; et, quand il l'a distribuée, il recommence son voyage.

Pour savoir les lois de la pluie, il faut découvrir celles des grands déplacements de l'air ; ces deux questions sont connexes, elles ont été parfaitement étudiées et exposées par MM. Maury, Piddington, Dove, l'amiral Fitz-Roy, Marié Davy, Jamin, etc.

Je ne puis que prier le lecteur qui voudrait approfondir ces questions, de consulter les livres et les mémoires qui ont été publiés par ces savants et qui renferment des documents d'un grand intérêt, mais dont l'exposé m'entraînerait bien au delà des limites de mon livre.

Je me bornerai à donner quelques chiffres sur la quantité de pluie qui tombe dans diverses contrées de l'Europe, et à dire ce que devient la pluie en tombant sur le sol.

QUANTITÉ MOYENNE DE PLUIE QUI TOMBE ANNUELLEMENT EN EUROPE.

| | |
|---|---|
| Angleterre (ouest). . . . . . . . . . . . . . . | 0$^m$.916 |
| — (est). . . . . . . . . . . . . | 0 .687 |
| Côtes ouest d'Europe . . . . . . . . . . . . . | 0 .743 |
| France méridionale et Italie (sud des Apennins). | 0 .814 |
| Italie (nord des Apennins). . . . . . . . . . . | 0 .908 |
| France septentrionale et Allemagne. . . . . . | 0 .678 |
| Scandinavie. . . . . . . . . . . . . . . . . . | 0 .476 |
| Russie. . . . . . . . . . . . . . . . . . . . | 0 .904 |

## LES SOURCES

Quand la pluie est tombée sur la terre, une partie se vaporise spontanément et retourne dans l'atmosphère; une autre partie est absorbée par les végétaux et les animaux; le reste, enfin, est absorbé par le sol.

L'eau qui pénètre dans le sol forme, d'une part, les *nappes souterraines* capables de produire les eaux ascendantes, et, d'autre part, les *sources*.

La pluie fait les sources;

Les sources font les ruisseaux;

Les ruisseaux font les rivières et les fleuves.

Dans les ruisseaux, les rivières et les fleuves, le volume d'eau, depuis la source la plus reculée, est augmenté d'une manière continue par les affluents qu'ils reçoivent ou par les sources qui existent dans leur lit, et, d'une manière temporaire, par une portion des pluies qui tombent dans leur bassin et qui s'écoulent à la surface du sol.

C'est donc par abstraction pure qu'on arrive à considérer un fleuve comme un être isolé. Car, il n'est en

réalité que l'ensemble des rivières et des ruisseaux ac-
courus de toutes les extrémités du bassin ; il réunit les

Source de rivière.

milliers de filets d'eau échappés aux glaces ou sortis des
veines de la terre ; il se compose des gouttelettes innom-

brables qui suintent de la terre saturée de pluie ou couverte de neige.

On peut donc dire que les cours d'eau qui répandent la vie sur tout le globe, et sans lesquels les continents seraient des espaces arides et complètement inhabitables, ne sont autre chose qu'un système de veines et de veinules rapportant au grand réservoir océanique les eaux déversées sur le sol par le système artériel des nuages ou des pluies.

On peut se faire une idée de la relation qui existe entre la pluie tombée et le débit des cours d'eau, par l'exemple suivant :

Le bassin de la Seine, en amont de Paris, a 43,270 kilomètres carrés de superficie. Il tombe annuellement, dans ce bassin, une couche d'eau de 53 centimètres de hauteur, ce qui donne un volume total de 22,933 millions de mètres cubes. Le volume d'eau, débité annuellement par la Seine au pont Royal, étant de 8,042 millions de mètres cubes, n'est environ que le *tiers* de celui qui tombe en pluie dans le bassin supérieur.

## MATIÈRES PRÉCIEUSES CHARRIEES
### PAR LES EAUX

Sur la terre, l'eau symbolise le mouvement par excellence; elle coule et coule toujours, sans répit, sans fatigue. Or, qui dit mouvement, dit action : il ne suffit pas, en effet, à l'eau de descendre dans un lit tout creusé; elle ronge, elle mine, elle érode, elle entraîne, elle soulève incessamment les terres et les rochers qui la contiennent ou qui s'opposent à son cours ; caillou à caillou, grain de sable à grain de sable, elle porte les montagnes dans les vallées et dans la mer; elle n'est pas seulement un chemin qui marche, elle est aussi une masse continentale en voyage.

Par suite de ce travail des eaux, on trouve, dans diverses contrées, l'*or*, le *platine* et le *diamant* au milieu des terrains d'alluvion, ou des sables charriés par les rivières.

C'est surtout dans les alluvions de l'Amérique, de l'Asie centrale et de l'Océanie qu'on rencontre une grande quantité d'or en paillettes, en grains ou en pépites.

Presque toutes les rivières de l'Équateur, à l'est et à

Exploitation des sables aurifères en Californie, dans les cours d'eau détournés.

l'ouest de la Cordillère, charrient de l'or. C'est à la présence de ce métal, abondant surtout dans la partie de l'est, que l'Équateur a dû d'être appelé par les *conquistadores* le pays de l'or : *el pais dorado*, ou plus simplement *el dorado*, dont les historiens français et anglais ont fait un seul mot.

L'abondance de l'or et de l'argent dans l'Équateur, aux premiers jours de la conquête, faisait dire aux *conquistadores :* « Dans ce pays, les métaux précieux se donnent la main et mêlent leurs voix pour exciter jusqu'à la folie la convoitise des hommes. »

Dans la république orientale de l'Uruguay, les cours d'eau qui descendent de la *Cuchilla grande* charrient tous de l'or en poudre, que l'on récolte par des lavages.

En Italie, l'Arno, le Tessin, le Pô, le Serio, etc., charrient des sables aurifères que l'on recueille, à la suite des crues, sur les rives; les paillettes d'or se trient par le lavage.

En France, on trouve aussi plusieurs cours d'eau dont les sables sont légèrement aurifères. L'Ariège, par exemple, qui prend sa source au pic de Framiquet, dans la chaine des Pyrénées, roule un peu d'or, d'où son nom d'*Aurigera*, et par corruption celui d'Ariège.

Au Brésil et aux Indes orientales, le *diamant* existe dans les terrains de transport et dans les sables, soit en grains irrégulièrement arrondis, soit en cristaux. On lave les sables diamantifères pour entraîner la plus grande partie des matières terreuses; on étend ensuite le résidu sur une aire bien battue pour y faire la recherche des diamants.

Le fleuve Belmonte, qu'on nomme aussi *Rio Jiquitinhonha*, est célèbre par la quantité de diamants qu'il ren-

ferme; mais le diamant du Brésil est moins estimé que
celui des Indes. On le trouve généralement dans le lit
des fleuves et même des petits cours d'eau, tels que le

Chinois lavant les sables aurifères, avec le berceau, sur les placers
d'Australie.

ruisseau *Abayle;* il y en a de teintes diverses; et ceux
qu'on désigne sous le nom de diamants noirs étaient autrefois très recherchés des Hollandais.

Quant au *platine,* on le trouve en grains irréguliers

ou pépites dans les sables et les terrains d'alluvion qui renferment également l'or et le diamant.

Les dépôts de métaux précieux ou de diamants formés par le travail séculaire des eaux sont bien vite épuisés; d'ailleurs, le lavage des sables aurifères ou diamantifères constitue souvent un travail peu rémunérateur.

En Australie, les Chinois ont inventé, pour le lavage des sables, le berceau (*cradle* ou *rocker* des Anglais), qui a la forme d'une caisse allongée, ouverte sur le devant, à laquelle on imprime un mouvement oscillatoire. Un tamis est disposé à la partie supérieure, un châssis incliné, recouvert d'une toile, sous le tamis. On jette sur celui-ci les sables, les graviers, les terres à laver, et l'on berce d'une main, en arrosant de l'autre. Les matières fines, ténues, les sables, les aiguilles et les paillettes d'or, les petites pépites, passent avec l'eau à travers les ouvertures du crible. Elles descendent sur la toile inclinée, et de là au fond du berceau, d'où l'eau et les matières légères s'échappent. Dans cette opération, les corps les plus lourds vont le moins loin, et l'or se retrouve presque tout entier à la tête de la toile, sous le tamis.

Les cours d'eau charrient et déposent sous les pieds de l'homme, dans toutes les contrées du globe, des matières bien plus précieuses que l'or, le platine et le diamant; partout, ils mettent à sa disposition des trésors inépuisables. Nous verrons bientôt, en effet les richesses immenses que les eaux du Nil déversent, depuis un grand nombre de siècles, sur le sol de l'Égypte.

Ces trésors inépuisables que charrient les eaux courantes, ce sont les matières qu'elles tiennent en dissolution ou en suspension, et que l'homme utilise par les *irrigations*, les *colmatages* et les *limonages*.

## LES IRRIGATIONS

L'eau est un agent indispensable de la végétation. Une terre qui en serait complètement privée, se réduirait en une poussière incapable de prêter aux racines des plantes l'appui dont elles ont besoin, ou bien formerait une masse difficilement attaquable par les instruments de culture, et, dans tous les cas, complètement impénétrable aux jeunes prolongements des racines. D'ailleurs, c'est l'eau, secondée par les gaz atmosphériques dont la terre est ordinairement imprégnée, qui attaque les minéraux constituants du sol, et leur enlève par voie de dissolution les principes utiles que les plantes s'approprient. C'est l'eau qui sert de véhicule à toutes les parties actives des engrais; c'est elle, en un mot, qui constitue la masse principale de la sève.

Les irrigations ont divers buts bien distincts, mais également importants. Premièrement, procurer au sol l'eau que les pluies ne lui ont pas suffisamment départie; secondement, déposer dans ce sol ou sur ce sol les principes fertilisants et les limons contenus en abondance dans les eaux, matières qui, naturellement, vont se perdre à la mer, en suivant les ruisseaux et les fleuves ; enfin, détruire les animaux nuisibles, tels que insectes, mollusques, petits rongeurs, qui causent souvent de grands dommages à l'agriculture ; à cet égard, il convient de rappeler que c'est à l'aide des irrigations, partout où elles sont possibles, que l'on parvient à faire périr le *phylloxera vastatrix*, petit puceron qui menaçait d'anéantir nos vignobles.

MATIÈRES SOLIDES EN SUSPENSION DANS LES EAUX COURANTES

| COURS D'EAU | POIDS, EN GRAMMES, PAR MÈTRE CUBE D'EAU | | | |
|---|---|---|---|---|
| | DU 1er AVRIL AU 30 SEPT. | DU 1er OCTOBRE AU 31 MARS | EN MOYENNE POUR L'ANNÉE | PENDANT LES CRUES |
| | gr. | gr. | gr. | gr. |
| La Seine. . . . . . . . | 200 | 400 | » | 2740 |
| La Marne. . . . . . . . | 14 | 82 | » | 515 |
| La Loire (à Tours). . . | » | » | » | 467 |
| La Vienne. . . . . . . . | » | » | » | 495 |
| Le Rhin. . . . . . . . . | » | » | 64 | » |
| Le Rhône (à Lyon). . . | 78 | 75 | » | » |
| *Id.* . . . . . . . . | » | » | » | 980 |
| *Id.* . . . . . . . | » | » | » | 1230 |
| La Saône (à Lyon). . . | 22 | 74 | » | » |
| La Durance. . . . . . . | 1160 | 780 | » | 5652 |
| Le Var. . . . . . . . . | 2820 | 1690 | » | 58617 |
| L'Elbe. . . . . . . . . | » | » | 32 | 109 |
| Le Gange. . . . . . . . | » | » | » | 2540 |
| Le Mississipi. . . . . . | » | » | 555 | 1748 |

Les limons déposés par les rivières sont des mélanges de sables impalpables, d'argile, de carbonate de chaux, de divers autres minéraux amenés au dernier état de

2

division, enfin des matières organiques presque toujours azotées. Ces limons sont analogues aux terres les plus fertiles, et renferment à peu près tous les éléments minéraux ou autres qui peuvent être utiles à la végétation.

### AZOTE CONTENU DANS LES LIMONS

Un élément, entre tous les autres, mérite de fixer particulièrement notre attention : c'est l'azote.

Quantités d'azote contenues dans une partie, en poids, de limon :

| | |
|---|---|
| Durance.. . . . . . | 0,00071 à 0.00128 |
| Var. . . . . . . . . | 0,00090 à 0,00170 |
| Loire. . . . . . . . | 0,00210 à 0,00610 |
| Marne.. . . . . . . | 0,00410 à 0,00980 |
| Seine. . . . . . . . | 0,00420 à 0,00940 |

On sait que le fumier, considéré comme type, contient 0,004 de son poids d'azote. On voit ici que la Seine et la Marne, dans leurs limons les plus pauvres, sont aussi riches en azote que le fumier; ils doivent dès lors être considérés comme de véritables engrais. Cet azote, d'ailleurs, vient s'ajouter à celui contenu dans les matières minérales en dissolution.

Prenons pour exemple une irrigation pratiquée, sur un champ d'un hectare, avec de l'eau prise à la Durance (15552 mètres cubes pour les six mois d'été). L'eau contiendra, en moyenne, $1^{kil}$,46 de matières en suspension par mètre cube, ce qui donnera pour le poids total du limon déposé dans le champ 22706 kilogrammes contenant de 16 à 29 kilogrammes d'azote, soit l'équivalent de 4000 à 7000 kilogrammes de fumier.

## MATIÈRES MINÉRALES EN DISSOLUTION DANS L'EAU

Les substances les plus communes et les plus abondantes dans les eaux sont la chaux, la magnésie, l'albumine, l'oxyde de fer, unis généralement à la silice, à l'acide carbonique et à quelques autres acides. La plupart de ces substances sont aussi celles qui font partie des tissus des végétaux et qui se retrouvent dans leurs cendres.

POIDS, EN CENTIGRAMMES, DES MATIÈRES MINÉRALES CONTENUES
DANS 100 LITRES D'EAU.

|  | GARONNE. | SEINE. | RHIN. | LOIRE. | RHÔNE. | DOUBS. |
|---|---|---|---|---|---|---|
| Silice.............. | 401 | 244 | 488 | 406 | 238 | 195 |
| Alumine............ | » | 5 | 25 | 71 | 59 | 21 |
| Oxyde de fer......... | 31 | 25 | 58 | 55 | » | 50 |
| Carbonate de chaux....... | 645 | 1655 | 1356 | 481 | 789 | 1910 |
| —     de magnésie..... | 34 | 27 | 50 | 61 | 49 | 23 |
| Sulfate de chaux........ | » | 269 | 147 | » | 406 | » |
| —     de magnésie....... | » | » | » | » | 63 | » |
| Chlorure de magnésium..... | » | » | » | » | » | 5 |
| —     de sodium........ | 52 | 125 | 20 | 48 | 17 | 23 |
| Carbonate de soude....... | 65 | » | » | 146 | » | » |
| Sulfate de soude........ | 55 | » | 135 | 34 | 74 | 51 |
| —  de potasse....... | 76 | 50 | » | » | » | » |
| Nitrate de potasse........ | » | » | 58 | » | 40 | 44 |
| —  de soude........ | » | 94 | » | » | 45 | 39 |
| —  de magnésie.. .,.... | » | 52 | » | » | » | » |
| Silicate de potasse........ | » | » | » | 44 | » | » |
| TOTAUX........ | 1367 | 2544 | 2317 | 1346 | 1820 | 2302 |

### GAZ DISSOUS DANS L'EAU

Toutes les eaux, mais surtout les eaux courantes, dans leur contact prolongé avec l'atmosphère, absorbent des gaz (oxygène, azote, acide carbonique).

VOLUME, EN CENTIMÈTRES CUBES, DES GAZ DISSOUS PAR LITRE D'EAU.

|  | OXYGÈNE. | AZOTE. | ACIDE CARBONIQUE. |
|---|---|---|---|
| Canal de Carpentras. . . . | 4cc,5 | 12cc,5 | 2 à 7cc |
| La Sorgue. . . . . . . . . | 5  7 | 15  5 | 10 à 17 |
| La Meurthe. . . . . . . . | 7  5 | 15  5 | 1 à 5 |
| La Seine. . . . . . . . . | » | » | 20  50 |

### HISTORIQUE

L'art de l'irrigation, originaire des contrées méridionales de l'Asie, y était connu dès la plus haute antiquité. Les Chinois, les populations primitives de l'Inde et de la Perse, ceux qui habitaient, au temps de Babylone et de Ninive, les pays compris entre le Tigre et l'Euphrate, enfin les Égyptiens, ont appliqué les irrigations sur une vaste échelle. Les Romains en empruntèrent la pratique à l'Orient et l'introduisirent dans l'Italie et dans le midi de la France. Les Arabes enfin, venus aussi de l'Orient, l'ont importée en Espagne. Depuis lors, néanmoins, l'art d'irriguer est resté presque stationnaire, et malgré l'essor animé de la civilisation moderne, malgré les progrès incontestables réalisés par l'agriculture, l'irrigation n'a conquis que peu de ter-

rain. Chez nous, aujourd'hui même, il s'en faut de
beaucoup qu'elle soit appliquée à toutes les régions et
à toutes les terres qui seraient susceptibles de recevoir
ses bienfaits.

## IRRIGATIONS EN ÉGYPTE

L'Égypte, depuis la dernière cataracte jusqu'à la
pointe de Bourlos, point le plus septentrional, comprend
une superficie de 2 100 000 hectares de terrains cultivables.

Il ne pleut jamais dans la haute Égypte et rarement
dans la basse Égypte. Le débordement des eaux du Nil
tient lieu de pluie, sans quoi, sur cette terre, la plus fer-
tile du monde, on récolterait à peine quelques mesures
de blé.

Albuquerque, le fameux ministre du Portugal à l'époque où ses compatriotes venaient de découvrir la route
de l'Inde par le cap de Bonne-Espérance, eut un moment
la pensée de détourner le fleuve avant les cataractes de
Syène, pour en jeter les eaux dans la mer Rouge. Son
but était de faire de l'Égypte une contrée inhabitable,
un désert, afin que le commerce de l'Inde devînt le monopole de son pays. L'odieuse manœuvre n'est pas au-
dessus des forces humaines, et on tremble à la pensée
qu'elle eût pu réussir; car l'Égypte ne serait plus
qu'une annexe du Sahara.

Cette contrée, d'ailleurs, étant environnée de tous les
côtés par les déserts privés d'eau douce, n'est habitable
que parce qu'elle sert en quelque sorte de lit à la partie

inférieure du Nil. C'est au limon provenant des débordements périodiques de ce fleuve qu'elle doit la fertilité qui l'a rendue justement célèbre.

Ce débordement annuel fut dans l'antiquité l'objet de l'admiration des voyageurs et des historiens; et sa cause, une espèce de mystère dont ils donnèrent des explications diverses. On sait aujourd'hui que ce phénomène est dû aux pluies qui tombent en Abyssinie. Elles submergent pendant plusieurs mois de l'année un immense plateau; elles s'écoulent dans le bassin du Nil, leur dernier réceptable; et ce fleuve, chargé seul d'en porter le tribut à la mer, les verse à son tour sur l'Égypte.

On commence vers le solstice d'été à s'apercevoir de la crue du Nil au-dessous de la dernière cataracte. Cette crue devient sensible au Caire dans les premiers jours de juillet : on peut en observer la marche au moyen du nilomètre établi à l'extrémité de l'île de Roudah.

Pendant les six ou huit premiers jours il croît par degrés presque insensibles; bientôt son accroissement journalier devient plus rapide; vers le 15 août, il est à peu près arrivé à la moitié de sa plus grande hauteur, qu'il atteint ordinairement du 20 au 30 septembre.

Parvenu à cet état, il y reste dans une sorte d'équilibre pendant environ quinze jours, après lesquels il commence à décroître beaucoup plus lentement qu'il ne s'était accru. Il se trouve, au 10 novembre, descendu de la moitié de la hauteur à laquelle il s'était élevé; il baisse encore jusqu'au 20 du mois de mai de l'année suivante.

Ces variations cessent de se faire apercevoir sensiblement jusqu'à ce qu'il recommence à croître à peu près à la même époque que l'année précédente.

L'Égypte est l'aïeule du monde; elle était déjà florissante, riche, policée, savamment organisée, quand tout autour d'elle n'était encore que barbarie.

De bonne heure, et à mesure que la population augmentait, on a tenté, sur les bords du Nil, d'assainir les bas-fonds marécageux en faisant écouler les eaux stagnantes, et de fertiliser les terrains inaccessibles à l'inondation en y amenant les eaux du fleuve.

L'expérience aussi fit bien vite voir qu'un champ portait une moisson d'autant plus belle qu'il était resté plus longtemps sous l'eau et qu'une plus forte couche de limon avait eu le temps de se déposer.

On fut ainsi conduit à amener les eaux par des canaux, et à retenir par des digues le trop rapide écoulement de ces eaux.

Si, parmi les prodigieux ouvrages exécutés en Égypte, les canaux d'irrigation ne sont pas ceux qui ont excité le plus d'admiration, du moins il est probable que ce sont les plus anciens; et il est certain que, sans ces travaux exclusivement consacrés à l'utilité publique, la population de cette contrée ne se serait jamais élevée au point où elle s'éleva autrefois.

Ces canaux sont dérivés de différents points du Nil sur l'une et l'autre de ses rives, et ils portent les eaux jusqu'au bord du désert.

De distance en distance, à partir de cette limite, chaque canal d'irrigation est barré par des digues transversales qui coupent obliquement la vallée en s'appuyant sur le fleuve.

Les eaux que le canal conduit contre l'une de ces digues s'élèvent jusqu'à ce qu'elles aient atteint le niveau du Nil au point d'où elles ont été tirées. Ainsi tout l'espace compris dans la vallée entre la prise d'eau et la digue transversale forme, pendant l'inondation, un étang plus ou moins étendu.

Lorsque cet espace est suffisamment submergé, on ouvre la digue contre laquelle l'inondation s'appuie, les eaux se déversent, après cette opération, dans le prolongement du canal au-dessous de cette digue; et elles continueraient de s'y écouler si, à une distance convenable, elles n'étaient pas arrêtées par un second barrage contre lequel elles sont obligées de s'élever de nouveau pour inonder l'espace renfermé entre cette digue et la première. Quelquefois un canal dérivé immédiatement du Nil au-dessous de celle-ci rend cette inondation plus complète.

Ces digues transversales que l'on voit se succéder de distance en distance, en descendant le Nil, sont dirigées ordinairement d'un village à l'autre, et forment une espèce de chaussée au moyen de laquelle ces villages communiquent entre eux dans toutes les saisons de l'année, parce qu'elle est assez élevée au-dessus de la plaine pour surmonter les plus hautes eaux.

La vallée de la haute Égypte présente, comme on voit, lors de l'inondation, une suite d'étangs ou de petits lacs disposés par échelons les uns au-dessous des autres, de manière que la pente du fleuve, entre deux points donnés, se trouve sur ces deux rives distribuée par gradins; on voit que l'on a fait pour l'irrigation de ce pays précisément le contraire de ce qu'on ferait pour opérer le dessèchement d'une vallée qui serait obstruée par des barrages consécutifs.

Lorsque la largeur de la vallée est très considérable, comme cela a lieu sur la rive gauche, depuis Syout jusqu'à l'entrée du Fayoum, le canal dérivé du Nil suit le plus près possible la limite du désert sans aucun barrage transversal; mais alors il devient semblable à une nouvelle branche du Nil, et l'on dérive de cette branche, comme du fleuve lui-même, les canaux d'irrigation qui vont porter contre des digues secondaires les eaux destinées à inonder le pays.

Ce système d'arrosement n'éprouve de modification que dans la province du Fayoum. La configuration de son sol permet d'y conduire les eaux du canal de Joseph sur un point culminant, d'où elles sont distribuées par une multitude de petits canaux pour fertiliser le territoire de chacun des villages dont est couverte la plaine inclinée qui borde le Birket-el-Keroun, à l'ouest et au midi.

Dans cette province de Fayoum, dont le nom d'origine copte signifie mer, subsistent encore les traces d'une œuvre prodigieuse, le triomphe de cette antique administration égyptienne à laquelle il a été donné, plus qu'à toute autre, de travailler avec succès à la prospérité d'un peuple.

Je veux parler du lac Mœris, ouvert aux eaux du Nil sous le règne du pharaon Amenemha III, il y a plus de 4500 années; œuvre gigantesque qui n'est dépassée en hardiesse de plan et en utilité pratique par aucune des grandes entreprises de ce genre dues à l'industrie moderne.

Un peu au delà de Memphis, la chaîne libyque s'incline brusquement et présente une échancrure qui met la vallée du Nil en communication avec un vaste bassin enveloppé d'une ceinture de hauteurs; c'est le *Fayoum*, dépression profonde, à peu près au niveau de la mer et à 16 mètres au-dessous des eaux moyennes du Nil.

Pour que la récolte soit bonne, il faut que les inondations du fleuve ne soient ni trop hautes ni trop basses ; cette connaissance une fois acquise, le puissant pharaon eut l'idée de construire un immense réservoir afin de les régulariser.

Ce réservoir fut établi dans la partie la plus élevée du Fayoum, à l'ouest de la gorge rocheuse d'Illaoun, où passe une dérivation naturelle du Barh-Yousef, qui fut probablement, à une époque géologique antérieure, le principal courant du Nil. Une longue digue, dont on retrouve encore quelques fragments, n'avait pas moins de 60 mètres de large et de 9 mètres de haut.

On a calculé que, pendant les cent jours de crue, le Barh-Yousef déversait, dans ce vaste réservoir ou lac, une quantité d'eau de 556 mètres cubes par seconde, et que la masse totale de l'eau enfermée, même en tenant compte de l'évaporation, ne pouvait être moindre de 2 820 000 000 de mètres cubes.

Cette capacité était suffisante pour diminuer notablement les dangers des inondations élevées du Nil, et pour rendre ensuite l'eau nécessaire à l'irrigation de 180 000 hectares.

D'après le témoignage d'Hérodote, l'excédent des eaux s'épanchait à l'ouest vers la syrte de Libye, c'est-à-dire qu'après avoir traversé le lac appelé aujourd'hui Birket-el-Keroun, il emplissait le lit d'un canal maintenant desséché qui portait les eaux du Nil dans les déserts de l'ouest.

Ainsi, il y a quarante-cinq siècles, le lac Mœris, dont le niveau changeait incessamment selon les besoins de l'agriculture, était comme le cœur d'où la vie se répandait à flots pour nourrir le grand corps de l'Égypte jusqu'à Memphis.

Aujourd'hui l'œuvre est détruite. Il est probable que le limon des eaux, en se déposant, a commencé par enlever à la longue au réservoir beaucoup de sa capacité et de son utilité, et que par suite on a négligé l'entretien des digues. Il en est résulté que, par une inondation extraordinairement forte, il s'est fait, à une époque très imparfaitement connue, une rupture vers l'ouest, du côté où le sol du Fayoum a son niveau le plus bas.

C'est là l'origine du lac actuel de Birket-el-Keroun, dont les eaux suffisent encore de nos jours à faire de la province entière une des contrées les plus fertiles et les plus florissantes de l'Égypte.

Les eaux ne doivent couvrir le sol que pendant un certain temps, afin que les travaux d'agriculture puissent se faire dans la saison convenable.

Le dessèchement des terres s'opère naturellement alors par la rupture des digues qui soutenaient les eaux ; et c'est après avoir séjourné plus ou moins dans les espèces de compartiments en échelons compris entre les digues consécutives, que le superflu de l'irrigation va se perdre dans les lacs et marécages qui servent de bornes à la partie septentrionale du Delta.

Cette description de la disposition respective des canaux et des digues de l'Égypte supérieure explique suffisamment comment on peut arroser une étendue plus ou moins considérable du pays, suivant que la crue du Nil est plus ou moins forte.

Le même système d'irrigation est suivi dans la basse Égypte. Les grands canaux dérivés des deux branches de

Rosette et Damiette alimentent à leur tour des dérivations secondaires, dont les eaux sont soutenues par des digues qui traversent la campagne dans tous les sens, en allant d'un village à l'autre; chacun d'eux s'élève au-dessus de ces digues comme une espèce de monticule qu'accroisent chaque année les dépôts d'immondices et de décombres que les Égyptiens sont dans l'usage d'accumuler autour de leurs habitations.

Toutefois, dans la basse Égypte on a dû, pour l'époque actuelle, modifier le système d'irrigation. Car les dépôts irréguliers des limons du Nil, en s'accumulant, avaient fini par changer les niveaux des terrains; le temps et les révolutions avaient détruit l'admirable réseau des canaux et des digues.

Au lieu de *trois* récoltes par an, on n'en obtenait plus *qu'une* seule.

Une pareille situation, qui s'aggravait chaque jour, n'échappa pas à la haute sollicitude du vice-roi d'Égypte, Méhémet-Aly, mort depuis quelques années. C'est à lui que revient l'honneur d'avoir rendu au pays son antique fertilité.

C'est lui qui eut l'heureuse idée de faire tout l'arrosage de la basse Égypte au moyen d'un immense barrage situé à la pointe du Delta, près du Caire.

Ce vaste projet, dressé et exécuté par un ingénieur français, est un des plus beaux exemples d'irrigation.

A l'extrémité du Delta, sur les deux branches de Rosette et de Damiette, sont établis deux ponts éclusés : le premier a 452 mètres de longueur et se compose de 59 arches; le second en a 71 pour une longueur totale de 522 mètres. Ces arches sont ogivales et ont chacune 5 mètres d'ouverture.

La surélévation des eaux, produite par le barrage, est en général de 5 mètres, mais elle peut aller jusqu'à 6$^m$,5, lorsque les circonstances l'exigent.

Ce barrage, en faisant refluer les eaux jusqu'au Caire, permet de compléter le réseau navigable de l'Égypte et d'arroser près de 100,000 hectares de la basse Égypte.

L'arrosage de cette immense surface se fait au moyen de trois canaux, débouchant en amont du barrage, et servant à la fois à l'irrigation et à la navigation. Le premier se dirige vers la rive droite du Nil, le second au centre même du Delta et le troisième vers Alexandrie.

Les deux premiers ont 100 mètres de largeur et le troisième 60 seulement. Leur tirant d'eau varie de 1$^m$,5 à 5 mètres.

Trois récoltes par an au lieu d'une, la culture de la canne à sucre, de l'indigo et du cotonnier, telles sont les conséquences immédiates de l'œuvre de Méhémet-Aly.

Son petit-fils, Ismaël-Pacha, n'a pas montré moins de sollicitude pour la question du Nil, qui est, en Égypte, une question vitale.

En 1863, on vit se produire une crue tellement formidable que les écluses et les jetées furent, sur plusieurs points, rompues et emportées. En Égypte, une inondation a des conséquences bien autrement graves qu'en Europe. Le vice-roi se multiplia de sa personne et prit les mesures les plus énergiques pour lutter contre l'élément dévastateur. Il encouragea de son activité les hommes occupés à réparer les brèches; il distribua de larges secours aux nécessiteux, et, grâce à ses efforts, le désastre a été, sinon conjuré, du moins sensiblement diminué.

Puis rentré dans son palais, une fois le fléau passé, il mit tout sa sollicitude à étudier les moyens d'en empêcher le retour. Un vaste système de mesures à prendre fut arrêté sur son initiative et sous son contrôle. Des ingénieurs parcoururent le pays, dressèrent leurs plans, envoyèrent leurs rapports. Partout on fut à l'œuvre.

Des digues nouvelles, mieux entendues, plus solides, s'élevèrent à vu d'œil; les vieilles furent réparées, agrandies; et, en moins de deux ans, un beau réseau d'ouvrages reliés ensemble, s'appuyant les uns les autres ingénieusement, fut prêt à défier les caprices du fleuve redoutable.

Le Nil n'attendit pas longtemps pour mettre à l'épreuve les obstacles qu'on lui opposait. En 1866, il s'enfla de deux coudées de plus qu'en 1863, comme s'il avait calculé son effort à la valeur de ces obstacles. Mais cette fois il essaya en vain de devenir une calamité. Pas une seule digue ne bougea, et l'inondation, au lieu de se traduire en ravages, se traduisit en une fécondité exceptionnelle.

## NILOMÈTRES

Nous avons vu que les terres de l'Égypte ne produisent à leur cultivateur qu'autant qu'elles ont été couvertes et fécondées par l'inondation annuelle du fleuve, à qui seul elles doivent leur fertilité.

Les contributions ne pouvaient jamais se percevoir que sur la portion inondée, seule capable de les supporter, puisqu'elle seule rapportait à son propriétaire ou usufruitier.

Ainsi les anciens rois d'Égypte et les princes qui, après eux, ont successivement gouverné cette contrée, ont-ils toujours eu le plus grand intérêt à mesurer et constater les divers degrés où parvenait, chaque année, cette inondation bienfaisante qui, étant la source immédiate du revenu des terres, avait dû devenir naturellement pour eux la base sur laquelle devait s'asseoir le plus sûrement le système de leurs propres revenus et la règle de répartition des impositions annuelles auxquelles ces terres étaient soumises.

Ainsi nous apprenons que, dès la plus haute antiquité, ils avaient eu le plus grand soin de faire mesurer, en divers endroits de l'Égypte, la hauteur où s'élevaient les accroissements progressifs des eaux du fleuve, à l'époque de l'inondation annuelle.

Il paraît que l'instrument de mesurage était d'abord portatif, et n'était alors autre chose qu'une longue perche graduée, peut-être retenue par un anneau, qu'on plongeait dans le fleuve : les historiens grecs l'on désigné, dans leur langue, sous les noms de *neilometrion* et de *neiloscopion*, d'où les modernes ont fait les noms de *nilomètre* et de *niloscope*.

On trouve, du reste, quelques types de ce mode de mesurage des eaux parmi les signes de l'écriture hiéroglyphique des Égyptiens.

Ces instruments furent confiés aux prêtres de Sérapis, qui, seuls, avaient le droit d'en faire usage, et qui les conservaient religieusement dans leur temple.

Indépendamment des nilomètres portatifs, les rois d'Égypte établirent ensuite, en différents endroits de ce royaume, des édifices nilométriques dans lesquels on mesurait les accroissements périodiques du Nil, soit sur des échelles tracées le long des parois des bassins où se rendait l'eau du fleuve au temps de l'inondation, soit sur des colonnes graduées qui étaient placées au milieu de ces bassins mêmes, soit enfin sur des degrés qui s'élevaient progressivement depuis le lit du fleuve.

Pour ne produire ici que des faits postifs et constatés par des documents historiques, je citerai Hérodote, le plus ancien des historiens grecs, qui parcourut toute l'Égypte, et séjourna à Thèbes, à Héliopolis et à Memphis, et qui parle de plusieurs nilomètres, dont l'un était placé dans cette dernière ville qui avait succédé à Thèbes dans son rang de capital.

Hérodote ajoute que tout le pays qui s'étendait depuis la mer jusqu'à Héliopolis, ce qui comprend un espace de 1500 petits stades (148 kilomètres 1/2), était généralement bien arrosé par le fleuve, qui y portait en abondance un limon fécondant.

Un peu plus loin, il rapporte que les prêtres du temple de Vulcain, à Memphis, auprès desquels il recueillait ses matériaux historiques, lui racontaient que, 900 ans auparavant, sous le roi Mœris, toutes les fois que le fleuve croissait de 8 coudées ($4^m,2$), il arrosait l'Égypte au-dessus de Memphis; et il fait observer qu'à l'époque de son voyage, toutes les fois que le fleuve ne montait pas à 16, ou au moins à 15 coudées ($8^m,4$; $7^m,9$), il ne se répandait pas sur les terres.

Parmi les nilomètres qui remontent au moins à l'époque des Ptolémées, on remarque celui de l'ancienne Hermonthis, maintenant Erment, et surtout celui qui, comme Strabon nous l'apprend, avait été construit auprès d'un temple consacré à Cnuphis, dans l'*île d'Éle-*

*phantine*, sur les confins de la Nubie, et que l'on y a en effet retrouvé.

La longueur de cette île est d'environ 1500 mètres, et sa largeur de 500. Elle est bornée au sud par une ligne de rochers abrupts; elle se termine au nord par une plage sablonneuse.

Ses deux rives, à l'est et à l'ouest, présentent, dans leurs escarpements, les mêmes substances que celles dont le sol de la vallée d'Égypte est composé.

Un mur de quai, de 160 mètres de longueur et d'une fort belle construction, est le seul ouvrage de maçonnerie dont elles soient revêtues. Il est situé en face de Syène, et à l'extrémité sud-est de l'île.

L'ancienne ville d'Éléphantine occupait cette extrémité; son emplacement se retrouve aujourd'hui marqué par des monticules de ruines qui couvrent un espace à peu près circulaire de 150 mètres de rayon.

Parmi les monuments que cette ville renferme, il était important surtout de retrouver un nilomètre auquel les récits de quelques anciens voyageurs (Strabon, Héliodore) ont donné de la célébrité.

La découverte de ce monument devait, en effet, conduire à la solution de deux questions du plus grand intérêt : l'une, sur la *longueur de la coudée* qui était en usage chez les anciens Égyptiens pour mesurer l'accroissement du Nil, l'autre, sur la *quantité d'exhaussement* qu'acquiert le lit de ce fleuve pendant un temps déterminé.

Un habile ingénieur, M. Girard, membre de l'Institut d'Égypte, a entrepris avec succès la recherche de ce monument, d'après la description donnée par Strabon qui, dans les premières années de l'ère chrétienne, voyagea en Égypte et remonta jusqu'au-dessus de la première cataracte avec Elius Gallus, gouverneur de cette province.

En parlant de l'île d'Éléphantine, Strabon dit : « Il y a là une ville qui possède un temple Cneph et un *nilomètre*. Ce nilomètre est un puits construit en pierres de taille sur la rive du fleuve, et dans lequel sont marqués les plus grands, les moindres et les médiocres accroissements du Nil ; car l'eau de ce puits croît et décroît comme le fleuve et l'on a gravé sur sa paroi l'indication de ses diverses crues. »

En mesurant, avec la plus grande exactitude, les rainures tracées sur la pierre, on a pu constater que la *longueur de la coudée était égale à 527 millimètres.*

Quant à la question relative à l'exhaussement du lit du Nil et du sol de la vallée d'Égypte, on a pu constater, à l'aide d'inscriptions grecques gravées sur le nilomètre même, que, pendant le règne de Septime Sévère, quelques inondations surmontaient l'extrémité de la dernière coudée, extrémité qui, lors de la construction du nilomètre, marquait sans doute leur plus grande hauteur ; or l'on a reconnu, par un nivellement exact, que cette extrémité se trouve aujourd'hui à 241 centimètres au-dessous des plus fortes crues : d'où il suit que le fond du Nil s'est exhaussé de cette quantité depuis l'érection du monument, ou d'environ 211 centimètres depuis la date de l'inscription.

Septime Sévère parvint à l'empire l'an 193, et mourut l'an 211 de l'ère vulgaire : si donc on suppose que l'inscription ait été gravée vers le milieu de son règne, le fond du Nil, en face de Syène, se sera élevé de 211 cen-

timètres en seize cents ans; ce qui donne 132 *millimètres d'exhaussement par siècle.*

## IRRIGATIONS EN CHINE

Chez les Chinois, où les arts utiles se retrouvent à un
degré de perfection merveilleux, l'arrosage est considéré depuis un temps immémorial comme la base de
l'agriculture.

Le sol est sillonné par d'innombrables canaux d'irrigation qui, après avoir reçu les produits des ruisseaux
et des sources, déversent sur les champs leurs nappes
fertilisantes. Partout où les cours d'eau sont insuffisants, les eaux pluviales, retenues par des barrages,
forment de vastes réservoirs qu'on utilise aux époques
de sécheresse.

Aux environs de Canton, toutes les collines sont cou-
pées par des terrasses dont l'espacement est réglé par la
pente naturelle du terrain; les terrasses les plus élevées
sont destinées aux plantes qui résistent le mieux à la
sécheresse; les plus basses, au contraire, reçoivent celles
qui demandent plus d'humidité. Des retenues artificielles, alimentées par les eaux pluviales, permettent d'obtenir, à peu de frais, le mode d'arrosage le plus parfait :
après avoir humecté les cultures supérieures, l'eau descend, par des conduits ingénieusement ménagés, sur
les cultures inférieures, qui profitent ainsi non seulement de la pluie reçue directement, mais encore de
l'eau superflue des hauteurs et des matières entraînées.
Grâce à de nombreuses plantations faites sur les crêtes

des terrasses, les collines, au lieu de pentes abruptes
et de flancs décharnés, présentent à l'œil le merveilleux
spectacle d'un amphithéâtre de fruits et de moissons,
agréablement coupé par des lignes de verdure.

## IRRIGATIONS DANS L'INDE

Dans l'Inde, sous un climat brûlant, des arrosages
fréquents et bien ordonnés sont indispensables à l'agriculture. Aussi la pratique de cet art remonte-t-elle à une
haute antiquité, constatée par la loi de Manou, les épo-
pées sanscrites et par les ruines de certains travaux
hydrauliques. Diodore de Sicile parle, en différents endroits, des arrosages du sol par des canaux dérivés des
rivières. Strabon, après avoir signalé la culture des
rizières comme exigeant des arrosages fréquents, dans
la Bactriane et la Babylonie, dit, en parlant de l'Inde :
« Les magistrats ont l'inspection des fleuves, de l'ar-
pentage des terres et des canaux, fermés par les écluses,
pour contenir l'eau nécessaire aux *arrosements* et la
distribuer également à tous les cultivateurs, comme
cela se pratique en Égypte. » En effet, on trouve dans
la loi de Manou, parmi les notables de la bourgade, le
distributeur des eaux pour l'arrosement.

L'irrigation ne s'opérait pas toujours par des canaux
dérivés des rivières. Chaque pagode avait son réservoir
destiné aux purifications; mais, lorsque les besoins du
culte étaient satisfaits, on livrait généralement l'excédent
des eaux à l'agriculture. Il est assez probable que les
brahmanes tiraient un bon parti de ces concessions.

L'existence de ces réservoirs ou étangs artificiels était inséparable d'une culture étendue et productive. Il y en avait un nombre très considérable dans toutes les parties de l'Inde. Quelques-uns étaient très grands et avaient jusqu'à 8 ou 10 kilomètres de circuit. A l'époque de la conquête anglaise, tous ces travaux hydrauliques pour la plupart tombaient en ruine, et l'on ne saurait assez admirer la persévérance et l'énergie avec lesquelles l'Angleterre a travaillé au développement des arrosages indiens et poursuivi l'exécution de travaux immenses qui seront le plus grand monument de la civilisation britannique dans ces contrées lointaines.

Parmi ces grandes entreprises figure, en première ligne, le *canal du Gange*, qui a été exécuté sous la direction de l'habile ingénieur sir Proby Cautley. Les conditions dans lesquelles se trouve la contrée que traverse le canal lui donnent une très grande importance; en effet, dans le nord de l'Inde, l'hiver est généralement si sec, et la nature très sablonneuse du sol y rend cette sécheresse si contraire à la végétation, qu'on n'y obtient guère deux récoltes en un an, sur le même terrain, que par le secours des irrigations. La récolte d'été est toujours assurée par les pluies périodiques du solstice, mais celle de l'hiver, livrée aux chances des saisons, est si précaire qu'il y a peu de lieux où on se résigne à ensemencer à moins que l'on ne puisse arroser.

Ce canal gigantesque porte les eaux du Gange sur la vaste contrée du Doab, comprise entre les collines Serraliques, le Gange et la Jumna. La prise d'eau a été faite sur un bras secondaire du fleuve. Deux barrages mobiles, l'un sur le canal, l'autre sur le bras du Gange, permettent de régler l'introduction de l'eau. Après un parcours

de près de 300 kilomètres, ce canal se divise en deux
branches, dont l'une va se jeter dans la Jumna, l'autre
dans le Gange, à Cownpoor. La longueur totale du tronc
et des deux branches est de 840 kilomètres. Trois autres
branches compléteront ce vaste système d'irrigation et
porteront la longueur totale à 1450 kilomètres environ.
L'étendue de la surface arrosée dépassera *un million
huit cent mille hectares.*

L'exécution des travaux a donné lieu à d'immenses
difficultés. La dépense a dépassé le chiffre de *quarante
millions de francs*, bien que dans l'Inde la main d'œuvre
ne soit guère que le dixième de ce qu'elle est en France.

Dès les premières années, l'entreprise du gouvernement anglais a donné des résultats excessivement remarquables. Aujourd'hui, les revenus directs du canal
et de ses dépendances s'élèvent, chaque année, à plus
de deux millions, et les revenus indirects, résultant de
la plus-value de l'impôt foncier, sont cinq fois plus
considérables. Ainsi, pour une dépense de *quarante millions*, le gouvernement en reçoit *douze* chaque année ;
en d'autres termes, le capital engagé dans la canalisation du Gange lui produit un intérêt de *trente pour cent.*
Il est difficile d'imaginer une opération plus fructueuse,
surtout si l'on veut bien remarquer que, du même coup,
la *richesse du pays s'est trouvée augmentée dans d'immenses proportions.*

Puisse l'exemple de ce double intérêt conduire à de
nombreuses imitations !

Le canal du Gange n'est pas seulement destiné à l'irrigation : il est disposé de manière à servir à la navigation sur toute sa longueur ; entre Hurdward et Cownpoor,
il remplit le rôle de canal latéral, offrant une voie sûre

et facile qui remplace avantageusement celle du fleuve dont le parcours est rendu très pénible, dans cette partie, par la présence des bas-fonds et des rapides.

Enfin ce canal, qui reçoit les *eaux sacrées* du Gange, offre une troisième destination que les Hindous ne re-

Grande ablution des Indous dans le Gange.

gardent pas comme la moins importante. Il sert, en effet, aux innombrables ablutions que commande impérieusement la loi religieuse du pays. Dans ce but, en plusieurs points du canal, d'immenses escaliers, dont quelques-uns n'ont pas moins de 4000 mètres de longueur, ont été établis sur les rives du fleuve avec de petites tours en maçonnerie, dans lesquelles les faquirs se tiennent, à l'époque des purifications, pour faire les prières et provoquer les aumônes.

Le Gange est sacré pour les Hindous, surtout près d'Hurdward, où le fleuve verse, sur le territoire de l'Hindoustan, les eaux vives des neiges de l'Himalaya. Aussi les pèlerins affluent-ils, dans cette ville, pendant le mois consacré aux purifications. Ces purifications commencent au moment où le soleil entre dans le signe des Poissons; et, comme la priorité du bain est d'une très grande importance, au point de vue religieux, à l'instant précis fixé par les astronomes indiens, que ce soit le jour ou la nuit, une foule nombreuse se précipite à l'eau. Que de pèlerins étouffés ou noyés dans le désordre qu'amène cet empressement! En 1819, l'enthousiasme insensé de ces fanatiques causa un tel désordre que plus de cinq cents personnes perdirent la vie.

Les gens sages et riches évitent les foules et entrent dans le fleuve entre deux brahmanes qui les soutiennent, les dirigent et les immergent avec les prières et les cérémonies prescrites; mais, en général, les pèlerins plongent, sans être assistés, hommes et femmes confondus ensemble.

Tous les douze ans, une grande fête religieuse attire un concours exceptionnel; on n'évalue pas à moins de *deux millions* le nombre des pèlerins qui se rendent à Hurdward, pour cette fête, à l'époque des purifications.

L'inégalité de profondeur de l'eau présentait autrefois de grands dangers; avec le canal, ce grave inconvénient a disparu, et une grille de fer, placée dans l'eau à 45 mètres de la rive, empêche les imprudents d'être entraînés par les eaux.

Envisagée simplement au point de vue religieux, la

construction du canal du Gange a, pour la domination
anglaise, une très grande importance ; cette condescen-
dance aux usages religieux du pays conquis aura pour
résultat inévitable de paralyser les efforts des fanatiques
et d'assurer par suite, mieux qu'une puissante armée,
la paix et la prospérité de cette immense contrée, dont
les habitants sont trois fois plus nombreux que ceux
réunis de l'Angleterre, de l'Écosse et de l'Irlande.

## IRRIGATIONS EN ITALIE

Chez les Romains, l'agriculture tirait un grand parti
des arrosages ; on retrouve en Italie, de nombreux ves-
tiges de travaux d'art, d'aqueducs, de barrages qui
étaient destinés à diriger les eaux et à les répandre sur
les prairies.

C'est dans le nord de l'Italie que l'art des irrigations
eut, en quelque sorte, son époque de renaissance. Dans
cette riche contrée, il ne tarda pas à se développer et à
s'agrandir, grâce à l'union, chaque jour plus intime de
la science et de la pratique ; les travaux de toute nature,
exécutés spécialement pour l'arrosage des terres, prirent
un caractère d'importance sociale qui rappelle les temps
de la splendeur de l'Égypte sous les Pharaons.

Dès la fin du douzième siècle, le territoire milanais
fut doté de deux grands canaux encore existants et qui
sont formés par les dérivations du Tessin et de l'Adda.
Près de 100 000 hectares de cailloux et de grèves sablon-
neuses doivent leur fertilité aux fréquents arrosages que
permettent ces cours d'eau, créés par la main de

l'homme. Ce qui n'est pas moins remarquable que l'effet
obtenu, c'est la persévérance infatigable qu'il a fallu
déployer pour arriver au terme de pareils travaux, à une
époque où l'art des constructions était encore dans l'enfance. Pour en comprendre la réussite, il faut se rappeler que ses canaux sont contemporains des vastes et
admirables basiliques chrétiennes, et qu'ils ont eu,
comme elles, les ouvrages arabes pour modèles, et, pour
créateurs, des architectes religieux.

Plus tard, grâce à l'invention des écluses due à l'illustre Léonard de Vinci, le problème de l'établissement
des canaux se trouva notablement simplifié. Les irrigations du territoire milanais furent complétées, sous
François Sforza, par l'ouverture de deux autres canaux
pourvus d'écluses.

Parmi les travaux hydrauliques les plus récents, on
doit spécialement mentionner le canal Cavour, dérivé du
Pô, au-dessous de Chivasso, qui en extrait 110 mètres
d'eau par seconde.

Ce canal a 60 kilomètres de longueur; il traverse,
en les irrigant, les provinces de Verceil, Novare, ainsi
que Lomelline.

Des travaux d'art magnifiques, ponts, canaux, siphons,
ont été nécessaires, car il devait traverser huit rivières;
il a coûté 64 400 000 de francs.

Pour le dessèchement de la Toscane, le gouvernement
a dépensé 5 600 000 francs dans le lac de Bientina.

Dans la province de Ravenne, on a déjà obtenu, avec
les eaux troubles du Lamone, la colmatage de 200 hectares de terrains inondés, et l'on continue l'opération
pour les autres 6000 hectares qui restent à dessécher.

On   fait l'étude de canaux qui, dérivés du lac Majeur

et du lac de Lugano, doivent irriguer la partie la plus
élevée des plaines lombardes; on peut espérer de voir
bientôt mettre ces travaux en voie d'exécution.

IRRIGATIONS EN ESPAGNE

L'Espagne possède de nombreux cours d'eau; cependant l'eau n'y coule pas en grande quantité, et n'est
profitable qu'à un petit nombre de localités. On en
trouve l'explication à l'inspection seule de la carte de
la péninsule. Les ondulations et déclivités de la plaine
centrale, les surfaces irrégulières des régions hydrographiques, les montagnes qui les entourent, les éche-
lonnent ou les coupent, donnent de la rapidité et de
l'impétuosité aux eaux courantes; et, dans le canal profond et sinueux que les torrents creusent dans le fond
des vallées, le courant se perd, le thalweg change de
place, et on éprouve ainsi beaucoup de difficulté pour
diriger les eaux vers les petites surfaces arrosables qui
sont situées entre les contreforts des deux rives.

Les canaux de navigation et d'irrigation qui dérivent
des fleuves ne sont pas en rapport avec les besoins du
commerce et, en particulier, de l'agriculture. Le canal
impérial d'Aragon, d'un développement de 92 kilomètres, sert à l'arrosement des campagnes entre Tudela
et Saragosse. Il y a encore quelques canaux d'irrigation,
dus en grande partie à l'intelligence et à la culture émé-
rite des Maures, tels que celui du Roi, qui dérive des
eaux du Jucar, et qui compte jusqu'à 28 navillos, provenant des eaux du Turia; celui d'Urgel, dérivant du

Ségré; celui de Louise-Charlotte, provenant du Lobregat; celui de Tamarite de Litera, dérivant des eaux de la Cinca; celui de Tauste, provenant de l'Èbre; celui de Murcie, dérivant du Guardal; ceux de la Vega de Grenade, provenant des eaux des Genil, Darro et autres; ceux de Colmenar et Aranjuez, dérivant des eaux du Tage, du Jarama, etc....

Les habitants des campagnes dans les provinces de Murcie et de Valence, ceux des provinces de Grenade, de Navarre et de la plaine de Tarragone, se sont fait remarquer par le zèle et l'activité qu'ils ont déployés pour tirer parti des eaux au profit de l'agriculture, dépensant des sommes considérables pour la faire progresser dans leurs contrées.

Des personnes très compétentes et d'habiles ingénieurs ont, d'ailleurs, étudié les bassins hydrographiques de la péninsule, afin de pouvoir établir des canaux d'irrigation, et ont présenté, depuis longtemps déjà, des projets importants et réalisables. Cependant les canaux achevés ne présentent encore qu'un développement de 212 kilomètres, et ceux en construction n'ont qu'une longueur de 5 kilomètres.

## IRRIGATIONS EN FRANCE

Lorsque, après les Romains, les Visigoths se furent établis dans la Gaule méridionale, ils signalèrent leur présence par des travaux d'irrigation dont quelques-uns subsistent encore.

C'est à eux que l'on doit la plupart des petits canaux

qui vivifient nos prairies au pied des Pyrénées; l'un d'eux porte encore le nom du roi Alaric.

Parmi les peuples du moyen âge, aucun n'attacha plus d'importance aux irrigations que les Arabes. Ils développèrent en Europe cette première ressource, continuant et agrandissant les travaux des Visigoths en France, créant en Espagne des aqueducs immenses et de gigantesques barrages, élaborant des règlements extrêmement remarquables pour l'usage et la distribution des eaux.

Aujourd'hui on rencontre, en France, des exemples d'irrigations par les petits cours d'eau dans un assez grand nombre de départements : elles sont loin cependant d'atteindre les développements que l'heureuse disposition de nos vallées permettrait de leur donner.

Les irrigations au moyen des grands canaux sont assez rares; elles ne sont pratiquées que dans quelques départements du Midi.

Le plus grand canal d'irrigation qui ait été ouvert sur le sol de la France date du seizième siècle. Il porte le nom de son fondateur, Adam de Craponne. Cette belle entreprise, qui devait un jour faire la fortune de ses compatriotes, eut pour lui les conséquences les plus funestes. Complétement ruiné, il dut se mettre au service du roi de France, et mourut victime du poison que lui firent administrer des ennemis jaloux de ses talents et de sa probité.

Le canal d'irrigation de Carpentras, terminé depuis quelques années, prend ses eaux à la Durance, comme le précédent; il est destiné à arroser une surface totale de 27 000 hectares environ. Le développement de la ligne principale et de ses cinq principales dérivations est de plus de 60 kilomètres.

Ces travaux, dirigés par d'habiles ingénieurs, ont été exécutés au compte d'un syndicat de propriétaires intéressés, exemple bien digne d'être cité de la puissance de l'initiative individuelle et de l'association.

Les travaux d'irrigation exécutés dans la Campine, en Belgique, et dans la Sologne, en France, ont donné de merveilleux résultats; il est donc très désirable de voir mettre prochainement en exécution les projets étudiés pour la région des Pyrénées, la Dombes, la Brême, la vallée de Grésivaudan, etc.

On a évalué, en France, à 5 millions d'hectares l'étendue des terrains non irrigués et qui seraient susceptibles de l'être, et il est probable que cette évaluation est au-dessous de la réalité. Or, il est reconnu que l'irrigation augmente la valeur des terrains au moins de moitié en sus de leur valeur primitive, que plus souvent elle triple ou quadruple cette valeur, que parfois même elle la décuple. Quelle source inépuisable de richesses, quel accroissement de la fortune publique, si l'on arrivait à tirer tout le parti possible de ce merveilleux moyen de production!

## IRRIGATIONS EN BELGIQUE

Le gouvernement belge vient d'exécuter, en Campine, des travaux d'irrigation dont les résultats méritent de fixer l'attention.

La Campine fait partie des provinces d'Anvers et du Limbourg. Comprise entre la Meuse et l'Escaut, dans l'un des points où ces deux fleuves sont le plus rapprochés, elle est bornée, au nord, par la frontière hollandaise, et, au sud par la Dyle et le Démer. Cette vaste contrée, à peine peuplée il y a quelques années, renfermait 200 000 *hectares de terres à peu près improductives*.

Le gouvernement belge n'a pas craint d'entreprendre l'amélioration de ce pays entier.

Un grand canal, destiné à servir à la fois à la navigation et à l'irrigation, porte les eaux de la Meuse sur une grande partie du pays. Ce canal et les rigoles principales ont été exécutés par l'État. La construction des rigoles secondaires et la mise en culture ont été laissées aux particuliers. La dépense totale revient à 1200 francs environ par hectare. Le revenu net, à partir de la seconde année, n'a pas été moindre de *cent trente francs*.

De pareils chiffres dispensent de tout commentaire. En présence des résultats obtenus, la valeur des terres incultes s'est élevée rapidement; tel hectare qui se vendait jadis difficilement *quinze* ou *vingt francs*, atteint aujourd'hui le chiffre de *deux cent cinquante francs*.

### IRRIGATIONS D'ÉTÉ

En laissant à part les opérations qui ont pour objet de débarrasser le sol des eaux nuisibles et qui comprennent les travaux de curage, de dessèchement, de drainage ou d'endiguement, les utilisations agricoles actuelles se réduisent à l'*arrosage des terres;* et par cette expression on a toujours presque exclusivement en vue l'irrigation d'été, dont la campagne dure cinq à six mois, et s'ouvre généralement vers le milieu d'avril pour finir en fin septembre.

Ce procédé est évidemment excellent, et il serait bien désirable qu'il pût recevoir toute l'extension possible. Mais que de difficultés se présentent dans la pratique! On pourrait même ajouter : Que d'objections à faire sur les résultats obtenus !

Si toutes les contrées se trouvaient placées, à cet égard, dans la situation exceptionnelle de la Lombardie, on ne pourrait jamais trop préconiser les irrigations d'été, ni faire assez d'efforts pour en propager les applications. Mais il n'en est pas ainsi et à beaucoup près, puisque de trop nombreuses expériences malheureuses ont appris aux agriculteurs, et surtout aux capitalistes, qu'il n'y a rien de plus aléatoire aujourd'hui que le succès d'une entreprise d'arrosage.

Une objection fondamentale se présente d'abord. C'est la difficulté d'obtenir les volumes d'eau dont on a besoin sur des rivières soumises à des étiages plus ou moins prononcés, dont tout le débit est alors généralement attribué à des usages antérieurs. De là des empêchements imprévus, des contestations et des procès dont les conséquences ont été de faire avorter bien des projets, qui n'avaient même pas encore reçu un commencement d'exécution.

Dans le nord de l'Italie et autres contrées situées au pied des plus hautes cimes des Alpes, c'est en été que les eaux sont surabondantes, et en hiver que leurs débits tombent à leur minimum. C'est pourquoi l'on ne peut pas emprunter à ces localités des pratiques à introduire dans des contrées dont la situation est totalement différente.

Mais, indépendamment de ce point principal, il y a bien d'autres causes à placer en ligne de compte, comme pouvant mettre en question le succès d'une entreprise de ce genre.

L'irrigation d'été est un outil puissant, mais dangereux à mettre dans des mains inhabiles. Elle peut produire des résultats opposés à ceux que l'on avait en vue d'atteindre. Sous l'action du soleil, l'humectation abondante des plantes de toute nature les expose à être brûlées. Même en dehors de ce cas extrême, une irrigation surabondante produit des fourrages trop aqueux, non susceptibles de conservation, et dont l'usage est funeste aux bestiaux. Dans le plus grand nombre de cas, l'inobservation, trop fréquente, de l'obligation fondamentale d'assurer les écoulements, amène en peu de temps la production abondante des plantes marécageuses, et l'on a vu d'excellentes prairies être ainsi complétement détériorées et dépréciées.

Je ne mentionne ici qu'un petit nombre des dangers de l'irrigation d'été; mais ils sont bien connus des cultivateurs expérimentés et prudents qui savent qu'on ne saurait trop réfléchir avant de s'engager dans une entreprise toujours coûteuse et dont les résultats peuvent être très mauvais.

Il est incontestable qu'il y a en France un certain nombre de très heureuses applications de ce procédé. Mais elles ne sont pas générales; et, si l'on jetait les yeux sur l'ensemble de nos irrigations méridionales, on verrait combien elles sont loin de répondre à ce que l'on devait en attendre.

Dans les Pyrénées-Orientales, région la plus chaude de tout le territoire, là où une irrigation régulière pourrait seule entretenir la fécondité du sol, des cours d'eau qui tarissent presque totalement durant deux ou trois mois, au plus fort de l'été, amènent, pour presque toutes les dérivations, des temps de pénurie pendant lesquels les avantages obtenus dans la première moitié de la campagne sont cruellement compensés.

Si l'on procède au même examen dans la région de la Provence, qui devrait retirer de si grands avantages d'un large emploi des eaux de la Durance ou du Rhône, on trouve que, pour une entreprise donnant des résultats satisfaisants, il y en a quatre qui n'en donnent que de négatifs. Les unes sont sous le séquestre, d'autres en faillite; d'autres enfin, qui sembleraient placées dans des conditions très prospères, voient tous leurs revenus absorbés par les frais d'entretien. Dans le département de Vaucluse notamment, il est incontestable que la plupart des entreprises d'arrosage sont au moins onéreuses pour les intéressés, auxquels elles imposent des charges hors de proportion avec les avantages à en retirer.

Enfin si, pour compléter cette investigation, on étudiait, notamment dans les régions du centre et du nord de la France, les conditions de succès de certaines entreprises qui sont notoirement productives, on reconnaîtrait qu'elles le doivent non à l'emploi estival, mais à la qualité ou à la valeur intrinsèque de certaines eaux riches en principes fertilisants, et que, dès lors, on trouverait probablement plus de profit à ne les employer qu'en hiver en plus grande abondance ou sur de plus grandes superficies.

Ce simple aperçu, qu'on pourrait développer bien davantage, est suffisant pour établir que, d'après la situation hydrographique de la France, l'irrigation d'été, pratiquée sur une grande échelle, présente d'extrêmes difficultés d'exécution, peut faire courir beaucoup de risques et n'a généralement donné que des résultats très inférieurs à ceux que l'on espérait obtenir.

Plusieurs agronomes distingués ont tiré un très grand parti des eaux courantes sur leurs propriétés. Seulement ce n'est pas en été, époque où elles manquent, mais principalement en hiver et au printemps qu'ils en ont fait un emploi profitable.

Le fait le plus concluant à citer dans ce sens est celui que présentent les vastes herbages de la Normandie, dont plus de 10 000 hectares sont entretenus dans le maximum de production par le seul effet des submersions naturelles reçues exclusivement en hiver; l'irrigation d'été étant complètement inconnue dans cette région.

Ceci me conduit naturellement à signaler les grands avantages attachés à ce dernier mode d'emploi des eaux.

IRRIGATIONS D'HIVER

I. *Colmatage*. Ce n'est pas seulement l'eau des torrents et des rivières que doivent employer les agriculteurs pour féconder le sol et accroître leurs récoltes, ce sont aussi les matières terreuses charriées par ces cours d'eau et arrachées à leurs rives d'amont.

Tous les ans le Nil, en débordant, répand ses eaux sur les campagnes, où il dépose un précieux limon qui est la richesse de l'Égypte. La nature fait, dans cette contrée, ce que les hommes font ailleurs sous le nom de *colmatage*.

Cette opération a pour but d'amener des eaux troubles ou limoneuses sur le sol qu'on veut *atterrir*; on les y laisse séjourner, le sédiment se dépose; l'eau claire est évacuée et remplacée par de nouvelles nappes d'eau troubles et ainsi de suite jusqu'à ce que l'élévation du sol soit suffisante.

On peut ainsi combler de vastes marais, des étangs ou bas-fonds insalubres existant à des niveaux inférieurs à celui des hautes mers, et qui, par conséquent, ne pourraient être améliorés par aucun autre procédé.

Le colmatage permet de créer à peu de frais un sol nouveau d'une grande fertilité; et c'est ainsi que la riche vallée de l'Isère a été conquise sur les eaux. Les riverains des rivières et des fleuves peuvent donc puiser, dans ces cours d'eau, la richesse et la prospérité.

Prenons l'exemple de la Durance, la rivière française sur laquelle on a fait les études les plus sérieuses, et dont les eaux et le limon sont le mieux utilisés pour l'irrigation et le colmatage des campagnes riveraines.

La Durance transporte, chaque année, 11 millions de mètres cubes de limons qui, s'ils étaient déposés uniformément sur le sol sous forme d'alluvions, recouvriraient en un an plus de 110 000 hectares d'une couche de 1 centimètre d'épaisseur contenant, dans l'état de combinaison le plus favorable aux racines des plantes, plus d'azote que 100 000 tonnes de guano, et plus de carbone que 49 000 hectares de forêts.

Malheureusement, les dix-huit canaux que cette rivière torrentielle alimente ne fonctionnant guère qu'en vue de l'arrosement, les neuf dixièmes des limons sont perdus pour le colmatage, et les cultivateurs achètent, au prix de plusieurs millions par an, les éléments de fertilisation que le torrent porte à la Méditerranée, et qu'ils pourraient retenir à peu de frais.

Le poids des limons charriés par le Var, pendant une année, formerait un volume de 12 222 000 mètres cubes qui suffirait à colmater plus de 6 000 hectares sur une épaisseur de 20 centimètres. Un petit canal de dérivation d'eau du Var portant seulement 1 mètre cube par seconde, et convenablement tracé, pourrait colmater par an, sur une épaisseur moyenne de 50 à 60 centimètres, une dizaine d'hectares de terrains stériles, et créer par conséquent chaque année une valeur de 30 000 à 40 000 francs. Le Var entraine à la mer chaque année 22 000 à 23 000 tonnes d'azote.

Si l'on ajoute le poids des limons charriés au poids des matières solubles, on reconnaîtra que la Seine, à Paris, entraine sous nos yeux, chaque année et sans qu'on le remarque pour ainsi dire, 2 117 985 tonnes de matières solides, poids à peu près égal à celui de la totalité des marchandises transportées par ce fleuve à Paris. 200 000 mètres cubes d'eau complétement employée à l'irrigation produiraient en substances alimentaires l'équivalent d'un bœuf de boucherie. Ainsi les eaux de la Seine, en se perdant sans avoir servi aux arrosages, jettent à la mer une tête de gros bétail de 2 en 2 minutes, soit 720 têtes de gros bétail en vingt-quatre heures, ou 262 800 têtes dans l'année.

L'Italie centrale nous offre le type des premiers grands travaux de colmatage au moyen desquels on a opéré la transformation complète de plus de 20 000 hectares formant autrefois des marais pestilentiels,

Voici les circonstances dans lesquelles ces travaux ont été exécutés.

Il paraît incontestable que, du temps des Romains et durant les premiers siècles du moyen âge, l'Arno se partageait en deux branches dont l'une atteignait directement la mer, tandis que l'autre traversait au sud le val de Chiana pour se déverser dans la Paglia, affluent du Tibre. Lorsque le fleuve Arno, approfondissant graduellement son lit septentrional, eut cessé de couler dans le val de Chiana, les eaux qui tombaient des ravins latéraux dans cette dépression presque horizontale s'épanchaient faiblement d'un côté dans le Tibre, de l'autre dans l'Arno, et croupissaient le plus souvent en de tristes marécages d'où s'échappait la fièvre.

Cependant les marais ont disparu, grâce aux beaux travaux hydrauliques entrepris depuis Torricelli par les ingénieurs toscans pour l'assainissement de la vallée. Au moyen des alluvions apportées de droite et de gauche par les torrents dans les *bassins de colmatage*, on a su créer une ligne de faîte artificielle au milieu de la vallée et donner aux eaux deux pentes bien sensibles, inclinées en sens inverse. Ces travaux, commencés dès le milieu du seizième siècle, mais dont l'achèvement a subi de longs retards par suite de circonstances exceptionnelles, ont fait cesser complètement l'insalubrité terrible qui s'accroissait sans cesse et tendait à dépeupler toutes les contrées environnantes; ils ont surtout substitué peu à peu des terrains agricoles, propres aux plus riches cultures, à des cloaques infects qui étaient devenus, avec raison, pour les populations voisines, une cause de terreur et de désolation.

Des travaux analogues, commencés depuis un certain

temps par le gouvernement piémontais dans les vallées de l'Arc et de l'Isère, en Savoie, mais restés inachevés jusqu'à l'époque de l'annexion de ce territoire à la France en 1860, ont été depuis lors continués avec autant d'activité que de succès par le gouvernement français, et, en quelques années, les valeurs estimatives de ces terrains, qui étaient pour la plupart improductifs et insalubres, ont été décuplées. En même temps, la salubrité la plus complète régnait dans cette importante vallée dont la dépopulation avait suivi, dans la période antérieure, une effrayante progression. Le succès complet de cette opération, réalisée dans des conditions aussi profitables pour le pays qu'avantageuses pour le budget de l'État, a déterminé l'administration des travaux publics à en effectuer une autre analogue pour l'endiguement et le colmatage de la rive gauche du Var (Alpes-Maritimes) dont la situation, avant 1860, ne le cédait en rien à celle de la vallée de l'Isère sous le double rapport de la stérilisation et de l'insalubrité; mais il y avait, de plus ici, un intérêt d'un autre ordre résultant de la corrosion toujours croissante d'un territoire aussi rare que précieux; de sorte que, à ces divers points de vue, l'entreprise que le gouvernement sarde n'avait pu achever, faute de fonds, était devenue urgente et du plus grand intérêt. Malgré de grandes difficultés d'exécution, le succès obtenu par l'administration française dans cette seconde entreprise d'endiguement et de colmatage a été le même qu'en Savoie. Elle a donc complètement justifié, sous ce rapport, les vœux et les espérances des populations annexées.

Des entreprises du même genre, moins considérables mais non moins intéressantes, ont été effectuées dans le midi de la France, notamment dans les départements des Bouches-du-Rhône, de Vaucluse, de l'Aude et de l'Hérault, par les soins et aux frais de simples particuliers qui, bien que ne pouvant disposer que de faibles volumes d'eau limoneuse, sont cependant arrivés à des résultats entièrement concluants en faveur de l'utilité du colmatage. En effet, des propriétaires intelligents ont obtenu ainsi la transformation de plusieurs centaines d'hectares d'un sol aride ou marécageux, d'une valeur inférieure à 300 francs, en des terres de première qualité d'une valeur dépassant 3000 francs.

Les procédés d'exécution sont d'ailleurs simples et généralement peu coûteux ; de sorte que, sauf des cas exceptionnels, ils se résument en une dépense ne dépassant pas 500 à 600 francs par hectare. Dès lors, si l'on tient compte de la valeur presque nulle des terrains soumis à ce mode d'amélioration et de la valeur très élevée des alluvions artificielles obtenues par le même moyen, on comprend tout de suite l'importance des plus-values à obtenir, surtout quand on peut opérer sur de grandes superficies.

II. *Limonage.* — L'emploi des limons qui résultent du colmatage, c'est-à-dire leur dépôt en couches épaisses de 30 à 40 centimètres et au delà, représentant de véritables remblais de 3000 à 4000 mètres cubes par hectare, n'est pas, à beaucoup près, le mode le plus général de leur utilisation. En effet, il faut des circonstances exceptionnelles pour qu'il se rencontre à la fois, sur un même point : 1° des étendues considérables de marais, étangs ou bas-fonds insalubres; 2° des eaux riches en limons pouvant y être dérivées avec de fortes pentes; 3° enfin des moyens d'évacuation pour diriger les eaux dépouillées vers un bassin inférieur devant leur servir de débouché définitif.

Mais ce qu'il importe surtout de signaler ici, c'est que l'emploi des limons fertiles, en couches épaisses de 30 à 40 centimètres et au delà, pour combler des bas-fonds insalubres, ou opérer l'assainissement de marais indesséchables par tous autres moyens, n'est qu'un cas particulier et même très restreint dans l'utilisation générale de ces précieux limons.

Je vais expliquer, en peu de mots, en quoi consiste surtout cette utilisation.

Elle résulte de l'emploi, par le même procédé, des matières limoneuses et autres contenues dans les eaux courantes, non plus en couches épaisses destinées à former, dans le moindre délai possible, de véritables remblais, mais en couches minces, souvent même imperceptibles, fournies par des limonages périodiques, annuels ou bisannuels. Ceux-ci représentent alors, indépendamment de toute question d'exhaussement du sol, un puissant amendement, renouvelable à volonté, et dont les effets rendus palpables par la plus-value immédiate des récoltes, ne pourraient être obtenus, par les moyens ordinaires, qu'à l'aide d'une quantité d'engrais ou d'amendements artificiels représentant une dépense quadruple ou même décuple de celle qui correspond à la pratique du limonage.

Des faits nombreux authentiques établissent que, par la seule puissance des submersions fertilisantes effectuées à divers intervalles dans la durée d'une seule campagne d'hiver pour des sols de toute nature et pour presque toutes les récoltes, les plus-values annuelles varient, suivant les circonstances locales, de 150 à 300

francs par hectare; que, dès lors, elles doivent être as-
similées à celles qui résulteraient de la fourniture de
15 000 à 30 000 kilogrammes d'engrais d'étable représentant cette même valeur.

III. *Simples submersions.* — Les eaux courantes,
même non limoneuses, renferment encore, dans le plus
grand nombre de cas, des principes fertilisants d'une
haute valeur agricole, dont elles se dépouillent au profit du sol par le seul fait d'une stagnation suffisamment
prolongée. Ces eaux étant presque partout surabondantes durant environ six mois d'hiver, et des travaux simples et peu coûteux pouvant en procurer la dérivation,
on voit qu'une extension presque illimitée peut être
donnée à ce mode puissant d'amélioration du sol.

La pratique, jusqu'alors restreinte à un petit nombre
de localités, était inconnue partout ailleurs, et restait
étrangère aux contrées mêmes qui avaient le plus grand
intérêt à en profiter. Ici, comme pour bien d'autres dé-
couvertes de premier ordre, ce n'est pas la théorie, mais
le hasard qui a fait jaillir la lumière. Des propriétaires
du Calvados dont les herbages tirent toute leur valeur
des submersions périodiques qu'ils reçoivent en hiver,
ont pu remarquer que, si elles avaient lieu accidentel-
lement avec des eaux claires, la plus-value habituelle
n'était pas sensiblement diminuée, tandis que, en l'absence de toute submersion, la force productive de l'her-
bage déclinait aussitôt d'une manière rapide. Ce fait
étant d'une grande portée au point de vue agricole, on
en a recherché la cause; et bientôt, avec le concours de
chimistes éminents, son explication a été donnée. On a
reconnu, en effet, que les eaux courantes en général,
indépendamment de l'air atmosphérique, de l'acide car-

bonique et autres substances analogues qu'elle renfer-
ferment, sont toujours plus ou moins riches en sels minéraux, tels que les carbonates et silicates alcalins, les
phosphates, etc., sans compter des chlorures, des ni-
trates et une foule d'autres principes empruntés aux régions supérieures de leur bassin. Ces substances peuvent, en effet, se dissoudre en quantités notables dans
l'eau plus ou moins combinée à l'acide carbonique, et
cela sans troubler sa limpidité. Mais par le seul fait
d'un séjour de quelques semaines sur les terrains submergés, elle se dépouille, au profit de la végétation, de
la majeure partie de ces substances dont l'action fertili-
sante est égale à celle des meilleurs amendements. Ce
résultat si important a été vérifié de deux manières :
d'abord par l'effet direct sur la récolte, ce qui était le
point le plus important ; puis par la composition très
différente de l'eau analysée avant et après la submersion. En effet, s'il arrive que, par exception, des herbages viennent à être submergés non par des eaux de
rivière, mais par une simple accumulation d'eaux pluviales, surtout de celles provenant des fontes de neiges,
alors l'effet produit sur la végétation est à peu près nul,
ce qui fournit une nouvelle démonstration du fait qui
vient d'être établi.

En généralisant cette observation, on arrive à reconnaître que, sauf de rares exceptions, presque toutes les
eaux courantes renferment ainsi en dissolution des substances organiques et surtout minérales dont le dépôt
s'opère par le simple repos, et dont l'action stimulante
sur le développement de la végétation est d'autant plus
prononcé que ces mêmes substances manquaient à la
composition normale des terrains agricoles sur lesquels

elles ne peuvent être ainsi amenées et répandues dans les conditions les plus économiques.

La question posée, on conçoit tout de suite quel immense parti on peut tirer de cette ressource, en quelque sorte illimitée, pour maintenir la fertilité des terrains agricoles incessamment amoindrie par une succession de récoltes plus ou moins épuisantes ; tandis que, par les moyens ordinaires, on n'obtient qu'une réparation trop souvent insuffisante, à l'aide d'engrais et d'amendements qui manquent à notre agriculture, et dont l'emploi devient excessivement onéreux du moment où l'on est obligé de recourir aux engrais commerciaux achetés hors des exploitations et sujets d'ailleurs à de nombreuses falsifications. L'engrais des eaux naturelles, au contraire, ne laisse rien à désirer, parce qu'il renferme généralement l'ensemble des principes organiques et minéraux assimilables par les plantes agricoles, de sorte que son emploi peut être renouvelé indéfiniment, sur le même sol, sans que l'on ait jamais à craindre l'amoindrissement de sa fertilité. S'il en était autrement, comment pourrait-on expliquer le maintien constant de la fécondité des herbages submergés de la Normandie, laquelle est représentée par une production annuelle d'environ 400 à 500 kilogrammes de viande à l'hectare, tandis qu'elle tombe immédiatement si ce mode de bonification leur est retiré ?

Un autre fait très important vient d'ailleurs compléter l'intérêt qui s'attache au même procédé. C'est qu'à la faveur des basses températures (de 0° à 5°) existant pendant quatre à cinq mois de morte saison, tous les végétaux, ligneux ou herbacés, peuvent supporter les submersions pendant un temps plus ou moins long, sans

éprouver aucune altération dans leur organisme, ce qui
serait impossible dans la saison d'été et avec des températures comprises entre 6 et 12 degrés.

Si l'on se rend compte des ressources que présentent
à cet égard les innombrables cours d'eau qui sillonnent
nos campagnes, avec des débits toujours abondants en
hiver, et de la vaste étendue des régions submersibles au
profit desquelles peut être appliqué ce mode d'amélioration, on comprend tout de suite de quel intérêt il serait
pour l'agriculture de procurer ainsi au sol, par un
moyen aussi simple qu'économique, les éléments répa-
rateurs dont la diminution progressive est un fait incontestable et peut faire craindre que, dans certaines régions,
l'on arrive, à une époque plus ou moins prochaine, à
voir tarir les sources de toute production.

*Résumé.* — De ces trois modes d'amélioration du sol,
le premier (colmatage) ne comporte généralement que
des applications assez restreintes ; mais les deux autres
(limonage, simple submersion ou irrigation d'hiver),
sont par leur généralité susceptibles d'en recevoir de
très nombreuses. En effet, les différentes zones à améliorer par ces divers modes se divisent ainsi qu'il suit :
1° vallées soumises à des submersions naturelles ; 2° terrains d'altitude moyenne pouvant recevoir, par voie de
dérivation, des submersions artificielles ; 3° terrains élevés ou en pente, susceptibles de recevoir des irrigations
d'hiver. La première catégorie comprend les plaines et
vallées qui retirent dès à présent un avantage des submersions périodiques, dont quelques-unes sont à régulariser. La vallée de la Saône y est comprise à elle seule
pour plus de 60 000 hectares. La deuxième s'applique
aux terrains situés à proximité d'un cours d'eau dont la

partie supérieure peut fournir, durant cinq à six mois d'hiver, une dérivation d'un débit convenable. Enfin, dans la troisième se placent les terres d'altitude et de situation diverses, sur lesquelles peuvent être employées, à titre d'amendement, à l'aide des mêmes rigoles que pour l'irrigation d'été, des eaux quelconques provenant de rivières, de ruisseaux, de ravins, pérennes ou non pérennes, du moment où leur qualité a été reconnue bonne pour cet objet,

En recherchant quelle pourrait être en France la superficie approximative des terrains compris dans ces trois catégories, on trouve qu'elle dépasse *six millions d'hectares*, c'est-à-dire près du quart de la superficie des terres en culture réclamant des engrais ou amendements. On voit donc qu'il s'agit d'un intérêt du premier ordre, et les études faites sur cet objet sont utiles, quand même elles ne serviraient qu'à y appeler l'attention du gouvernement et celle des propriétaires intéressés.

Ce serait une erreur de croire que ces utiles opérations doivent avoir nécessairement le caractère de travaux publics, ou même celui de travaux d'intérêt collectif. Elles sont, au contraire, à la portée de tous les cultivateurs; car, à défaut d'eaux courantes pérennes, on trouve presque partout à disposer de celles des orages et des ravins qui entraînent souvent une grande quantité de matières terreuses dont l'utilisation peut avoir lieu par les moyens les plus simples. Je pourrais citer un grand nombre de propriétaires qui non seulement ont retiré individuellement de ce procédé de grands bénéfices, mais qui y ont trouvé la source de leur fortune. Par conséquent, à tous les points de vue, l'utilisation des eaux d'hiver, d'après les divers modes que je viens de décrire, est digne de fixer au plus haut degré l'attention du monde agricole.

On ne saurait formuler des vœux trop énergiques pour que le gouvernement, d'accord avec les particuliers, s'occupe promptement, et sur la plus vaste échelle possible, de l'aménagement général des eaux de la France, non seulement sous le rapport de la navigation et des moteurs hydrauliques, mais encore sous le rapport essentiellement agricole du colmatage, du limonage et de l'irrigation, l'*irrigation hivernale* surtout. On constituerait ainsi tout un système de travaux publics d'utilité rurale qui donnerait enfin une solution sérieuse au problème posé par le gouvernement impérial lui-même, à savoir que l'*amélioration des campagnes importe encore davantage à la postérité générale du pays que l'amélioration des villes*. Il ne s'agit pas ici d'expériences à faire; on a des résultats qui sont encourageants au plus haut point. On peut aborder avec la plus entière confiance l'exécution des plus vastes travaux; et il est certain que chaque coup de pioche donné aux frais de l'État se multipliera à l'infini par les coups de pioche donnés par l'initiative privée. Ainsi organisés dans le but de l'aménagement des eaux, les ateliers de travaux n'auront point les dangers de l'agglomération; ils seront dispersés, éparpillés sur tout le territoire national, et par eux conséquemment se développera *l'aisance au village*, ce but de tous les gouvernements qui voudront et sauront prendre racine en France.

On a eu mille fois raison de songer à la protection des villes contre les inondations, mais c'est précisément parce que cette partie du programme de nos travaux publics a reçu de très grandes satisfactions que désormais

il est juste, il est prévoyant d'aborder l'œuvre des travaux d'utilité rurale.

Aménager les eaux dans ce but, ce sera non seulement
préserver l'agriculture de l'attaque des agents destruc-
teurs qui la menacent incessamment, mais ce sera la
doter de forces productives nouvelles; ce sera la mettre
à même de récupérer des masses énormes d'engrais et
d'amendements, constamment enlevés aux terrains supérieurs; ce sera porter la salubrité dans des pays marécageux et insalubres; ce sera, enfin, conquérir, par
voie de simple exhaussement, de grandes étendues de
terrains incultes qui décupleront de valeur.

Ne laissons donc plus couler l'eau sans en avoir obtenu tous les effets utiles. Et s'il est vrai qu'il y ait des
pays assez favorisés pour développer les irrigations d'été,
il est incontestable que nous avons, en bien plus grand
nombre, des pays où l'utilisation des eaux hivernales,
toujours surabondantes, peut engendrer la plus haute
richesse agricole. En hiver, grâce aux basses températures et aux grandes eaux, l'agriculture tient à sa disposition d'immenses forces naturelles. C'est son rôle de les
mettre en œuvre. Seulement il faut être maître de deux
choses, d'abord amener l'eau, ensuite la faire évacuer.

L'eau qui ne s'écoule pas facilement, c'est le *marais*,
c'est la *fièvre*.

L'eau qui s'écoule à volonté, c'est la *fertilité*, c'est la
*salubrité*.

# NAVIGATION

---

CONSIDÉRATIONS GÉNÉRALES

Au nombre des vérités les moins contestées de la science économique appliquée aux transports des matières et des productions de l'industrie, il faut placer l'importance du rôle qui appartient aux voies navigables, dans l'œuvre complexe de la distribution et de la répartition de ce que l'on nomme la richesse matérielle d'un pays.

Avant que les chemins de fer vinssent occuper, dans le système industriel et commercial, le rang qui leur est dû, les voies d'eau étaient regardées comme l'instrument par excellence des transports à bon marché. Elles ont été, depuis des siècles, les voies préférées, non seulement pour le déplacement des matières et des produits, mais aussi, sur certaines directions géographiques, pour la locomotion des personnes.

L'invention des chemins de fer a modifié cet état de choses, et la grande vitesse que l'on est parvenu à donner aux véhicules qui les parcourent devait attirer à eux,

5

non seulement les personnes, mais aussi une énorme quantité de matières et de produits qui ne comportent pas les lenteurs inséparables du mode de locomotion ordinaire de la plupart de nos voies d'eau.

Cette modification radicale introduite dans l'ancien système des transports devait exercer une grande influence sur l'esprit des personnes même les plus versées dans les études économiques : on a cru que les chemins de fer allaient se substituer aux voies d'eau et que celles-ci ne seraient plus désormais considérées que comme des instruments de circulation incompatibles avec les nécessités de l'industrie moderne. On a dit, dans un moment d'enthousiasme, que les canaux étaient un vieux mode de transport dont il ne fallait plus se préoccuper beaucoup. On a même vu les plus ardents promoteurs des chemins de fer ne demander rien moins que la suppression de toutes les voies d'eau, comme s'il n'était pas plus difficile de remplacer, dans l'ordre économique que dans l'ordre public, une vérité par une erreur; mais, pas plus dans l'un que dans l'autre, les erreurs ne sont durables. Tout ce bruit et toute cette agitation se sont apaisés avec le temps; l'observation pratique, venant en aide à la réflexion, a calmé cette fièvre allumée principalement par la spéculation financière et a contribué, pour une large part, à ramener les esprits dans le droit chemin dont ils s'étaient momentanément écartés.

De sérieuses perturbations économiques furent provoquées par cet élément nouveau et tout à fait inattendu; et l'opinion publique fut, pendant quelques années, distraite et comme absorbée dans ce tumulte qui se faisait autour de lui; mais le gouvernement français n'a jamais perdu de vue les véritables intérêts de l'industrie, du commerce et de l'agriculture dont le développement est si intimement lié à celui des voies navigables, ni laissé croire qu'il abandonnait celles-ci comme des instruments inutiles et désormais incompatibles avec le développement de la richesse publique. La navigation intérieure, en effet, est plus nécessaire en France que dans les pays voisins, parce que les matières premières employées par l'industrie y ont des distances plus longues à parcourir. L'expérience démontre, d'ailleurs, que les voies d'eau peuvent seules procurer, pour le transport des marchandises encombrantes et de peu de valeur, le bon marché qui est la première condition du succès dans la lutte ouverte avec l'industrie étrangère. Sans doute les chemins de fer rendent, sous ce rapport, de très grands services, mais si, sur certaines lignes et pour certaines marchandises, ils offrent au commerce des prix extrêmement réduits et comparables à ceux de la voie d'eau, on peut affirmer que ce résultat est dû à la concurrence des lignes navigables, de telle sorte que ces dernières procurent au commerce un double avantage, et par les bas prix qu'elles lui offrent et par ceux qu'elles lui assurent indirectement sur les chemins de fer concurrents.

Le gouvernement a toujours pensé et proclamé que les voies d'eau, comme les voies de fer, étaient indispensables à la prospérité du pays, et que la concurrence de ces deux modes de communication était la véritable solution de la question des transports à bon marché, c'est-à-dire de la question vitale du commerce et de l'industrie. En effet, c'est en 1846, après l'ouverture des chemins de fer de Paris à Orléans, à Tours, à Rouen, à Lille, à Valenciennes, que sont autorisés les travaux de perfectionnement de nos principales rivières, la Seine, l'Yonne,

le Rhône. En 1849, aussitôt après l'expiration de la con-
cession du canal Saint-Quentin, et alors que le chemin
de fer du Nord était ouvert depuis plusieurs années,
l'administration entreprend résolument et mène promptement à fin les travaux nécessaires pour assurer à la
batellerie un tirant d'eau de 2 mètres sur toute la ligne
navigable de Mons à Paris. Cette amélioration a été, pour
le commerce de Paris avec le nord de la France et la
Belgique, un bienfait immense, et lui a procuré une économie annuelle qui se compte par millions. En 1853, le
canal de la Marne au Rhin est livré à la navigation, alors
que le chemin de fer de Paris à Strasbourg avait été ouvert l'année précédente. On terminait, en 1855, le canal
latéral à la Garonne, de Toulouse à Castets, et en 1859
le canal de l'Aisne à la Marne, qui ouvre le bassin mé-
tallurgique de la Haute-Marne aux houilles du Nord et
de la Belgique.

Sans mentionner ici les nombreux travaux d'amélioration exécutés, soit sur les anciens canaux, soit sur les
rivières navigables, et pour ne citer que les faits les
plus saillants, je rappellerai que le gouvernement a
entrepris, en 1860, à l'aide des ressources restées dis-
ponibles sur l'emprunt de la guerre de Crimée, les ouvrages qui doivent exercer l'influence la plus décisive
sur le développement de la navigation intérieure et ouvrir de nouvelles voies au transit, si intimement lié à la
prospérité de notre marine. Je veux parler de la canalisation de la haute Seine, entre Paris et Montereau; de
l'Yonne, entre Montereau et Laroche, et de la Marne,
entre Paris et Dizy. Les deux premières de ces rivières,
dotées d'un tirant d'eau constant, s'unissent, par le canal de Bourgogne, avec la Saône et le Rhône, et forment

ainsi une ligne de navigation continue entre la Méditerranée, Lyon et Paris, ligne qui se continue, par la basse
Seine et l'Oise, jusqu'aux ports de la Manche et de la
mer du Nord. La Marne se relie, à Dizy, avec le canal
latéral de la Marne, jusqu'à Vitry-le-Français, puis au
canal de la Marne au Rhin, et forme ainsi une voie de
navigation régulière entre le Havre, Paris et Strasbourg.

En résumé, si l'on admettait, par une sorte d'anti-
thèse, la préexistence des voies de fer, en faisant abstraction des voies d'eau qui les ont précédées dans
l'ordre économique, il faudrait inventer celles-ci pour
en faire le contrepoids nécessaire et le complément indispensable de celles-là, et réciproquement.

Le temps, qui remet tout à sa place, justifiera de plus
en plus cette proposition, dont le principe est désormais sanctionné par une expérience suffisamment prolongée pour qu'il ne reste plus désormais de doutes
sur ce théorème économique dont les nations indus-
trielles, l'Angleterre, la Belgique, la Hollande, la
Prusse, pas plus que la France, ne méconnaissent la
vérité.

Les circonstances actuelles rappellent donc avec opportunité la faveur et le courant de l'opinion sur les
voies de navigation intérieure. Presque partout on émet
des vœux en faveur de la prompte amélioration de nos
voies navigables, rivières et canaux; car presque partout on comprend la nécessité de la concurrence pour
le transport des denrées encombrantes qui ont besoin
de voyager à petite vitesse pour voyager à bon marché.

On ne saurait donc trop encourager le gouvernement
à persévérer dans ses efforts pour rendre nos rivières
plus navigable dans la saison des sécheresses, pour les

relier et les côtoyer par de bons canaux, pour atténuer les désastres de leurs inondations, et enfin pour exonérer la batellerie des tarifs trop élevés.

## NAVIGATION INTÉRIEURE

La navigation intérieure comprend les transports de tout genre qui se font sur les fleuves, rivières, lacs et canaux.

Pour le bon marché, aucune voie de terre n'est comparable aux fleuves et rivières, puisqu'ils fournissent gratuitement la voie et le moyen de transport; mais ils sont sujets à des inconvénients qui en restreignent l'usage.

Outre les interruptions occasionnées par les gelées ou par la diminution du volume d'eau pendant l'étiage, la débâcle des neiges, les crues ou la fréquence des brouillards créent des périls qui entravent encore la navigation. Les sinuosités allongent les voyages, et l'on perd un temps considérable en remontant le cours de l'eau. Puis on ne trouve pas, généralement, sur une longue étendue, le degré de pente et de profondeur nécessaire : de la source à une certaine distance, le volume d'eau ne permet qu'un flottage accidentel; plus bas, se rencontrent des rapides, ou, à mesure que le fleuve s'élargit, le chenal s'exhausse, des bancs de sable le divisent ou le déplacent, et des barres se forment en travers des embouchures par les efforts opposés du courant et de la marée.

Il faut que l'art s'efforce de lever ou d'éluder ces

obstacles. On diminue l'excès de vitesse par des digues ou des barrages qui partagent le cours d'eau en biefs successifs, et, pour que les bateaux franchissent les chutes formées par ces barrages, on met les biefs en communication par des écluses à sas qu'on préserve des ensablements ou des chocs en les construisant en dehors du lit du fleuve. On atténue les rapides en élargissant le chenal ; on augmente la profondeur et la vitesse en

Barrage.

resserrant les eaux par des épis, des digues ou des barrages ; on prévient les inondations par des digues latérales et d'autres travaux.

Quand des parties de rivières sont trop difficiles à parcourir, on y supplée par des canaux latéraux, et l'on corrige, au moyen d'écluses, les différences de niveau entre les deux points de jonction.

L'art fournit aussi le moyen de passer d'un bassin dans un autre, en amenant au point culminant qui existe entre eux un volume d'eau suffisant pour entretenir une voie de navigation régulière dans l'intervalle qui sépare les deux fleuves.

Enfin, lorsqu'une rivière fait un long détour, on peut abréger le trajet au moyen d'un canal qui coupe à travers les terres.

Ces voies artificielles n'ayant pas de courant appréciable, le halage y est facile; un médiocre approvisionnement d'eau suffit pour porter de très lourds fardeaux. Seulement, le curage des biefs, l'entretien des ouvrages d'art, la réparation des avaries, entraînent forcément des chômages; l'eau n'arrive pas toujours en quantité suffisante; et, dans les pays où le froid est intense, les canaux restent gelés plus longtemps que les rivières.

L'invention des bateaux à vapeur est venue, au commencement du siècle, seconder les travaux des ingénieurs et donner aux transports par eau une très grande extension. Par ce moyen, on a pu marcher plus régulièrement et plus sûrement qu'à la voile, se passer du halage, qui n'est pas toujours praticable sur les grands fleuves, remonter contre le courant tout d'une traite, et franchir ainsi jusqu'aux rapides.

Néanmoins, la navigation intérieure ne satisfaisait encore qu'imparfaitement aux besoins du commerce, lorsque les chemins de fer ont commencé à lui disputer sa clientèle. Si ce nouveau mode de transport a été accueilli avec tant de ferveur, ce n'est pas seulement parce qu'il permet de parcourir avec rapidité de vastes espaces, c'est aussi parce qu'il fonctionne à heure fixe en toute saison. Avec lui, on n'est pas réduit, comme autrefois, à attendre la réouverture de la navigation pour recevoir ou expédier des marchandises; on n'est point obligé de faire à l'avance des approvisionnements onéreux. Les

besoins peuvent être satisfaits au moment où ils se font
sentir, et l'on voit par ce moyen exécuter des entreprises que les lenteurs et les retards de la navigation eus-
sent rendues impossibles autrefois. Les voies navigables
conservent les transports des marchandises pesantes qui

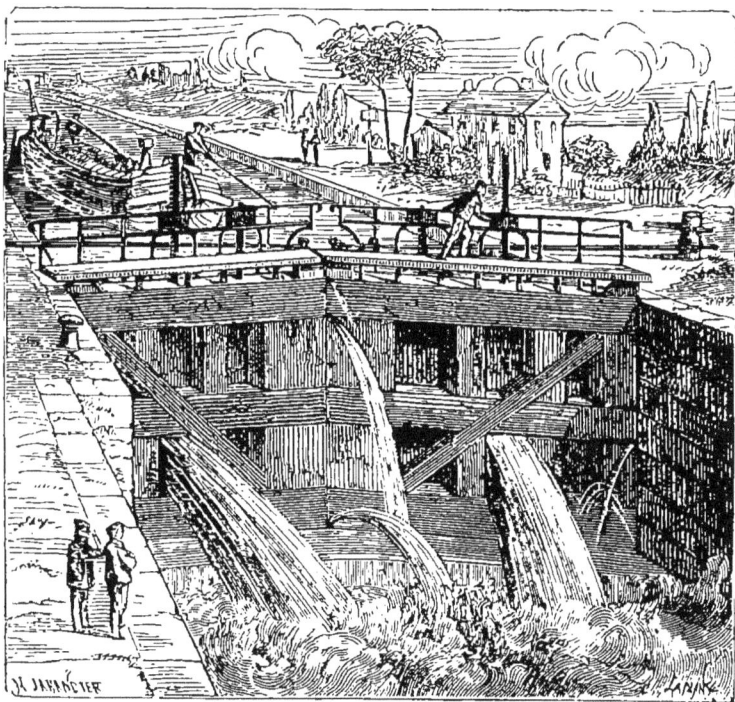

Digue pour la navigation, écluse.

ne sont pas pressées d'arriver à destination, qui ont peu
de valeur et demandent peu de soins. Certains trajets
d'agrément sont aussi réservés aux fleuves et aux lacs :
ainsi, les bateaux à vapeur qui promènent des milliers
de touristes entre les rives pittoresques du Rhin ou de
l'Hudson, n'ont rien à craindre de la concurrence des
chemins de fer.

Les deux systèmes ont chacun leur clientèle; on les voit, en certains endroits, se prêter un mutuel appui en contribuant à former de grandes lignes de communication, et, dans les endroits où ils fonctionnent séparément, leur concurrence a l'avantage de provoquer le perfectionnement de leurs procédés et de préserver le public des inconvénients d'un monopole.

### NAVIGATION EN FRANCE

Les voies navigables de la France se divisent en *canaux, rivières canalisées* et *rivières non canalisées*. La partie réellement fréquentée par la batellerie a un développement de 11 088 kilomètres, savoir :

| | |
|---|---|
| Canaux. . . . . . . . . . . . . | 5754 kilomètres. |
| Rivières canalisées . . . . . . . . | 5525  — |
| Rivières non canalisées . . . . . . | 5011  — |

Ces voies naturelles et artificielles combinées ensemble forment de grandes lignes de navigation qui, traversant les divers bassins, s'étendent d'une extrémité à l'autre de la France. C'est ainsi que par la Seine, l'Oise, le canal de Saint-Quentin, l'Escaut et les nombreux canaux qui se rattachent à cette ligne principale, Paris communique, d'une part avec la mer au Havre, de l'autre avec les houillères de la Belgique et de la Flandre française, ainsi qu'avec nos ports du littoral du Nord.

Le canal des Ardennes unit le bassin de la Meuse avec l'Aisne, et, par cette dernière rivière, avec Paris et tout le réseau de la navigation de la Flandre.

La Marne et le canal de la Marne au Rhin établissent
entre Paris et l'Alsace une voie navigable qui se rattache
au système des canaux du Nord par le canal de l'Aisne
à la Marne.

A Strasbourg, le canal de la Marne au Rhin se relie à
celui du Rhône au Rhin, et le dernier, suivant la plaine
de l'Alsace jusqu'à Mulhouse, puis franchissant le faîte
séparatif des vallées du Rhin et de la Saône, forme le
nœud de la grande artère qui, par la Saône et le Rhône,
met l'Alsace et la Suisse en communication avec les
houillères du bassin de Rive-de-Gier et avec la Méditerranée.

Cette même ligne fluviale du Rhône et de la Saône
est reliée avec Paris par le canal de Bourgogne et par
l'Yonne et la Seine.

Le canal du Centre unit la Saône et la Loire, et sert
de débouché aux exploitations houillères de Blanzy.

Dans la vallée de la Loire, ce canal vient se joindre,
à Digoin, au canal latéral qui, de Roanne à Briare, supplée à l'imperfection de la navigation du fleuve.

A Briare, et plus bas, au-dessus d'Orléans, prennent
leur origine les deux canaux de Briare et d'Orléans, qui,
réunis près de Montargis, empruntent le cours du Loing
canalisé, et viennent aboutir dans la Seine à Moret.

A Decize commence le canal du Nivernais qui, après
avoir franchi les montagnes du Morvan, si riches en
forêts, vient déboucher dans l'Yonne à Auxerre, et forme
ainsi une seconde voie de communication navigable entre la Loire et la Seine.

Au-dessous de Nevers, le canal du Berry se rattache
au canal latéral à la Loire, et après avoir remonté jusqu'à Montluçon, descend par les vallées de l'Auron et

du Cher jusqu'à Tours, en coupant le vaste triangle que forme le cours de la Loire entre Nevers et Tours.

Les houillères de Saint-Étienne, celles de Commentry et les forges de Montluçon trouvent dans cet ensemble de voies navigables leur principal débouché vers Paris et la basse Loire.

A Nantes commence le réseau des canaux de Bretagne, qui mettent toute cette contrée en communication avec la Loire, et par la Loire avec le centre de la France.

Le plus important de ces canaux, celui de Nantes à Brest, traverse les villes de Redon, Napoléonville et Châteaulin. A Redon, il se joint à la Vilaine canalisée qui, d'un côté, se jette dans la mer au-dessous de la Roche-Bernard, de l'autre remonte jusqu'à Rennes, et, par le canal d'Ille-et-Rance, aboutit à la Manche près de Saint-Malo.

A Napoléonville, le canal de Nantes à Brest communique avec la rivière canalisée du Blavet, qui vient se jeter dans la rade de Lorient.

C'est ainsi que deux de nos grands arsenaux maritimes, Brest et Lorient, se trouvent desservis par un système complet de voies navigables.

Si l'on jette les yeux vers le midi de la France, on y trouve la ligne de communication des deux mers, une des plus grandes œuvres du siècle de Louis XIV.

Le canal du Midi, ouvert entre Cette et Toulouse, a été complété par le canal latéral à la Garonne, de Toulouse à Castets, qui remédie à l'irrégularité du cours du fleuve. Enfin, à partir de Cette, la navigation se continue jusqu'au Rhône par les canaux des Étangs et le canal de Beaucaire.

Les réductions opérées sur les tarifs des droits de na-

vigation, ainsi que les travaux entrepris pour améliorer
les cours d'eau et en faciliter le parcours, ont aidé la
batellerie à soutenir la lutte contre son redoutable
rival. Elle s'est efforcée aussi de rendre ses opérations
plus régulières, plus promptes et moins coûteuses, en
appelant le perfectionnement à son aide; l'usage de la
vapeur s'est développé : le remorquage et le touage se
sont substitués au halage à bras d'hommes ou au moyen
de chevaux. Si les entreprises de transports par eau
réussissaient, en outre, à se constituer en grandes compagnies, elles pourraient avoir des tarifs applicables à
de longs trajets, et mettre en pratique des combinai-
sons semblables à celles qui donnent tant d'avantages
aux chemins de fer.

Sur les transports dont la navigation intérieure était
en possession il y a une vingtaine d'années, elle a perdu
les voyageurs, qui l'ont abandonnée en grand nombre,
et des marchandises encombrantes, notamment des
houilles, qui passent maintenant par les voies ferrées.
Néanmoins ces défections n'ont amené que sur certains
cours d'eau une diminution sensible dans le tonnage
des marchandises; sur d'autres, c'est l'effet contraire
qui s'est produit. Les voies navigables ont conservé ceux
des produits pesants qui ont peu de valeur, qui demandent peu de soins et ne sont pas pressés d'arriver à destination.

Les grands établissements qui se sont installés sur les
bords des canaux sont associés à leur fortune, et forment pour eux une clientèle qu'il n'est guère possible
de leur enlever.

Puis les marchandises qui restent à la batellerie se
transportent en quantités beaucoup plus considérables

qu'avant l'établissement des grandes lignes de chemins de fer, les affaires commerciales ayant plus que doublé d'importance depuis cette époque.

Les locomotives ne peuvent suffire aux transports que comporte un mouvement commercial évalué à plus de 4 milliards de francs, de sorte que la navigation présente encore un tonnage plus élevé qu'avant la concurrence de son rival.

On peut se faire une idée de leur situation respective et du terrain gagné ou perdu de part et d'autre, en consultant les cartes figuratives qui ont été dressées par M. Minard, ancien inspecteur général des ponts et chaussées, et qui représentent approximativement les tonnages des marchandises circulant sur les voies navigables et sur les voies ferrées. Voici en résumé, pour dix années, l'évaluation des transports en tonnes portées à 1 kilomètre :

| ANNÉES. | | VOIES NAVIGABLES. | VOIES FERRÉES. |
|---|---|---|---|
| 1850 | tonneaux kil. | 1 722 000 000 | 555 000 000 |
| 1853 | — | 2 164 000 000 | 889 000 000 |
| 1855 | — | 2 177 000 000 | 1 578 000 000 |
| 1856 | — | 2 302 000 000 | 1 851 000 000 |
| 1857 | — | 2 166 000 000 | 2 189 000 000 |
| 1858 | — | 1 788 000 000 | 2 228 000 000 |
| 1859 | — | 1 986 000 000 | 2 602 000 000 |
| 1860 | — | 2 050 000 000 | 5 005 000 000 |
| 1861 | — | 2 141 000 000 | 5 565 000 000 |
| 1862 | — | 2 291 000 000 | 5 707 000 000 |

Ce qui donne, au tonnage moyen par kilom. environ :

| ANNÉES. | | VOIES NAVIGABLES. | VOIES FERRÉES. |
|---|---|---|---|
| 1853 | tonneaux kil. | 185 600 | 227 400 |
| 1855 | — | 186 000 | 514 000 |
| 1856 | — | 196 000 | 527 000 |
| 1857 | — | 187 000 | 520 000 |
| 1858 | — | 154 000 | 311 000 |
| 1859 | — | 185 000 | 312 000 |
| 1860 | — | 182 000 | 540 000 |
| 1861 | — | 185 000 | 400 000 |
| 1863 | — | 195 000 | 565 000 |

La diminution que présente le tonnage des voies navigables en 1857 et 1858 provient, non d'un affaiblissement des ressources de la batellerie, mais de l'extrême sécheresse qui a régné pendant ces deux années, et du ralentissement qu'ont éprouvé les affaires commerciales.

## NAVIGATION EN ITALIE

Le Pô est le plus grand des fleuves de l'Italie. Sorti du Monvis, dans le Piémont, du côté de la frontière française, il dirige presque toujours en ligne droite, du couchant au levant, son cours qui a près de 350 milles. Il parcourt dans toute sa longueur la partie supérieure de l'Italie, forme une grande vallée qui s'étend des Alpes au pied des Apennins, et se jette, en se bifurquant, dans la mer, 30 milles au sud de Venise par l'embouchure du Goro, et 42 milles également au sud de cette ville par l'embouchure du *Pô maestro*. Cette dernière embouchure l'emporte par le volume d'eau sur la première, qui toutefois présente plus de facilités pour la navigation. Le Pô reçoit, dans son trajet, d'autres cours d'eau moins importants, tels que la Dora, le Tanaro, la Sesia dans le Piémont, et en Lombardie le Tessin, l'Olona, le Lambro, l'Adda, l'Oglio, le Mincio, et sur la rive opposée, le Taro, la Trebbia, la Secchia, le Panaro, le Reno. Ce fleuve est le lien qui réunit et confond dans les mêmes intérêts économiques toute l'Italie continentale. Recevant tous les cours d'eau qui descendent des Alpes et de l'Apennin septentrional, il relie nécessairement le système hydrographique des pays pédamontans,

cispadans et transpadans. Si les hommes n'étaient pas
sans cesse en contradiction flagrante avec les lois de la
nature, le Pô, cette grande artère de l'Italie supérieure,
transporterait les navires de l'Adriatique presque au
pied des Alpes piémontaises, comme, grâce aux canaux
existants, il les transportait naguère au milieu des vallées préalpines et presque au pied du Spluga. Les études
d'habiles hydrographes et les expériences déjà tentées
démontrent qu'il est possible à la navigation de remonter le Pô jusqu'au delà de Turin.

L'Adige, le second fleuve de l'Italie, toujours riche-
ment alimenté, profond, et d'un cours très rapide, prend
sa source dans le Tyrol, se dirige du nord au midi dans
une ligne transversale à celle du Pô, et va se jeter,
comme lui, dans l'Adriatique.

Les autres fleuves de moindre importance qui, sortis
des Alpes du côté de l'Adriatique, vont se jeter dans cette
mer, sont : le Bachiglione, le Brenta, la Piave, le Taglia-
mento, l'Isonzo.

Des deux versants des Apennins descendent plusieurs
fleuves dans des directions opposées, les uns se rendant
à l'Adriatique, les autres à la Méditerranée. A l'ouest,
vont vers la Méditerranée, l'Arno, sur lequel s'élève la
ville de Florence, le Tibre, si célèbre pour avoir Rome
assise sur ses rives, le Garigliano, le Volturno et le Silo
qui sont moins considérables.

Par l'Apennin sont envoyés à l'est vers l'Adriatique,
le Metauro, le Tronto, le Langro et l'Ofante, qui ne sont
pas navigables, et dont le cours est d'ailleurs de peu
d'étendue. Tous ces cours d'eau réunis forment comme
un vaste arrosoir qui couvre toute la Péninsule et lui
portent une fraîcheur bienfaisante; quelques-uns se dé-

gorgent dans de vastes réservoirs qui sont précieux pour l'agriculture et qui sont, en même temps, un des plus beaux ornements de l'Italie. Tels sont le lac Majeur formé par le Tessin, les lacs de Côme et celui de Lecco par l'Adda, le lac d'Iseo par l'Oglio, celui de Garda par le Mincio.

Jadis les habitants du pays savaient utiliser bien des eaux aujourd'hui perdues; au moyen de canaux, ils parvenaient à arroser des plaines arides et à transporter de grosses barques dans les villes privées de fleuves navigables.

La péninsule italienne, sillonnée comme elle l'est par de nombreux cours d'eau et par des torrents, réclame beaucoup de travaux hydrauliques pour en régler le cours et pour se défendre de leurs débordements dans les crues.

Le gouvernement actuel s'est attaché à conserver les ouvrages existants, à reprendre ceux de première nécessité qui avaient été abandonnés, et à en établir de nouveaux. Dans cette voie, on a continué les travaux hydrauliques du Val-de-Chiana, et pour les provinces de Modène, Bologne, Ferrare et Ravenne, on s'est appliqué à combattre les conditions spéciales dans lesquelles se trouvent le Reno et ses affluents, à cause de l'exhaussement de son lit; et l'on étudia de nouveau l'ancien projet de faire déboucher le Reno dans le Pô, projet qui avait reçu un commencement d'exécution en 1840.

### NAVIGATION EN ESPAGNE

L'Espagne possède de nombreux cours d'eau ; cependant l'eau n'y coule pas en grande quantité, et n'est profitable qu'à un petit nombre de localités (voir le chapitre : *Irrigations en Espagne*).

Sur 250 cours d'eau qui ont mérité le nom de fleuves, environ 60 seulement conservent ce nom jusqu'à leur embouchure dans la mer. Les autres sont des affluents de petites rivières, des torrents, des ruisseaux et ravins qui, en dehors des saisons de pluie et de crue, ont peu d'importance.

Les fleuves les plus considérables sont au nombre de huit ; cinq versent leurs eaux dans l'Océan, et trois dans la Méditerranée. Ceux dont le cours est le plus développé, depuis la source jusqu'à l'embouchure sont : l'Èbre, le Douro, le Guadiana, le Tage, le Guadalquivir, le Jucar, le Minho et la Segura. Ceux dont les bassins sont les plus étendus en superficie sont, également par ordre : l'Èbre, le Douro, le Guadiana, le Guadalquivir, le Tage, la Segura, le Jucar et le Minho. En suivant l'ordre de ceux qui ont le plus d'affluents, on trouve l'Èbre, le Tage, le Douro, le Guadiana, le Guadalquivir, le Minho, le Jucar et la Segura.

A différentes époques on a fait des études et des travaux pour rendre navigables quelques-uns des plus grands fleuves, comme le Tage depuis Aranjuez jusqu'à Lisbonne, le Douro jusqu'à Oporto, etc. ; mais, en réalité, les seuls qui soient navigables sont le Guadalquivir, de Séville à Saint-Luc de Barrameda; l'Èbre, de Tudela aux Alfaques, et le Douro, depuis la Fregeneda jusqu'à Oporto.

Le Tage, le Jucar, la Segura, le Minho et quelques autres de leurs affluents sont flottables, et le transport de bois à brûler et autres qui s'effectue par leur intermédiaire, pour les constructions et le combustible, ne manque pas d'une certaine importance.

Les canaux de navigation qui dérivent des fleuves ne sont pas en rapport avec les besoins du commerce; voici le résumé des principaux canaux :

Le canal impérial d'Aragon, alimenté par les eaux de l'Èbre, a un trajet d'environ 92 kilomètres; il sert au transport des voyageurs et des marchandises entre Tudela et Saragosse, ainsi qu'à l'arrosement des campagnes intermédiaires.

Le canal de Castille, dont les eaux de la Pisuerga alimentent la navigation et le service des machines, à une longueur de 148 kilomètres, sans compter les deux branches de bifurcation qui vont jusqu'à Valladolid et Rioseco.

Celui de San Carlos de la Rapita, près de l'embouchure de l'Èbre et alimenté par les eaux de ce fleuve, a seulement 16 kilomètres environ.

Depuis plusieurs siècles, des personnes très compétentes ont étudié les bassins hydrographiques de la Péninsule, afin de pouvoir établir des canaux de navigation et d'irrigation dans le but de diminuer le prix du transport des denrées et de fertiliser les terres fortes et maigres. Beaucoup de plans divers ont été conçus tant pour des canaux particuliers que pour un réseau général de canalisation; Antonelli, Siere, Lemur et plusieurs autres ingénieurs fort habiles ont laissé à cet égard des projets très importants et réalisables; cependant les canaux achevés que l'Espagne possède ne présentent encore qu'un développement de 212 kilomètres, et ceux en construction n'ont qu'une longueur de 5 kilomètres.

Dans ces derniers temps, on a senti davantage la nécessité et l'utilité de la navigation sur les fleuves et les canaux. En Espagne, comme dans beaucoup d'autres pays, on a reconnu que le transport par eau est le plus économique et le plus rationnel, surtout quand il est combiné avec l'arrosement des campagnes limitrophes.

### NAVIGATION EN PORTUGAL

Les rivières navigables sont le Tage, le Douro, le Minho, la Guadiana et le Mondego; elles suppléent au manque de routes pour transporter vers les côtes les produits du pays, notamment les vins; mais des bancs de sable embarrassent les embouchures.

A Punhete, le Tage est large de 500 mètres; de cet endroit à Lisbonne, il porte de grandes barques, et de petits bateaux à vapeur y naviguent.

Sur le Douro, les bateaux plats peuvent remonter jusqu'à Tora de Moncorvo, à 160 kilomètres de la mer; c'est par cette voie qu'Oporto reçoit les vins de l'intérieur.

### NAVIGATION EN RUSSIE

L'immensité des distances et l'insuffisance des routes de terre sont, jusqu'à un certain point, rachetées en

Russie par l'étendu du *réseau fluvial* qui, en coupant dans tous les sens cette masse compacte et inarticulée, la rend abordable de toutes parts.

A l'exception de la Vistule et du Niémen, l'empire russe possède tous ses cours d'eau en entier, ce qui met ainsi à sa disposition les plus larges moyens d'écoulement pour ses produits.

La Finlande et tout le nord de la Russie d'Europe sont couverts de *lacs* et de *cours d'eau*, de sorte qu'il est impossible de trouver un pays mieux arrosé.

On peut faire la même remarque quant à la Pologne et à la Russie du centre.

Mais le Sud et le Sud-Est, quoique possédant les plus beaux fleuves du monde, manquent pourtant d'eau. De nombreuses vallées, appelées *balkas*, sillonnant le terrain uni de la steppe dans tous les sens et s'ouvrant principalement dans le lit des fleuves, prouvent qu'autrefois ce pays n'était pas aussi dépourvu d'eau que de nos jours. Par suite de la destruction des forêts, les ruisseaux qui remplissaient autrefois ces balkas sont desséchés. Plusieurs grands fleuves, figurant sur la carte, n'ont de l'eau que pendant une partie de l'année, comme par exemple le Manytsch, affluent du Don, et plusieurs autres.

Le pays de Caucase et surtout la Transcaucasie sont très bien arrosés.

La Sibérie présente un grand nombre de lacs et de fleuves magnifiques et ne manque pas d'eau, excepté toutefois une partie de la plaine des Kirghiz.

Dans quelques parties de la Finlande, de la Russie d'Europe et de la Sibérie, l'abondance des eaux intérieures transforme le pays en marais. Les eaux ne trou-

vant pas d'écoulement, en raison de l'état et de la nature du sol, deviennent stagnantes et rendent le terrain
impraticable. Telles sont les *toundars*, entre le Mésen
et la Petschora, le long de la mer Polaire, plusieurs
terrains situés dans la région des grands lacs, les bords
du Pripet et de ses affluents (marais de Pinsk), et enfin
quelques régions basses des gouvernements de Novgorod
et de Twer, situés au pied des hauteurs du Valdaï. En
Sibérie, une partie très considérable des plaines du
nord, surtout sur les bords de l'Obi et du Yénissei, présente le même aspect que les toundars de la Petschora
et du Mésen.

Les lacs de la Russie se trouvent pour la plupart en
communication directe avec la mer et avec le système
fluvial. Il est impossible de séparer les lacs des fleuves,
surtout dans la région des grands lacs du nord-ouest.

Un petit nombre des lacs seulement se trouvent en dehors du système fluvial; tels sont : le lac Néro, ou de
Rostoff, gouvernement de Yaroslau ; son étendue est de
91 kilomètres carrés; quelques lacs du gouvernement
de Vilna, comme le Narotsch, d'une surface de 94 kilomètres; de Kowno, comme le lac Drisswiatuy, d'une
surface de 47 kilomètres; de Vitepsk, comme le lac
Ossweya, de 49 kilomètres.

Un troisième groupe de lacs, n'ayant pas de communication avec le système fluvial, est formé par les lacs
du gouvernement de Kherson et de Tauride; ces lacs,
pour la plupart salés, se trouvent en communication directe avec la mer.

En ne comptant que la partie navigable des fleuves et
des rivières, on peut estimer que la Russie d'Europe
possède près de 30 337 kilomètres de cours d'eau *navi-*

*gables*. La longueur des rivières *flottables* peut être estimée au double. Dans le royaume de Pologne l'ensemble des rivières *navigables* et *flottables* a une longueur
de 2061 kilomètres. Pour la Finlande, le Caucase et la
Sibérie, on n'a pas de renseignements exacts.

En général, le réseau fluvial de la Russie a une importance immense, parce qu'il facilite singulièrement
les communications et supplée avantageusement au
manque de grandes routes.

La nature des fleuves en Russie, ainsi que des plaines
traversées par ces fleuves, est telle, qu'il devient facile
de réunir les différents bassins par des cours d'eau
*creusés artificiellement*.

Aussi, pour compléter le système fluvial qui forme
la base de toutes les communications, a-t-on établi un
vaste système de *canaux* à l'aide desquels on peut traverser la Russie par eau d'un bout à l'autre. Grâce aux
fleuves et aux canaux, toutes les mers limitrophes de
l'empire sont en communication directe entre elles.

Les canaux de la Russie appartiennent à trois catégories :

Outre les canaux destinés à régler et à déverser les
eaux dans l'intérieur de quelques villes, il faut distinguer les canaux sans écluses des canaux pourvus d'un
ou de plusieurs systèmes d'écluses. Les premiers lon-
gent ordinairement une partie quelconque d'un lac ou
d'une rivière inaccessible ou dangereuse à la navigation, tandis que les autres réunissent directement deux
ou plusieurs bassins.

Leur ensemble présente un développement total de
1381 kilomètres.

Par l'intermédiaire de ces canaux et du système fluvial, les quatre mers environnant la Russie d'Europe se trouvent en communication directe entre elles.

La communication entre la mer Baltique et la mer Caspienne se fait par trois systèmes : de Vyschni-Volotschok, de Tikhvin et de l'Impératrice-Marie.

La mer Baltique communique avec la mer Noire par trois systèmes : de la Bérésina, d'Oginski et le système Royal.

La mer Blanche se trouve réunie avec la mer Baltique et la mer Caspienne par le système du Prince Alexandre-de-Würtemberg.

Grâce au développement du réseau fluvial et aux nombreux canaux établis entre les différents bassins, le transport des produits bruts de la Russie d'Europe, destinés au commerce en gros, se fait le plus souvent par eau.

L'abondance des bois dans les gouvernements du Nord, du Nord-Est et d'une partie du Centre, favorise la construction de barques, et l'usage de démolir ces barques à leur arrivée, pour les vendre sous forme de bois de chauffage, rend ce genre de transport très avantageux. Aussi pour tous les produits d'un certain volume, ou d'un grand poids, on préfère le transport par eau qui, dès lors, joue en Russie un rôle très important.

Les ports intérieurs sont très nombreux ; les chargements s'y font ordinairement au commencement du printemps et à l'époque de la crue des eaux.

NAVIGATION EN SUÈDE

Un grand nombre de lacs, dont quelques-uns sont d'une vaste étendue dans les parties planes du pays, facilitent, ainsi que de petites rivières et des canaux, la communication intérieure.

Quand la Suède aura appris à faire profiter son industrie des puissants moteurs naturels que lui offrent ses cours d'eau, elle y trouvera certainement les éléments de richesses incalculables.

Ainsi, par exemple, on a calculé que, à Venersborg seulement, là où le lac a son écoulement, la masse d'eau est de 5253 hectolitres par seconde, et que sa force est de 260 000 chevaux. Si l'on évaluait à 50 pour 100 seulement la force qu'il est possible d'utiliser dans cette masse d'eau, ce serait encore une force de 130 000 chevaux dont pourrait disposer l'industrie suédoise.

L'État, du reste, a fait de grands efforts pour faciliter à l'aide de voies navigables, les communications dans l'intérieur du pays.

L'étendue des canaux et de la canalisation des rivières et des lacs était, à la fin de 1860, de 588 kilomètres.

Les plus grands et les plus importants canaux sont ceux de Gota, Trollhœtte, Sœdertelje et Strœmsholm. Le premier n'est pas seulement important parce qu'il joint entre eux un grand nombre de lacs et de cours d'eau, et réunit la mer Baltique à la mer du Nord, mais aussi parce qu'il a été l'une des plus difficiles entreprises hydrauliques de l'Europe. Ce canal a, en y comprenant les lacs, une longueur de 186 kilomètres, dont la moitié environ a été creusée dans le sol, et présente 58 écluses. Le lac Viken, où le canal atteint sa plus grande hauteur, est situé à 308 pieds suédois au-dessus du niveau de la mer.

Le canal de Trollhœtte, sur lequel la navigation par les écluses avec une pente de 55 mètres passe avec sécurité devant les chutes du fleuve de Gota, est le plus ancien, car il fut commencé au seizième siècle. C'est celui sur lequel a lieu le plus grand trafic.

### NAVIGATION EN ANGLETERRE

Les principaux fleuves de la Grande-Bretagne forment, dans leur partie inférieure, des bras de mer qui reçoivent les bâtiments du plus fort tonnage. Ainsi, à l'ouest, devant Liverpool, la Mersey n'a pas moins de 1000 mètres de largeur quand la mer est haute; la masse des eaux refoulée aux grandes marées d'équinoxe est de 595 690 000 mètres cubes par 24 heures. Comme les navires y courraient des dangers s'ils devaient rester exposés aux marées et aux vents pendant les chargements et les déchargements, on a construit de vastes docks où ils sont garantis.

De l'autre côté de l'île, la marée monte jusqu'à Londres, à 120 kilomètres de l'embouchure de la Tamise. A la hauteur du Strand, le fleuve a 411 mètres de largeur et $9^m,14$ de profondeur à marée haute. Il a passé, en 1858, à la remonte, 9050 navires jaugeant ensemble 2 168 559 tonneaux, et, à la descente, 4455 navires d'une jauge collective de 1 171 822 tonneaux.

La Clyde, à l'ouest de l'Écosse, offre un des plus remarquables exemples de ce que peut accomplir un
peuple industrieux. Ce fleuve avait, au dix-septième
siècle, si peu de profondeur que les navires de quelque
tirant d'eau étaient obligés de s'arrêter à 23 kilomètres
au-dessous de Glasgow, et de transborder leurs chargements sur des radeaux ou des barques. Aujourd'hui, des
navires de 400 tonneaux remontent le cours de la Clyde
et viennent décharger leurs cargaisons sur les quais de
la même ville. Les eaux ont été resserrées dans un
canal de 122 mètres de large, et d'une profondeur de
4 mètres en morte eau, et de 5 mètres en haute mer.
Des machines à draguer ont creusé le lit pendant des
années, et elles continuent, avec des cloches à plongeur, à empêcher la formation de dépôts de sable. Des
phares éclairent la navigation. Chaque année la dépense s'élève à 1 250 000 francs, non compris l'intérêt
des 50 millions qu'ont coûté les travaux de canalisation; mais cette dépense n'est rien si l'on met en ligne
de compte les avantages qu'en a retirés le commerce de
Glasgow.

Par le Humber s'écoulent vers le continent les produits métallurgiques et textiles du comté d'York.

De la Tyne on voit sortir, à une seule marée, jusqu'à
500 navires chargés de charbon, le tiers de l'exportation du bassin entier.

Au midi, la Severn offre une ligne navigable de
230 kilomètres; sur un de ses affluents, l'Avon, est
situé Bristol qui, en 1857, a compté à l'entrée 707 bâtiments de 190 359 tonneaux réunis, et à la sortie
535 bâtiments de 102 955 tonneaux.

Aux fleuves sont soudées des lignes de canaux qui

mettent en communication les principaux ports avec beaucoup de villes et d'établissements industriels.

Le plus ancien canal est le Foss Dyke, ouvert du temps des Romains et qui, étendu à diverses époques, joint aujourd'hui le Witham à la Trente.

Le plus célèbre est celui que le duc de Bridgewater fit construire, en 1766, pour amener économiquement à Manchester le produit des houillères qu'il possédait à une distance de 19 kilomètres. Ce canal franchit l'Irwell sur un pont-aqueduc de 186 mètres de long, de sorte qu'au point d'intersection de ces deux lignes d'eau on peut voir voguer deux navires au-dessus l'un de l'autre.

Un système de canaux met Liverpool en communication avec le port de Chester, les salines de Nantwich, Ellesmere et Birmingham, et, par le canal de 225 kilomètres qui aboutit à Leeds, Liverpool communique encore avec l'Ayr et l'Ouse, par suite avec Hull et la mer du Nord.

Mais la principale ligne est celle qui unit la Tamise, la Mersey et la Severn, par conséquent Londres, Liverpool et Bristol, par un système de canaux, dont les plus considérables sont le *Grand-Junction*, qui a 150 kilomètres, et celui de la Trente à la Mersey, qui a 107 kilomètres.

Sans être à beaucoup près aussi fréquentées qu'avant la construction des chemins de fer, ces voies de navigation sont encore très utiles, surtout pour le transport des houilles et des sels. On a établi, sur le canal de Bridgewater, un système de touage à la vapeur au moyen d'une chaîne noyée dans l'eau et d'une machine fixe; on peut faire 8 kilomètres à l'heure, à la remonte, et 9 kilomètres 1/2 à la descente.

En Écosse, le canal du Forth et de la Clyde, long de 55 kilomètres, unit la mer d'Irlande à la mer du Nord; il a 39 écluses, et l'élévation du bief de partage est de 47 mètres. Le canal de l'Union s'y rattache et met Édimbourg en communication avec Glasgow.

Une autre voie artificielle, plus grandiose, traverse encore l'Écosse d'Inverness au fort William, sur une étendue de près de 96 kilomètres. Elle se compose d'une suite de lacs et d'un canal qui a 36$^m$,57 de large à la ligne de flottaison, 15 mètres au plat-fond et 6 mètres de hauteur d'eau. Le point culminant est de 25 mètres au-dessus du niveau de l'Océan; on y voit se succéder 8 écluses qu'on a surnommées l'escalier de Neptune, et qui servent à élever les bâtiments à une hauteur de 18 mètres et à les redescendre de l'autre côté.

## NAVIGATION EN HOLLANDE

Ce pays est celui qui, en proportion de son étendue, renferme le plus grand nombre de voies navigables.

On peut comparer les canaux de la Hollande, en nombre et en dimension, aux grandes routes de l'Angleterre, de même que celles-ci sont continuellement couvertes de voitures et de cavaliers, on voit, sur les canaux, les Hollandais dans leurs barques de plaisance, leurs yachts et leurs bateaux de charge, voyager continuellement et transporter des marchandises, pour la consommation ou l'exportation, des ports de mer dans l'intérieur et réciproquement. Quand les canaux sont gelés, les Hollandais y voyagent en patins et parcourent de grandes distances en très peu de temps. Les marchandises sont également transportées, sur la glace, dans des traîneaux et même dans des charrettes.

Les canaux ont, généralement, 18 mètres de large et sont soigneusement curés, la vase que l'on en retire fournissant un engrais excellent pour les terres. Ils sont, en général, de niveau et conséquemment n'exigent pas d'écluses. Comme la plupart sont élevés au-dessus du sol, on recourt à des moyens mécaniques pour les faire servir de décharge aux eaux qui inondent les champs pendant l'hiver.

Le canal le plus considérable est celui de la Hollande septentrionale, qui a été construit par Blanken, entre Amsterdam et le Niewdiep, près du Helder. Par cette voie les bâtiments évitent les dangers auxquels ils étaient exposés au milieu des îles et des bancs de sable du Zuyderzée.

La Hollande entretient aussi, du côté de l'Allemagne, une navigation fluviale très importante, au moyen du Rhin, dont elle tient l'embouchure. Sans être maîtresse absolue de cette voie commerciale, comme à la fin de la guerre qui l'affranchit de la domination espagnole, elle sait profiter encore de sa situation, et ses bateaux à vapeur soutiennent sans désavantage la concurrence des chemins de fer allemands et belges.

## NAVIGATION EN BELGIQUE

Peu de pays, en Europe, sont arrosés aussi abondamment que la Belgique.

L'Escaut, qui traverse son territoire sur une étendue de 240 kilomètres, est large, à Anvers, de 450 mètres, et les passes y ont une profondeur de 9 mètres que le flux porte à 13.

Sur la Meuse, la navigation est moins facile, malgré les travaux de canalisation, et, à partir de Liège, elle passe par un canal qui aboutit à celui de Bois-le-Duc. Mais un excellent système de voies artificielles met en communication toutes les villes importantes. La Meuse est unie à l'Escaut, par conséquent Liège à Bruxelles, par le canal du Nord; Bruxelles communique, avec Anvers, par le canal de Willebroeck, et, avec Charleroi, par le canal de ce nom.

Gand, qui est entrecoupé par un grand nombre de canaux aboutissant à l'Escaut, à la Lième, à la Lys et au Moere, est mis en communication avec la mer par le canal de Terneuse, et avec Bruges et Ostende par le canal de Bruges.

On a ouvert récemment le canal de la Campine, qui prend son origine à celui de Maestricht et joint cette ville à Anvers, au moyen de la Grande-Nèthe.

Par les eaux intérieures, il se fait entre Bruxelles et la Hollande un commerce qui a occupé 115 bateaux en 1856.

Enfin, des communications sont établies avec la France au moyen du canal de Mons à Condé, qui sert à transporter des quantités considérables de charbon; du canal de Furnes, qui relie Bruges à Dunkerque, et du canal de Roubaix, qui, en joignant à l'Escaut le canal de la Deule, met en communication les villes de Lille et de Gand.

La navigation sur le Rhin est réglée par des conventions entre les États riverains.

En amont de Strasbourg, cette navigation ne se compose guère que de trains de bois; la rapidité du fleuve, la mobilité des fonds de gravier et de sable, ainsi que le peu de fixité des rives, gênent la navigation, et les transports se font de préférence par les voies ferrées et le canal du Rhône au Rhin. C'est au-dessous de Strasbourg que la batellerie a le plus d'activité.

Le Rhin est uni au Danube par le Mein, la Regnitz et le canal Louis; mais cette ligne est peu fréquentée, cause des difficultés que la navigation rencontre sur les deux rivières.

L'autriche a exécuté sur le Danube, ainsi que sur ses affluents, de grands travaux, qui en ont facilité le parcours. De Ratisbonne à Vienne, ce fleuve porte des bateaux de 50 à 100 tonneaux métriques, et, entre Vienne et Belgrade, des bateaux jaugeant 200 tonneaux.

L'Elbe est allemand dans la totalité de son cours, qui a 1148 kilomètres de longueur. De Magdebourg à Hambourg, ce fleuve est navigable pour les bateaux d'un tirant d'eau de 3 à 4 mètres, et, à partir de Hambourg, il est accessible à tous les bâtiments marchands. A Dresde, il est large de 320 mètres; à Hambourg, de 7 kilomètres, et à l'embouchure, de 22.

Sur le Weser, la navigation a une grande activité.

Des services de bateaux à vapeur, pour les voyageurs.

existent sur le Weser et l'Oder. Le remorquage à la vapeur est aussi établi sur ce dernier fleuve.

Par la Wartha, la Netge et le canal de Bromberg,
l'Oder communique avec la Vistule. Des bateaux à vapeur, porteurs et remorqueurs, remontent ce dernier
fleuve jusqu'à Varsovie.

## NAVIGATION EN SUISSE

On navigue sur les lacs et sur l'Aar. Cette rivière, qui,
auprès de Soleure, débite 10 179 mètres cubes d'eau par
seconde, forme une ligne de navigation très active surtout en aval de Berne. Il existe, entre Nidau et Soleure,
un service de bateaux à vapeur.

Le lac de Constance est parcouru, en tous sens, par
des steamers servant aux transports et au remorquage.

Sur le lac de Genève on se sert, pour les marchandises, de grandes barques pontées, à voiles et à rames;
des bateaux à vapeur de 60 à 120 chevaux transportent
les voyageurs.

Il existe des services semblables sur les lacs de Zurich,
de Zug, de Wallen, des Quatre-Cantons, de Neuchâtel,
de Thun, de Brientz, entre les points du rivage les plus
fréquentés.

## NAVIGATION DANS L'AMÉRIQUE DU NORD

C'est dans les États-Unis que la navigation intérieure
est organisée sur la plus grande échelle. Dotée par la

nature de fleuves magnifiques et de lacs dont les cinq
principaux forment, dans le Nord, une ligne de navigation de 2375 kilomètres de longueur, l'Union a centuplé
l'utilité de ces voies immenses par un nombre considérable de canaux et d'ouvrages, aussi ingénieusement
conçus qu'habilement exécutés.

Il y a vingt ans, le mouvement de la navigation entre
l'intérieur des terres et les côtes de l'Atlantique s'opérait
principalement par une ligne dont New-York et la Nouvelle-Orléans formaient les deux points extrêmes. New-
York, principal entrepôt du commerce intérieur et
extérieur de l'Union, communiquait avec le lac Érié par
le grand canal de ce nom (c'est le plus ancien des canaux américains; il a 580 kilomètres de long). Au même
lac aboutissait la route commerciale, moins importante
qu'aujourd'hui, qui passe par le fleuve Saint-Laurent, le
lac Ontario et le canal Welland.

En traversant le lac Érié, le lac Saint-Clair, le lac
Huron et le lac Michigan, puis, en passant par le canal
de Michigan et l'Illinois, on gagnait le Mississipi que
l'on descendait jusqu'à la Nouvelle-Orléans. A cette ligne
principale se rattachaient d'autres lignes secondaires
par lesquelles le mouvement des échanges s'étendait à
droite et à gauche dans le pays. Mais les chemins de fer
ont donné aux transports de nouvelles directions, soit en
détournant des voies navigables une partie de leur clientèle, soit en se combinant avec des voies de ce genre
pour former de grandes lignes de communication.

Ainsi, au nord de New-York, sont établies des voies
ferrées qui conduisent des côtes de l'Atlantique au Saint-
Laurent; puis, en remontant ce fleuve, on trouve d'autres
voies du même genre qui, traversant le Canada, abon-

tissent aux lacs Supérieurs où se font les échanges avec
les populations du Nord-Ouest.

En Pensylvanie, un système de voies navigables combinées avec des chemins de fer établit, entre Philadelphie
et les villes commerçantes de l'Ouest, une communication par laquelle la distance est plus courte de 100 kilomètres que par les chemins de fer ou par les canaux de
l'État de New-York. De Philadelphie on gagne Pittsbourg
sur l'Ohio par le Columbia railway qui conduit à Harris-
bourg, puis par le canal de Pensylvanie et le Portage
railway qui franchit la côte des Alleghanys. New-York
étant relié à Philadelphie par le canal de Raritan à la
Delaware, le commerce de la première de ces villes a
même un avantage, pour la distance, à passer par la
route de Pensylvanie au lieu de suivre les voies ferrées
ou navigables de l'État de New-York.

On a créé, dans ces dernières années, une grande ligne
de navigation qui, de Liverpool en Angleterre, s'étend
jusqu'à Saint-Louis sur le Mississipi, et Cincinnati sur
l'Ohio. De Saint-Louis les marchandises arrivent à Chi-
cago par l'Illinois et le canal de Michigan, puis elles sont
embarquées par des navires à voiles ou à vapeur, et par
les lacs Michigan, Huron, Saint-Clair et Érié, par le canal Welland, le lac Ontario et le Saint-Laurent, elles
gagnent Montréal ou Québec où elles sont transbordées,
en été, sur des bateaux à vapeur qui se dirigent vers
Liverpool; en hiver, elles sont expédiées à Montréal par
un chemin de fer qui les conduit à Portland dans le
Maine, d'où elles partent pour l'Angleterre. De Cincinnati on gagne, par le canal de l'Ohio, le lac Érié, puis
on suit la route indiquée ci-dessus. Dans cette ligne est
compris un chemin de fer qui va de Montréal à Détroit,

en passant par Toronto, et qui reçoit, dans cette dernière ville, les produits du Nord-Ouest qui arrivent, par les lacs Supérieurs, dans la baie de Georgie, puis par le chemin de fer de Collingwood qui la relie à Toronto. La même ligne sert, en sens inverse, pour les transports des produits britanniques.

Des canaux sont combinés de manière à mettre en communication le Nord et le Sud le long des côtes de l'Atlantique. Le premier, au nord, est le canal de Razitan à la Delaware, qui forme une route de commerce de 69 kilomètres entre New-York et Philadelphie; un autre unit la baie de la Delaware à celle de la Chesapeake; puis un troisième, entre la Chesapeake et le Sound d'Albemarle, complétera une ligne de navigation intérieure qui pourrait être fort utile en cas de guerre.

D'autres canaux, situés entre les districts houillers de la Pensylvanie et les côtes de l'Atlantique, servent à transporter des quantités d'anthracite qu'on évalue à plus de cinq millions de tonnes par année. Les principaux sont le canal de Schuylkill, long de 174 kilomètres, avec celui de la Delaware à l'Hudson, le canal du Lahigh (155 kilomètres) et le canal Morris, curieux en ce que les écluses sont remplacées, en grande partie, par des plans inclinés, le long desquels un bateau est porté par un chariot qui, soutenu au moyen d'une chaine, glisse sur de gros rails en bois et en fer. Il arrive, en outre, par les trois premiers de ces canaux, de grands trains de bois à Philadelphie.

La navigation sur les grands lacs du Nord, tant à vapeur qu'à voile, a grandi dans les proportions suivantes: 1820, 5 500 tonneaux; 1830, 20 000; 1840, 75 000;

1850, 215 787. La navigation à vapeur seule était évaluée, en 1855, à 108 000 tonneaux.

L'Hudson, qui débouche dans l'Atlantique devant New-York, est navigable pour de grands bâtiments jusqu'à une distance de 180 kilomètres de son embouchure; et les schooners le remontent jusqu'à Troy, à 267 kilomètres. La largeur, au-dessous d'Albany, varie de 275 à 820 mètres. Les steamers employés au transport des voyageurs sont construits de manière à marcher rapidement : ils sont fort allongés relativement à leur base, et n'ont qu'un faible tirant d'eau. Aucun navire public n'offre un plus grand luxe d'installation et d'ameublement; on ne voit que soie et velours, tentures et tapis somptueux; les glaces et les dorures brillent de tous côtés. On traverse de magnifiques paysages, entouré de tout le confort d'un hôtel de premier ordre; aussi n'est-il pas rare de voir, pendant les chaleurs, des Américains installés en permanence sur les steamers, comme on l'est, en Europe, dans les bains de mer.

Les remorqueurs offrent un spectacle non moins curieux lorsqu'ils remontent entourés d'un groupe de bateaux de différentes grandeurs amarrés à leurs flancs et chargés de marchandises. A mesure que cette flottille avance, les bateaux se détachent devant les villes auxquelles ils doivent se rendre, et il en reste une demi-douzaine autour du remorqueur, lorsqu'il arrive devant Albany.

La navigation sur le Mississipi et ses affluents est plus rude et plus périlleuse. Ce grand fleuve débite, dit-on, par minute 1 131 297 mètres cubes au-dessous du confluent du Missouri. Il a 30 à 40 mètres de profondeur au confluent de l'Ohio, et sa largeur est de 2500 mètres à la jonction du Missouri, de 1450 mètres à Saint-Louis, de 2200 mètres au confluent de l'Ohio, de 1500 mètres à celui de l'Arkansas et de 900 mètres au fort Adams. La pente moyenne est de plus de 1 centimètre par 100 mètres. A l'époque des deux crues annuelles, le fleuve s'élève, au-dessus de son niveau ordinaire, de 4 mètres à la Nouvelle-Orléans, de 8 mètres à Bâton-Rouge, de 15 mètres entre le fort Adams et l'Ohio, et de 6 à 7 mètres au delà. Le cours est très rapide dans la partie supérieure; plus bas, la vitesse est évaluée à environ 2 kilomètres à l'heure. A mesure que les forêts qui couvraient les rives sont abattues par les défricheurs, on ne voit plus aussi fréquemment qu'autrefois des bouquets d'arbres se détacher des bords et former autant d'écueils en suivant le cours du fleuve, ou changer les passes en s'attachant au lit ou au rivage. Cependant il arrive encore de ces îles flottantes de la partie supérieure.

Sur le principal affluent du Mississipi, le Missouri, dont la largeur varie de 1 à 2 kilomètres, les arbres déracinés flottent en abondance. L'Ohio est parsemé d'îles verdoyantes, mais dangereuses pour la navigation; sa vitesse est de 2 kilomètres à l'heure dans la hauteur moyenne des eaux, et sa pente de plus de 2 centimètres par 100 mètres à Louisville.

Comme le bois abonde encore dans la partie supérieure du Mississipi, on y construit, pour le transport des marchandises, des bateaux qui descendent à gré d'eau et ne remontent jamais; lorsqu'ils sont arrivés à destination, on les dépèce et on vend le bois.

Il y a, en outre, sur le Mississipi et ses affluents, un grand nombre de bateaux à vapeur qui les descendent et les remontent incessamment; ceux qui servent au transport des voyageurs sont comme de grandes maisons flottantes. Le fond est aussi plat que possible; sur le pont sont placées les chaudières et les machines, sans entourage ni clôture; de distance en distance, des piliers soutiennent les étages dans lesquels sont renfermés les salons, les chambres et autres compartiments nécessaires au service; puis, au-dessus du toit, sortent les deux noires cheminées. De même que sur l'Hudson, l'installation et l'ameublement sont magnifiques.

## NAVIGATION DANS LE CANADA

Le Saint-Laurent, qui joint les grands lacs à l'Atlantique, forme une ligne de navigation très importante entre cet Océan et l'intérieur du continent américain.

Large de 120 kilomètres à son embouchure et de 40 kilomètres devant la vallée du Métis, ce fleuve l'est encore de 12 kilomètres devant Québec, à 450 kilomètres de la mer. Il a 70 mètres de profondeur au confluent du Saguenoy, et il en conserve encore assez à la hauteur de Québec pour porter les plus gros bâtiments.

De cette ville à Montréal, sur une étendue de 227 kilomètres, les navires à voiles remontent en deux jours à la suite des remorqueurs à vapeur, se croisant avec les canots des Indiens, les embarcations des pêcheurs et les énormes radeaux de bois de charpente. Une grande partie des émigrants des Iles Britanniques, qui se rendent aux États-Unis, passent par cette voie de navigation.

Il existe sur la ligne du Saint-Laurent, entre le lac Érié et Québec, huit canaux latéraux. Le plus remarquable est le canal Welland, au moyen duquel on passe du lac Érié dans le lac Ontario, en tournant la cataracte du Niagara. Il a 45 kilomètres de long, 25 mètres de large à la ligne de flottaison et 14 mètres au plat-fond; il rachète par 27 écluses une différence de niveau de 100 mètres entre les deux lacs.

Les sept autres canaux construits plus bas, de distance en distance, permettent d'éviter les rapides et les écueils; les quatre premiers ont une longueur totale de 15 kilomètres, et chacun une largeur de 27 mètres à la ligne de flottaison, et de 15 mètres au plat-fond; ils rachètent une différence de niveau de 9 mètres. Le canal de Cornwall a près de 18 kilomètres de longueur, 45 mètres de largeur à la ligne de flottaison, et 30 au plat-fond; il rachète une différence de niveau de 14 mètres.

Le canal de Welland a été traversé. en 1856, par 5885 bâtiments ou bateaux portant 2 192 448 tonneaux; le tonnage total en navires et en marchandises, sur les huit canaux latéraux, s'est élevé, pendant la même année, à 4 861 611 tonneaux.

La navigation s'étend, dans l'intérieur du Canada, au moyen des deux principaux affluents du Saint-Laurent, le Saguenay et l'Ottawa. Le premier a 56 mètres de profondeur à son embouchure et, au-dessus de la barre qui s'y trouve, 250 mètres qu'il conserve sur une grande partie de son cours; les plus grands bâtiments peuvent le remonter jusqu'à 80 kilomètres. De l'Ottawa, qui est aussi très profond, le canal de Rideau, descendant à Kingston, met ce fleuve en communication avec le lac Ontario.

Navigation sur un fleuve d'Amérique.

NAVIGATION DANS L'AMÉRIQUE DU SUD

Les majestueux fleuves de l'Amérique méridionale effacent, par la longueur de leur cours et la largeur de leur lit, tous ceux de l'ancien monde.

Le superbe *Amazone* revendique le premier rang.

Ce fleuve, que les Espagnols nomment *Marañon*, et les indigènes *Guièna*, ne prend le nom d'Amazone qu'au confluent de deux grandes rivières, le *Tanguragua* et l'*Ucayale*, qui ont leurs sources dans les Andes.

Le premier Européen qui l'ait exploré, Orellana, affirma qu'on trouvait sur ses bords des femmes belliqueuses armées d'arcs. Il n'en fallut pas davantage pour renouveler l'antique tradition des femmes du Thermodonte. A cette occasion il convient de remarquer que les voyageurs du seizième siècle avaient une singulière propension à retrouver, dans le Nouveau Monde, les fables antiques de la Grèce. Du reste, un récit semblable à celui que rapporte Orellana fut fait à M. de la Condamine, et l'on peut admettre que des femmes indiennes, lasses du joug des guerriers, se seraient soustraites à leur pouvoir pour mener une vie errante et belliqueuse sur les bords du grand fleuve.

Depuis son confluent avec le rio Negro jusqu'à l'Océan, l'Amazone a 1400 kilomètres de cours; depuis la source du Tanguragua, il a 4600 kilomètres y compris ses grandes sinuosités.

La largeur de ce fleuve varie de 2 à 4 kilomètres dans la partie inférieure de son cours; sa profondeur dépasse 100 brasses; mais depuis son confluent avec le Xingu, et près de son embouchure, il devient semblable à une mer; l'œil peut à peine découvrir ses deux rivages à la fois.

La marée s'y fait sentir à une distance de plus de 1000 kilomètres.

Près de l'embouchure on voit un combat terrible entre les eaux du fleuve, qui tendent à se décharger, et les flots de l'Océan qui se pressent pour entrer dans le lit de la rivière.

Deux fois par jour, l'Amazone verse ses eaux ou, pour mieux dire, ses mers prisonnières dans l'Océan. Une montagne liquide s'élève à une hauteur de 30 brasses. Elle se rencontre assez souvent avec la marée montante de la mer; le choc terrible de ces deux masses d'eau fait trembler toutes les îles d'alentour; les pêcheurs, les navigateurs s'éloignent avec effroi.

Le lendemain ou le surlendemain de chaque nouvelle ou pleine lune, temps où les marées sont les plus fortes, l'Amazone semble aussi redoubler de puissance et d'énergie. Ses eaux et celles de l'Océan se précipitent au combat comme deux armées; les rivages sont inondés de leurs flots écumeux; les rochers, entraînés comme des galets légers, se heurtent sur le dos de l'onde qui les porte. De longs mugissements roulent d'île en île; on dirait que le génie du fleuve et le dieu de l'Océan se disputent l'empire des flots. Les Indiens désignent ce phénomène sous le nom de *pororoca*.

Parmi les grands fleuves de l'Amérique méridionale, le second rang appartient au fleuve que les Espagnols nomment *rio de la Plata*, ou rivière d'argent. Il est formé par le concours de plusieurs grands courants,

parmi lesquels la *Parana* est regardée comme le bras
principal; grossie d'une foule de rivières, elle coule à
travers une contrée montagneuse. Ce qu'on appelle la
grande cataracte de la Parana, non loin de la ville de
Guayra, est un long rapide où le fleuve, pendant l'espace de 50 kilomètres, se presse à travers des rochers
taillés à pic et déchirés par des crevasses effroyables.
Après avoir reçu plusieurs autres affluents, la rivière de
la Plata présente un cours majestueux qui égale en largeur celui de l'Amazone; son immense embouchure
pourrait même être considérée comme un golfe, puisqu'elle approche de la Manche en largeur.

On compte pour le troisième grand fleuve l'*Orinoco*
ou l'*Orénoque;* mais il est loin d'égaler les deux autres,
soit par la longueur, soit par la largeur de son cours.

Le courant formé par ce fleuve, entre le continent de
l'Amérique du Sud et l'île de la Trinité, est d'une telle
force, que les navires, favorisés par un vent frais de
l'ouest, peuvent à peine le refouler. Cet endroit, soli-
taire et redouté, s'appelle le *golfe Triste*. L'entrée en
est fermée par la bouche du Dragon. C'est là que, du
milieu des flots furieux, s'élèvent d'énormes rochers
isolés, restes de la digue antique renversée par le courant qui joignit jadis l'île de la Trinité à la côte de
Paria.

Ce fut à l'aspect de ces lieux que Colomb fut convaincu,
pour la première fois, de l'existence du continent de
l'Amérique. « Une quantité si prodigieuse d'eau douce,
disait cet excellent observateur, n'a pu être rassemblée
que par un fleuve d'un cours très prolongé. La terre qui
donne cette eau doit être un continent, et non pas une
île. » Mais, ignorant la ressemblance de physionomie

qu'ont entre elles toutes les productions du climat des palmes, Colomb pensa que le nouveau continent était la prolongation de la côte orientale de l'Asie. La douce fraîcheur de l'air du soir, la pureté éthérée du firmament, les émanations balsamiques des fleurs que la brise de terre lui apportait, tout lui fit conjecturer qu'il ne devait pas être éloigné du jardin d'Éden, ce séjour sacré des premiers humains. L'Orinoco lui parut un des quatre fleuves qui, selon les traditions respectables du monde primitif, sortaient du paradis terrestre pour arroser et partager la terre nouvellement décorée de plantes.

L'Orinoco a plusieurs cataractes, parmi lesquelles on distingue celles de *Maypures* et d'*Astures*. L'une et l'autre ont peu d'élévation et doivent leur formation à un archipel d'ilots et de rochers.

Ces rapides présentent des aspects très pittoresques. Lorsque du village de Maypures on descend au bord du fleuve, en franchissant le rocher de Manimi, on jouit d'un aspect tout à fait merveilleux. Les yeux mesurent soudainement une nappe écumeuse d'un mille d'étendue. Des masses de rochers d'un noir de fer sortent de son sein comme de hautes tours; chaque îlot, chaque roche se pare d'arbres vigoureux et pressés en groupes; au-dessus de l'eau est sans cesse suspendue une fumée épaisse; à travers ce brouillard vaporeux où se résout l'écume, s'élance la cime des hauts palmiers. Dès que le rayon brûlant du soleil du soir vient se briser dans le nuage humide, les phénomènes de l'optique présentent un véritable enfantement. Les arcs colorés disparaissent et renaissent tour à tour; et, jouet léger de l'air, leur image se balance sans cesse autour des rocs pelés. Les eaux murmurantes ont, dans les longues saisons des pluies, entassé des îles de terre végétale. Parées de *drosera*, de *mimosa*, au feuillage d'un blanc argenté, et d'une multitude de plantes, elles forment les lits de fleurs au milieu des roches nues.

Les communications qui existent entre l'Orinoco et l'Amazone sont un des phénomènes les plus remarquables de la géographie physique.

Les Portugais annoncèrent ce fait il y a plus d'un demi-siècle, mais les géographes à système se liguèrent pour prouver que de telles conjonctions des fleuves étaient impossibles. Aujourd'hui l'on n'a plus besoin ni d'analogie, ni de raisonnements critiques. M. de Humboldt a navigué sur ces rivières et a étudié cette singulière disposition du terrain.

Il est certain que l'Orinoco et le rio Negro errent sur un plateau qui, dans cette partie, n'a aucune pente décidée ; aucune chaine de montagnes ne sépare leurs bassins ; une vallée se présente, leurs eaux s'y écoulent et s'y réunissent : voilà le fameux bras de Casiquiare au moyen duquel MM. de Humboldt et Bonpland ont passé du rio Negro dans l'Orénoque.

## NAVIGATION DANS LE BRÉSIL

Le Brésil possède trois grands bassins, sans en compter beaucoup d'autres de deuxième ordre.

Le plus remarquable est celui de l'Amazone ; vient ensuite celui du Paraguay (l'un des tributaires du rio de la Plata), et enfin celui de San Francisco.

Le majestueux Amazone, qui compte plus de 2 200 kilomètres dans le territoire de l'empire, s'enrichit de 18 affluents dont 9 sur la rive droite, et 9 sur la rive gauche. Presque tous sont des fleuves de premier ordre, et quelques-uns ont plus de 2 000 kilomètres de cours. Leur étendue totale franchement navigable à la vapeur est de 4 600 kilomètres, en deçà des premières chutes qui se trouvent sur les limites du Pará et de l'Amazone.

Le tableau suivant indique l'étendue navigable à la vapeur dans le bassin de l'Amazone brésilien :

| | |
|---|---:|
| Amazone. . . . . . . . . . . . . . . . . | 2600 |
| Bassins de ses principaux affluents. . . . . . . | 25 600 |
| Affluents moindres, lacs et canaux. . . . . . | 4400 |
| Total en kilomètres. . . . . . | 32 600 |

Par l'Amazone et ses affluents on peut arriver aux républiques de la Bolivie, du Pérou, de l'Équateur, de la Nouvelle-Grenade et du Vénézuéla.

Il y a déjà longtemps que des bateaux à vapeur parcourent ce fleuve avec la plus exacte régularité, franchissant en dix jours les 2600 kilomètres qui séparent la ville de Pará de Tabatinga, frontière du Pérou.

Dans le bassin de l'Amazone, qui est complètement dépourvu de montagnes, les vents de l'est pénètrent à plus de 1500 kilomètres dans l'intérieur du pays, principalement de juillet à novembre. Les navires à voiles remontent alors facilement le grand fleuve en vingt-cinq à trente jours, de Pará à Manaos, franchissant ainsi 1500 kilomètres.

La partie du bassin du Paraguay qui appartient au Brésil a un développement de plus de 1500 kilomètres.

On peut considérer comme des bassins tributaires de celui-ci ceux du Parana et de l'Uruguay, fleuves de premier ordre, qui appartiennent également à l'empire sur une grande étendue de leur cours.

Ces trois grands fleuves et leurs affluents arrosent les provinces de Mato Grosso, de Goyaz, de Minas Geraes, de Saint-Paul, de Parana et de San Pedro, du Rio Grande du Sud.

Naissant dans la province de Mato Grosso, le Paraguay coule, dans la plus grande partie de son cours, sur le territoire brésilien, passe ensuite par la république du Paraguay et la république Argentine et, s'étant joint au Parana et à l'Uruguay, prend le nom de rio de la Plata sous lequel il se jette dans l'Océan.

Il est navigable à la vapeur depuis son embouchure jusqu'à Villa Maria, lieu situé à 180 kilomètres de Cuyaba, capitale de la province de Mato Grosso, et de là la navigation se prolonge jusqu'à cette dernière ville par ses affluents.

Le fleuve San Francisco traverse la partie orientale du Brésil; il forme la grande et majestueuse cataracte de Paulo Alfonso, et, au-dessus de cette chute d'eau, il compte encore 1000 kilomètres de franche navigation.

Outre ces grands fleuves, il y en a encore une quinzaine qui se jettent dans la mer, et parmi lesquels on en trouve quelques-uns qui comptent jusqu'à 400 kilomètres navigables à la vapeur.

Le gouvernement, convaincu des grands avantages qui doivent résulter de l'étude des cours d'eau les plus importants, fait continuer les explorations, précédemment entreprises, par d'habiles et savants ingénieurs.

Pour faire apprécier tout l'intérêt qui se rattache à

ces explorations, on fera remarquer que l'Amazone, le Tapajoz, le Paraguay, le Parana et le rio de la Plata font, d'une grande partie de l'Amérique du Sud, une sorte d'île *océano-fluviale;* qu'il suffirait, pour la compléter, de réunir les origines du Tapajoz à celles du Paraguay, dont elles ne sont séparées que par une petite étendue de terrain. Si l'on y réussit, presque tout le vaste territoire du Brésil, le Paraguay, une partie de la confédération Argentine et l'État Oriental, seront convertis en une île baignée par l'Océan et par ces fleuves.

Le San Francisco, d'autre part, pourra peut-être se réunir au Jaguaribe par un canal, formant ainsi une seconde île océano-fluviale; et lorsqu'on aura relié le premier de ces fleuves, dans les différentes parties de son cours, à l'Océan par le prolongement des chemins de fer de Don Pedro II, de Bahia et de Pernambouc, les ports de. Rio de Janeiro, de Bahia et du Récife seront liés au Cæra par une voie de communication intérieure non interrompue.

Cette voie fournirait de nombreux débouchés aux produits des provinces qu'elle traverserait.

Dans le but de favoriser la grandeur de l'empire, en facilitant de plus en plus ses relations commerciales, et en encourageant la navigation et le commerce de l'Amazone et de ses affluents, du Tocantins et du San Francisco, le gouvernement décréta que le fleuve des Amazones sera ouvert à la navigation marchande de toutes les nations jusqu'à la frontière du Brésil, ainsi que le Tocantins jusqu'à Cameta, le Tapajoz jusqu'à Santarem, le Madiera jusqu'à Barba, le rio Negro jusqu'à Manaos, et le San Francisco jusqu'à la ville de Penedo.

## NAVIGATION EN ÉGYPTE

L'Égypte, ce pays unique dans la nature, unique dans les fastes de l'histoire, rattache l'Afrique au monde civilisé.

L'Égypte est une vallée que le Nil arrose après l'avoir en partie formée, et que resserre, à droite comme à gauche, la stérile immensité des déserts. Grâce aux dons de ce fleuve, elle peut se passer du reste de la terre et du ciel lui-même.

Le Nil, le plus grand fleuve de l'Afrique et de l'ancien monde, prend sa source dans des régions voisines de l'équateur.

Il est principalement constitué par deux grands cours d'eau, le *Bahr-el-Abiad* ou Nil Blanc, qu'on regarde comme le vrai Nil, et le *Bahr-el-Azrek* ou Nil Bleu qui se réunissent à Khartoum, en Nubie, par 15° 37' de latitude nord. Le Bahr-el-Azrek, qu'on a pris longtemps pour le vrai Nil, naît en Abyssinie par 10° 59' de latitude nord et 34° 35' de latitude est, traverse le lac Dembea, baigne les provinces de Gojam, Damot et autres contrées abyssiniennes, puis rentre dans le Sennaar, et se joint au Nil à 8 kilomètres sud d'Halfay, après un cours d'environ 1600 kilomètres; ce cours est très rapide, et offre plusieurs cascades dont une a 25 mètres de hauteur.

On a discuté pendant longtemps pour savoir laquelle, de ces deux rivières, est le Nil véritable; on s'accorde, aujourd'hui, à donner ce titre au Bahr-el-Abiad. Il résulte, de recherches récentes, que ce cours d'eau est formé par la réunion de trois rivières : le

*Keilath*, venant de l'Ouest ou du Soudan central; le *Sanbat*, venant de l'Est, des montagnes d'Abyssinie; le Bahr-el-Abiad proprement dit, ou vrai Nil, appelé Kir par les nègres, et coulant du sud au nord entre les deux précédents.

Les anciens faisaient sortir le Nil des monts *Al-Kamar* ou montagnes de la Lune, dont la place est indéterminée.

De nos jours, les frères d'Abbadie crurent avoir découvert les sources du Nil (1846), et les placèrent au sud de l'Abyssinie, par 7° 49' latitude nord et 54°38' longitude est; mais des recherches ultérieures ont démontré qu'ils s'étaient arrêtés à l'un des affluents du fleuve, l'Uma, et que le cours principal venait de plus loin encore.

On suppose que ce grand cours d'eau n'est que l'écoulement d'un vaste lac, le lac Ukérévé ou Nyanza, exploré en 1862, par les capitaines anglais Speke et Grant, ou qu'il est le produit des neiges éternelles qui couvrent les monts Kombirat, Kénia et Kilimandjaro, placés sous l'équateur ou même au sud de cette ligne.

Le Nil traverse la Nubie, arrosant les pays de Halfay, Chendy, Damer (où il reçoit par sa droite le Tacazzé ou Atbarah), Chaykyé, Dongola, Mahas, Sukkot, Hadjar et Barabras.

Il entre en Égypte à Assouan (24° latitude nord), court alors presque directement du sud au nord jusqu'à ce que, par 30° 12' latitude nord, il se divise en deux branches, celle de Rosette à l'ouest, près d'Alexandrie, et celle de Damiette à l'est, branches qui elles-mêmes, par leurs ramifications, donnaient lieu chez les anciens à sept bouches.

Vue du Nil_au-dessus du confluent de l'Asua.

L'espace triangulaire compris entre ces diverses branches est appelé *Delta*, à cause de sa ressemblance avec la forme de cette lettre grecque.

Le cours du Nil est encadré, à droite et à gauche, par des chaînes de montagnes.

Six cataractes interrompent ce cours; elles étaient surtout célèbres dans l'antiquité; la seule qui soit vraiment remarquable est celle de l'ancienne Philæ, aujourd'hui El-Birbé, près d'Assouan, sur les limites de l'Égypte et de la Nubie; encore n'a-t-elle que 16 mètres.

Depuis Assouan jusqu'au Caire, le Nil coule dans une vallée d'une lieue dans sa moyenne largeur, entre deux chaînes de montagnes dont l'une s'étend jusqu'à la mer Rouge, et dont l'autre se termine dans les déserts de l'antique Libye.

Le fleuve occupe le milieu de la vallée jusqu'au détroit *Djebel-Sel-Seleh*; cet espace, d'environ 67 kilomètres de longueur, n'offre sur ses deux rives que très peu de terres cultivables. Quelques îles sont, à cause de leur peu d'élévation, arrosées avec facilité.

Au débouché du détroit, la pente transversale porte constamment le Nil sur sa rive droite, qui présente dans beaucoup d'endroits l'aspect d'une falaise coupée à pic, tandis que le sommet des montagnes de la rive gauche est presque toujours accessible par un talus plus ou moins incliné.

Les montagnes, qui embrassent le bassin du Nil dans l'Égypte supérieure, s'entre-coupent par des gorges qui conduisent d'un côté sur les bords de la mer Rouge, et de l'autre dans les oasis.

La profondeur et la rapidité de ce fleuve varient selon les lieux et les saisons. Dans son état ordinaire, il ne

porte que des bateaux de 60 tonneaux, depuis les embouchures jusqu'aux cataractes. Le *bogaz* de Damiette a
cependant 7 à 8 pieds d'eau dans le temps des basses
eaux : celui de Rosette n'en a que 4 à 5. Dans les hautes
eaux, l'un et l'autre de ces bogaz ont 41 pieds de plus,
et les caravelles de 24 canons remontent jusqu'au Caire.

La navigation est singulièrement favorisée durant les
crues ; car, pendant que le courant du fleuve entraîne
les navires depuis les cataractes jusqu'aux bogaz avec une
extrême rapidité, les vents du nord, très violents, permettent de remonter le fleuve à force de voiles avec une
égale rapidité : on fait l'un et l'autre trajet en 8 ou 10
jours. C'est un spectacle intéressant de voir les nombreux bateaux se croiser dans leurs courses. Les bogaz
sont difficiles à passer, même dans les hautes eaux : des
bancs de sables changeants menacent le navigateur dans
toute la longueur du cours. Les cataractes sont quelquefois franchies par l'adresse et l'audace réunies.

Les fameuses plaines de l'Égypte ne seraient pas le
séjour d'une éternelle fertilité, sans les crues du fleuve
qui, en même temps, les arrose et les couvre d'un limon
fécond ; la meilleure hauteur de ces crues est de 8 mètres. (Voir *Irrigations*.)

Nous connaissons aujourd'hui avec certitude ce que
les anciens ne pouvaient qu'entrevoir obscurément, savoir, que les grandes pluies annuelles entre les tropiques
sont la seule cause de ces crues, communes à tous les
fleuves de la zone torride, et qui, dans des terrains bas
comme l'Égypte, occasionnent des inondations.

La crue du Nil commence au solstice d'été ; le fleuve
acquiert sa plus grande élévation à l'équinoxe d'automne, reste permanent pendant quelques jours, puis

Chutes du Pangani (Japon).

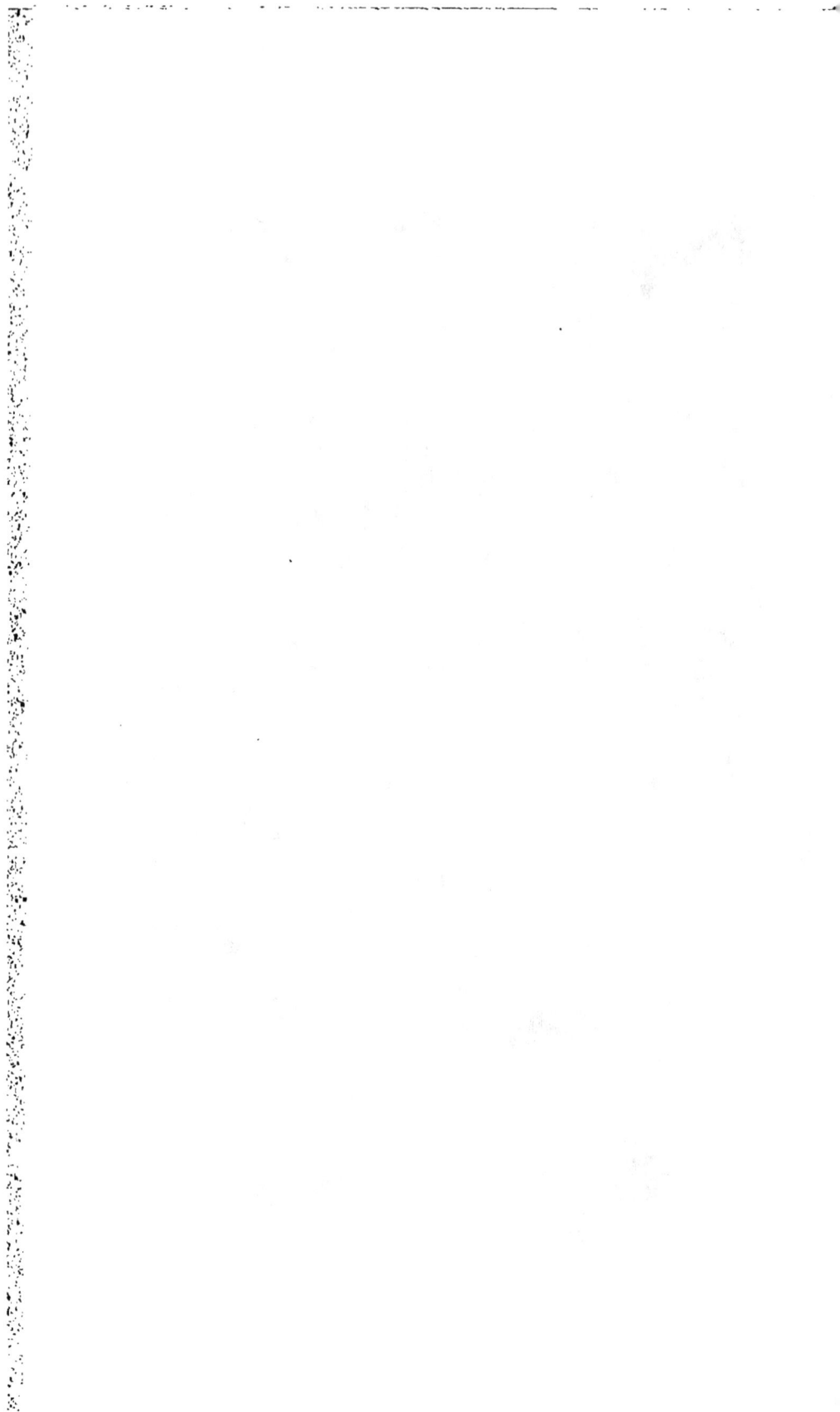

diminue, mais avec plus de lenteur. Au solstice d'hiver il est déjà très bas, mais il reste encore de l'eau dans les grands canaux.

A cette époque les terres sont mises en culture. Le sol se trouve couvert d'un limon plus ou moins épais déposé par couches horizontales : ce limon a une forte affinité pour l'eau.

L'analyse du limon du Nil a fourni près de la moitié d'alumine, un quart environ de carbonate de chaux ; le reste en eau, carbone, oxyde de fer, carbonate de magnésie.

Sur les bords du Nil, le limon tient beaucoup de sable ; et, lorsqu'il est porté par les eaux sur des terres éloignées, il perd en chemin une quantité de sable proportionnelle à la distance du fleuve, de manière que, lorsque cette distance est considérable, on trouve l'argile presque pure : aussi ce limon est-il employé dans plusieurs arts en Égypte. On en fait de la brique excellente et des vases de différentes formes : il entre dans la fabrication des pipes : les verriers l'emploient dans la construction de leurs fourneaux, et les habitants des campagnes en revêtent leurs maisons.

Ce limon renferme des principes favorables à la végétation. Les cultivateurs le regardent comme un engrais suffisant.

La salubrité de l'eau du Nil, vantée par les anciens, paraît reconnue par les modernes avec certaines restrictions. Cette eau est très légère et peut, sous ce rapport, mériter l'éloge qu'en fait Maillet : « C'est, parmi les eaux, ce que le champagne est parmi les vins. »

Si Mahomet, disent les Égyptiens, en eût bu, il eût

demandé au ciel une vie immortelle pour pouvoir toujours en jouir.

L'eau du Nil est purgative, ce qu'on doit attribuer à divers sels neutres dont elle est chargée.

Pendant les trois mois d'été qu'elle reste presque stagnante, elle devient bourbeuse et ne peut être bue qu'après avoir été clarifiée.

Pendant les crues, elle prend d'abord une couleur verte, quelquefois très foncée; après 30 à 40 jours, cette couleur fait place à un rouge plus ou moins brunâtre.

Au Caire, des canaux, que ferment et ouvrent des écluses, reçoivent l'eau excédante et la donnent à l'agriculture quand le fleuve n'atteint pas le niveau requis. L'ancienne Égypte avait construit, pour mesurer la hauteur des eaux du Nil, des échelles remarquables dites *nilomètres*, dont j'ai parlé précédemment.

Il est difficile de fixer le nombre des canaux destinés à porter, sur toutes les portions du sol, les eaux du fleuve.

Parmi les voyageurs, l'un l'évalue à 6000 uniquement pour la haute Égypte, tandis que l'autre ne reconnaît qu'environ 90 grands canaux, dont 40 à peu près pour la haute Égypte, 28 pour le Delta, 11 pour les provinces d'Est, et 15 pour celles d'Ouest. Une aussi grande différence tient à la manière de compter les canaux : l'un ne s'occupe que des grands canaux dont l'entretien est assuré, et l'ouverture déterminée par les règlements du pays; l'autre s'étend jusqu'aux canaux dérivés de ceux-ci, et dont le nombre varie d'année en année.

Les beys des mamelouks détournaient à leur profit l'argent destiné à l'entretien de ces ouvrages publics, desquels dépend la fertilité de l'Égypte; plusieurs ca-

naux étaient même abandonnés par ces barbares, qui ta-
rissaient eux-mêmes les sources de leurs revenus.

La plus célèbre de ces rivières artificielles est le canal
de Joseph, qui a près de 180 kilomètres de long sur une
largeur de 15 à 100 mètres environ. Une partie de ce
canal paraît répondre à l'ancien canal d'Oxyrhynchus
que Strabon, en y naviguant, prit pour le Nil même.

Le cours total du Nil est évalué à 5800 kilomètres;
sa largeur varie de 1200 à 5000 mètres.

Les Égyptiens ont eu, de tout temps, pour le fleuve
un respect religieux; ils le regardent comme un fleuve
sacré.

Dans l'antiquité, à l'époque où le Nil sortait de son lit,
on célébrait en son honneur une fête pendant laquelle
on lui immolait des taureaux noirs.

A Nilopolis, on lui avait élevé un temple magnifique
avec une statue en marbre noir qui le représentait sous
la forme d'un dieu gigantesque, couronné de lauriers et
d'épis, et s'appuyant sur un sphinx.

## NAVIGATION EN AFRIQUE

L'Afrique n'envoie qu'un seul grand fleuve dans la Méditerranée : ce fleuve est le *Nil.* Dans l'Océan Indien,
cinq autres fleuves ont leur embouchure entre le 5ᵉ et le
26ᵉ parallèle : ce sont l'*Ouotundo,* qui prend naissance
au milieu d'épaisses forêts, à 70 journées de marche de
la côte; le *Motcherfiné,* qui commence à 95 journées de
marche de l'Océan; le *Loffih,* dont on ne connaît pas la
source; le *Zambèze,* qui sort d'un grand lac à l'ouest de

la ville de Sofala, et qui paraît avoir plus de 1500 kilomètres de cours ; enfin le *Mafumo* ou *Lagora*, qui se jette dans la baie de Lorenzo-Marquiz, mais dont on ignore et l'étendue et la source.

C'est l'océan Atlantique qui reçoit le plus de fleuves de l'Afrique : nous citerons l'*Orange* ou le *Gariep*, qui a 1500 kilomètres d'étendue, et qui forme, vers le milieu de sa course, une cascade de 150 mètres de hauteur sur 490 de largeur ; le *Cuvo*, qui sort d'un petit lac de la Guinée inférieure, à 710 kilomètres de son embouchure ; le *Coanza*, qui paraît aussi sortir d'un lac, et dont les eaux profondes et rapides forment une célèbre cataracte qui retentit à une grande distance ; il a, dit-on, plus de 890 kilomètres d'étendue ; le *Zaïre* ou *Coango*, qui sort d'un lac appelé selon les uns *Aquilunda*, et selon les autres *Zambre* ou *Maravi*, d'où il parcourt une longueur d'environ 1500 kilomètres ; le *Djold ba* ou *Kouara*, qui prend naissance dans les montagnes de Lomba, et dont la longueur totale est estimée être de 5000 kilomètres ; la *Gambie*, dont le cours sinueux depuis les montagnes de Badet, d'où elle sort, a jusqu'à son embouchure une étendue de plus de 1800 kilomètres ; enfin le *Sénégal* ou *Ba-fing*, qui commence au mont Couro et parcourt une longueur de 1500 kilomètres en formant un grand nombre d'îles.

Mais ce ne sont pas là les seuls cours d'eau remarquables de l'Afrique ; il en est plusieurs qui ne payent aucun tribut à l'Océan : ils appartiennent au bassin du lac *Tchad*, cette Caspienne du continent africain. Les principaux sont : le *Chary*, qui se jette par plusieurs embouchures dans ce lac après un cours d'environ 530 kilomètres, et le *Yeou*, qui, sorti des montagnes de Dull,

ne paraît pas avoir moins de 400 kilomètres d'étendue.
Tributaires d'un lac, ils ne peuvent prendre leur rang
que parmi les grandes rivières.

Avant le voyage des deux Anglais Denham et Clapper-
ton, on n'avait que des renseignements très vagues sur
le lac *Tchad*, que l'on honorait du titre inexact de mer de
Nigritie. Grâce à ces intrépides voyageurs, on sait aujour-
d'hui qu'il a environ 350 kilomètres de longueur de l'est
à l'ouest, et 50 dans sa plus grande largeur du nord au
sud. Ses eaux sont douces, et leur niveau est à 360 mètres
au-dessus de celui de l'Océan ; il reçoit toutes les rivières
qui appartiennent à son bassin, et cependant il ne paraît
pas avoir d'écoulement ; à moins qu'on n'admette comme
vrai le rapport des Arabes Chouân, qui porte qu'il sort du
mont Tama une rivière qui reçoit plus loin le nom de
*Bahr-el-Abiad* (rivière blanche), et qui paraîtrait être
une des deux branches qui forment le Nil.

## NAVIGATION EN ASIE

### HINDOUSTAN

Le gouvernement britannique a établi sur l'Indus ou
Sind, et sur le Gange, un commencement de navigation
à la vapeur ; cependant les Indous, dans leur attachement
ordinaire pour les traditions, restent fidèles à leurs bateaux de construction primitive, et le fret par la vapeur
est quelquefois si rare qu'on le met aux enchères.

La navigation du Sind est interrompue pendant six
mois par la sécheresse ; puis, à Rattah, les eaux se di-

visent en de nombreux canaux plus ou moins obstrués par des bancs de sable.

Mais le Gange offre aux navires un parcours de 2500 kilomètres pendant la plus grande partie de l'année, et ses tributaires du Nord sont aussi navigables jusqu'au pied des montagnes. Sa largeur est toujours au moins de 1 kilomètre, et à 700 kilomètres de la mer il a une profondeur de 10 mètres qu'il conserve jusqu'aux barres formées à ses embouchures. On évaluait, avant l'insurrection de 1857, le nombre des mariniers à 300 000 et la valeur des transports à 300 millions de francs. Sur une de ses branches, l'Houghly, est située Calcutta, à 160 kilomètres de la mer; les navires d'un tonnage de plus de 400 tonneaux ne peuvent y prendre leur chargement entier, les eaux n'ayant pas une profondeur suffisante; le complément se prend à 50 kilomètres plus bas.

Un ouvrage remarquable est le canal du Gange, qui a été construit aux frais de l'ancienne compagnie des Indes et qui sert à l'irrigation en même temps qu'à la navigation. Il commence à Myapoor, et se divise à Nanoon en deux branches, dont l'une se dirige sur le Gange à Cawnpore, et l'autre sur le Jumna, auprès d'Etawah; sa longueur totale est de 1432 kilomètres.

## TURQUIE D'ASIE

Les produits de l'Inde qui vont s'entreposer à Bagdad remontent jusqu'à Bassora le Chat-el-Arab, qui est navigable pour des bâtiments de 500 tonneaux. Là, les marchandises sont transbordées sur de grandes barques qui les amènent par le Tigre à Bagdad; le nombre des navires est de 150 à 200 par année.

## SIAM

La navigation est assez active sur le Meinam, le principal fleuve du royaume de Siam. En franchissant la barre avec la marée, les navires remontent en une demi-journée jusqu'à Bangkok, la capitale du pays. Le fleuve et les canaux sont les seuls chemins fréquentés; le commerce se fait sur les bâtiments et les bateaux. En 1858, on a compté pour la navigation européenne 213 bâtiments, et, pour celle du pays, 40 à l'entrée et 52 à la sortie.

## CHINE

Le Yang-tsen-kiang ou *fleuve Bleu*, le Hoang-ho ou *fleuve Jaune* et le canal Impérial sont les grandes artères par lesquelles circulent principalement les produits des diverses provinces de la Chine.

Les deux fleuves, sortant du Tibet, coulent vers la mer Orientale, et sont traversés par le grand canal qui prend son origine dans le Tché-Kiang, devant Hang-tchéou-fou, et aboutit à Lin-tsing-tchéou, après un parcours de 1040 kilomètres. Là, un affluent du Pé-ho sert de prolongement au canal jusqu'à ce dernier fleuve, devant Tien-tsin.

Pékin est situé en amont sur la rive gauche du Pé-ho, qui met aussi cette ville en communication avec la mer Jaune.

Les nombreux affluents du Yang-tsen-Kiang et du Hoang-ho, le Chang-to-ho au nord, le Si-Kiang au midi, ainsi qu'un réseau de plus 300 de canaux, fournissent des moyens de navigation très étendus.

Mais la grande insurrection qui a désolé le pays pendant plusieurs années a nui considérablement au service des canaux, et notamment du canal Impérial; les frais de la guerre ne laissant pas de ressources suffisantes pour l'entretien de cette voie artificielle, elle s'était dégradée sur plusieurs points.

# FLOTTAGE

Le moyen le plus simple et le plus économique de transporter les bois, depuis les forêts jusqu'aux lieux où ils doivent être employés ou livrés au commerce, est de les confier à des cours d'eau qui les conduisent presque sans frais jusqu'au lieu de leur destination.

Cette opération, qui constitue le flottage, se divise en deux modes :

Le flottage à *bûches perdues*, qui consiste à jeter pêle-mêle les bûches appartenant à divers marchands, sauf à les distinguer ensuite au moyen de la marque imprimée aux deux bouts; le flottage *en trains* ou radeaux, c'est-à-dire en bois réunis ensemble au moyen de perches et de liens, nommés vulgairement étoffes.

On comprend que le premier mode ne peut guère s'appliquer qu'aux bois à brûler; tandis que le second sert aussi aux bois à ouvrer.

## I. — *Flottage à bûches perdues.*

Saint-Yon, qui écrivait en 1610, explique ainsi qu'il suit la découverte du flottage, du moins en ce qui touche l'approvisionnement de Paris : « Le premier qui a fait venir du bois flotté du pays de Morvan en la ville de Paris a été Jean Rouvet, marchand bourgeois de ladite ville, lequel en l'année 1540 seulement trouva l'invention, en retenant par écluses, ès saisons plus commodes, les eaux des petits ruisseaux et des rivières qui sont au-dessous de Cravant, de leur donner la force, en les laissant peu après aller, d'emmener les bûches que l'on y jette à bois perdu, jusqu'audit port de Cravant, où on le recueille et accommode par trains sur la rivière d'Yonne, en la sorte qu'on les voit arriver en ladite ville de Paris. »

Ce passage aurait dû mettre d'accord les écrivains qui, d'une part, ont attribué à deux autres marchands, Tournouer et Gobelin, la découverte du système à bûches perdues, et qui, d'autre part, ont contesté à Jean Rouvet l'honneur d'avoir imaginé le système des trains.

Il résulte clairement du passage emprunté à Saint-Yon que l'honneur de la double invention revient tout entier à Jean Rouvet.

Toutefois il convient de faire remarquer que le procédé de flottage à bûches perdues a existé de tout temps et dans toutes les contrées où il était utile et possible de le pratiquer.

Les bois qui servaient à l'approvisionnement de Rome,

du temps des empereurs, provenaient en grande partie des forêts de la Toscane, d'où les rivières les charriaient jusqu'à la Méditerranée pour les livrer aux galères qui les transportaient à Rome en remontant le Tibre.

Il est probable que la pensée de réunir une certaine quantité de bûches ou de pièces de bois est venue naturellement à tous ceux qui ont essayé du transport par bûches perdues.

Ce mode de transport sur les différents ruisseaux et petites rivières affluant aux rivières navigables et flottables, se fait généralement par des compagnies spéciales. Tous les bois des différents propriétaires, après avoir été frappés de leur marque particulière, sont jetés à l'eau et confiés à la surveillance des préposés de chaque compagnie. Toutefois, le flottage sur certains ruisseaux se fait par des propriétaires agissant chacun dans son intérêt particulier. Dans tous les cas, l'opération du flottage est ordinairement confiée à un entrepreneur qui se charge, à ses risques et périls, de faire parvenir les bois jusque sur les ports flottables.

## II. — *Flottage en trains.*

Ce mode de flottage comporte deux espèces de trains, le train de bois de chauffage, et le train de bois à ouvrer.

Chaque train de bois de chauffage se compose de 18 coupons en deux parties distinctes, par tête et queue, de chacune 9 coupons, ayant 4^m,547, ce qui donne près de 82 mètres pour le train tout entier.

Un train est toujours à fleur d'eau; son épaisseur ou profondeur varie de 40 à 60 centimètres. Les frais de construction consistent en achat d'étoffes (perches, osiers, ferrures, futailles), et en main-d'œuvre de six ouvriers.

Les trains de bois à œuvrer diffèrent peu des trains de bois de chauffage. Seulement, la largeur est proportionnée à celle des pertuis, et la longueur doit s'accommoder aux sinuosités de la rivière, parce que ces trains ont moins d'élasticité que les premiers et sont d'une manœuvre plus difficile.

Un train contient de 200 à 400 arbres.

On peut distinguer les trains de charpente, de sciage et de grume en trois espèces : 1° les trains dits de Champagne, établis sur la Marne, et ceux de basse Seine, de Montereau, en aval de Paris, ayant en moyenne 100 mètres de long, 7 mètres de large et 8 coupons ; 2° les trains établis sur le grand Morin, l'Ourcq, la haute Seine, de Marcilly à Montereau, et sur l'Aube, de 100 mètres de long sur un peu plus de 3 mètres de large, avec 12 coupons ; 3° les trains, dits éclusés de la Loire et des canaux, ayant en moyenne 28 mètres de longueur sur 5 mètres de largeur, avec 3 coupons. Le prix de confection des trains de merrain est plus élevé d'un quart que celui des trains de bois à brûler. La conduite est également plus chère, à cause de la difficulté de contenir le merrain entre les perches pendant le trajet.

La police des rivières et l'intérêt général de la navigation exigeaient que les trains, comme les bateaux, ne prissent pas un tirant d'eau trop fort, eu égard à la profondeur des rivières sur lesquelles le flottage a lieu. Aussi a-t-on compris qu'il fallait fixer l'épaisseur des trains suivant les saisons. Un règlement du 23 mars 1854 veut que, pour la navigation de l'Yonne, le tirant d'eau

des trains, des bateaux et de toute autre embarcation
soit déterminé par des inspecteurs de la navigation,
chaque semaine, aux époques de l'année où la navigation sur cette rivière ne peut avoir lieu qu'à l'aide d'é-
cluses. L'état des trains doit être vérifié pendant et après

Flottage en trains.

leur construction pour être ramenés à la destination dé-
signée, s'ils la dépassent, et même être retenus en gare,
sur l'ordre de l'inspecteur, aux frais du contrevenant.

Le flottage eut à lutter, tout d'abord, contre la puissance des seigneurs, propriétaire de presque tous les
moulins et usines, et qui retenaient les trains ou ne les
laissaient passer qu'à des conditions exorbitantes. Une

ordonnance de Louis XII (1498) permet aux marchands de bois « de faire bourse commune »; un édit de Louis XIV (1690) érige « des titres d'office » pour 60 bourgeois jurés marchands de bois; des sentences du bureau de la ville (1606 à 1624), des ordonnances du parlement (1624 à 1632), des lettres patentes (1632), des édits du roi (1633), consacraient le droit des marchands de rechercher les bois perdus, même par voie de perquisition à domicile, les autorisaient à requérir les sergents, constituaient des gardes spéciaux, faisaient défense aux seigneurs et à tous autres d'empêcher le passage des bois, etc.; « et ce, attendu que lesdits bois sont pour l'approvisionnement de Paris ».

Cette préoccupation de « l'approvisionnement de Paris » est de premier ordre, domine toutes les autres considérations, et enfante des mesures protectrices du commerce des marchands de bois, qui forment bientôt un code volumineux où le flottage est presque érigé en service public. Survient enfin la loi du 16 juillet 1840, qui confirme définitivement l'existence de la corporation. Le flottage des bois à ouvrer et des bois à brûler a reçu la même protection. Exploités et transportés en même temps, les bois de chauffage et les bois carrés sont empilés les uns à côté des autres, et surveillés par des agents communs : mais, à partir de ce moment, leurs intérêts se séparent : chaque commerce a ses usages particuliers, comme des destinations diverses.

## FLOTTAGE EN AUTRICHE

En France, le flottage à bûches perdues est pratiqué, depuis plusieurs siècles, sur l'Yonne et ses affluents.

En Autriche, ce mode de transport, usité sur la majeure partie des torrents alpestres, a été de tout temps un objet d'étude de la part des forestiers de ce pays; aussi est-il arrivé à un degré de perfection remarquable, et est-il l'objet de travaux gigantesques.

Les rivières et les torrents offrent, au milieu des montagnes, une route naturelle des plus commodes pour la vidange des bois.

Lorsque leur débit est régulier, l'usage en est fort simple, puisqu'il suffit de jeter les bois à l'eau et de les abandonner au courant qui les amène peu à peu à l'entrée des vallées, aux portes des villes, sur des points d'un accès facile, où un barrage les arrête.

Malheureusement, dans les pays de montagnes, les cours d'eau rapprochés de leur source présentent souvent un débit trop faible et trop peu stable pour que les choses puissent se passer aussi simplement, et il faut avoir recours à des barrages qui retiennent les eaux jusqu'à ce que la masse en soit suffisante pour porter les bois qu'on veut leur confier et les leur faire transporter à de grandes distances.

Les formes de ces barrages varient à l'infini; mais leur installation repose sur des règles à peu près fixes. On en trouvera la description dans l'excellent ouvrage de M. Marchand, garde général des forêts, chargé d'une mission en Autriche.

# LE TRAVAIL DES EAUX COURANTES

---

ALLUVIONS, ATTERRISSEMENTS, DELTAS

Les ruisseaux, les rivières et les fleuves établissent la circulation des solides aussi bien que celle des fluides. (Voir : *Matières précieuses charriées par les eaux.*)

A l'époque de la fonte des neiges, ou à la suite de pluies abondantes, les cours d'eau augmentent de volume et de vitesse; souvent ils débordent, et se répandent dans les vallées, où ils étalent une large masse liquide qui dépose une couche de limon, et forment ainsi des alluvions.

Quand les eaux tombent dans des lacs, elles y abandonnent les matériaux qu'elles charrient et donnent ainsi naissance à une couche de vase plus ou moins épaisse, et à des atterrissements.

Enfin, quand les fleuves arrivent à la mer, et que la rapidité de leur cours vient à cesser ou à diminuer, les matériaux se déposent à l'embouchure, et finissent par y former des terrains qui prolongent la côte et qui augmentent le domaine de l'homme.

Parmi les fleuves où les atterrissements se sont produits avec une intensité remarquable, on peut citer en première ligne le Nil, le Pô, le Gange et le Rhône.

Si on en croit Hérodote, les anciens savaient déjà que le sol de l'Égypte avait été entièrement formé par les alluvions du Nil. Ce mode de formation d'ailleurs résulte clairement des fouilles faites dans la vallée jusqu'à une certaine profondeur. Partout on rencontre des couches alternatives de sable ou de limon qui ont été déposées par les inondations périodiques. Des temples et des statues antiques qui étaient à l'abri des eaux, il y a trente siècles, disparaissent aujourd'hui sous une épaisse couche de limon. Par la raison que le Nil dépose son limon dans les terres, il n'accroît pas rapidement le grand Delta situé à son embouchure; cependant quelques branches de ce fleuve, mentionnées par des géographes anciens, sont actuellement fermées, obstruées par la vase. Du temps d'Homère, la distance de l'île de Pharos à Egyptus était égale à celle qu'un navire pouvait parcourir en un jour par un vent favorable. Aujourd'hui, un nageur pourrait en quelques brasses aborder cette île unie au rivage par une digue artificielle.

En Italie, le Pô fournit un exemple non moins remarquable. La ville d'Adria, bâtie depuis près de trois mille ans sur les *bords de la mer* à laquelle elle a donné son nom, et qui, sous Auguste, recevait dans son port les galères romaines, se trouve aujourd'hui reculée à 52 *kilomètres dans l'intérieur des terres*, par suite des atterrissements formés à l'embouchure du Pô. D'après cela, la marche des terrains transportés par ce fleuve serait d'environ 8 kilomètres par mille ans. Or l'examen de toute la partie supérieure de la vallée, depuis la mer Adriatique jusqu'à Turin, montre que cette vallée était primitivement un golfe profond, et que son sol actuel, sur un espace de plus de 300 kilomètres, est entièrement formé par les matériaux charriés par le fleuve. On peut en conclure qu'il a fallu une période de quarante mille ans aux eaux du Pô pour combler cette immense cavité avec les sables, les cailloux et les argiles arrachés par elle aux pentes des Apennins et des Alpes.

D'autre part, la rivière Isonzo qui, par suite de ses dépôts d'alluvion, a été forcée d'abandonner son lit, coule aujourd'hui à plus de 4 kilomètres à l'ouest de son ancien canal. Aux environs de Ronchi, on a trouvé un ancien port romain enfoui sous le limon de cette rivière.

Dans l'Inde, une plaine immense a été créée par les atterrissements successifs du Gange et du Brahmapoutra, ces deux fleuves jumeaux qui descendent du versant méridional des monts Himalaya.

La surface du territoire que les dépôts accumulés depuis plusieurs milliers de siècles sont parvenus à élever au-dessus du niveau de l'océan Indien, n'a pas moins de 70 000 kilomètres carrés. Quant à la profondeur des couches de ce terrain d'alluvion, elle dépasse en moyenne 150 mètres; c'est donc plus de 10 000 milliards de mètres cubes de matériaux qui ont été roulés par les flots.

Pour arriver à un résultat aussi prodigieux, pendant combien de siècles a dû s'exercer, sans la moindre interruption, cette action d'entraînement des eaux?

On peut s'en faire une idée par les calculs suivants :

Le Gange déverse dans la mer, au moment des fortes crues, une masse d'eau de 2850 tonnes par seconde.

Roches usées par l'eau.

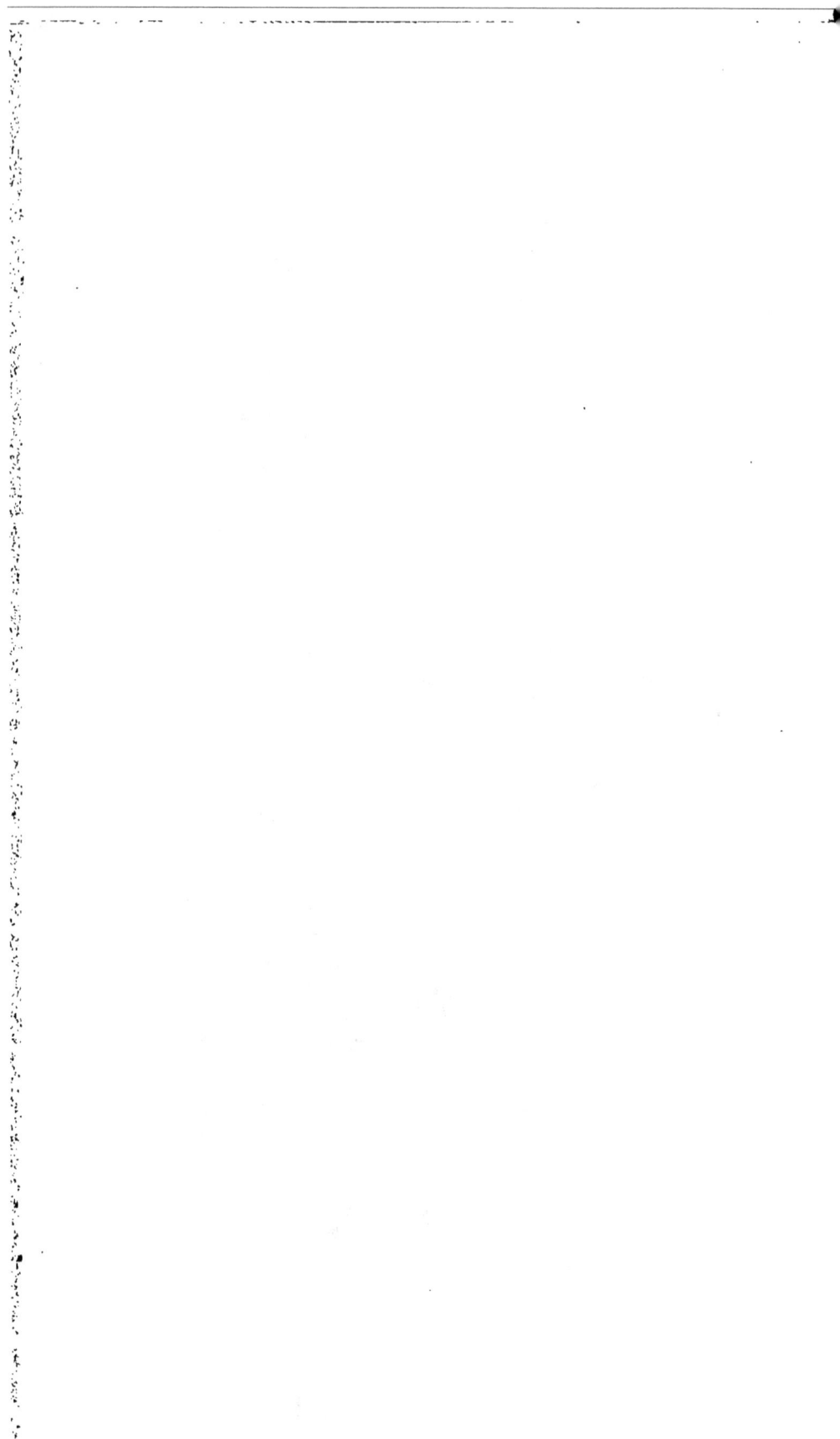

En tenant compte de la quantité de sable fin et de limon qu'il charrie, ce fleuve jette dans l'Océan un kilomètre cube de matières solides en dix jours. Dans les temps ordinaires, quand les crues sont moins fortes, ce kilomètre cube de matériaux solides est entraîné dans l'espace de trois semaines. La masse totale du limon charrié par le Gange en une année dépasserait ainsi, en poids et en volume, quarante-deux des grandes pyramides d'Égypte, et celle qui est entraînée en quatre mois, à l'époque des fortes crues, serait égale à quarante pyramides. Cette masse est tellement considérable que la mer perd sa transparence jusqu'à 180 kilomètres en avant des côtes, et c'est là un signe auquel les marins reconnaissent qu'ils s'approchent du golfe de Bengale. L'esprit se refuse à concevoir la grandeur de l'échelle suivant laquelle un fleuve tel que le Gange opère un semblable transport ; à voir couler lentement les eaux de ce puissant fleuve, à les voir traverser majestueusement la plaine d'alluvion qu'elles sillonnent, on devinerait difficilement la puissance du travail qu'elles accomplissent. Que d'efforts il faudrait à l'homme pour réaliser un semblable transport ! il faudrait une flotte de 80 à 100 vaisseaux de la compagnie des Indes, chargés chacun de 1400 tonnes de sable et de limon, pour transporter, de la partie supérieure du bassin du Gange jusqu'à son embouchure, une masse de matériaux égale à celle que le grand fleuve entraîne bien facilement pendant les quatre mois de ses plus fortes crues !

En France, le Rhône est un de ces fleuves qui forment, à leurs embouchures, des deltas plus ou moins grands, et qui empiètent peu à peu sur le domaine de l'Océan en soumettant les découpures des côtes à de profondes et fréquentes variations.

La description que nous a laissée Strabon du delta de

Delta du Rhône.

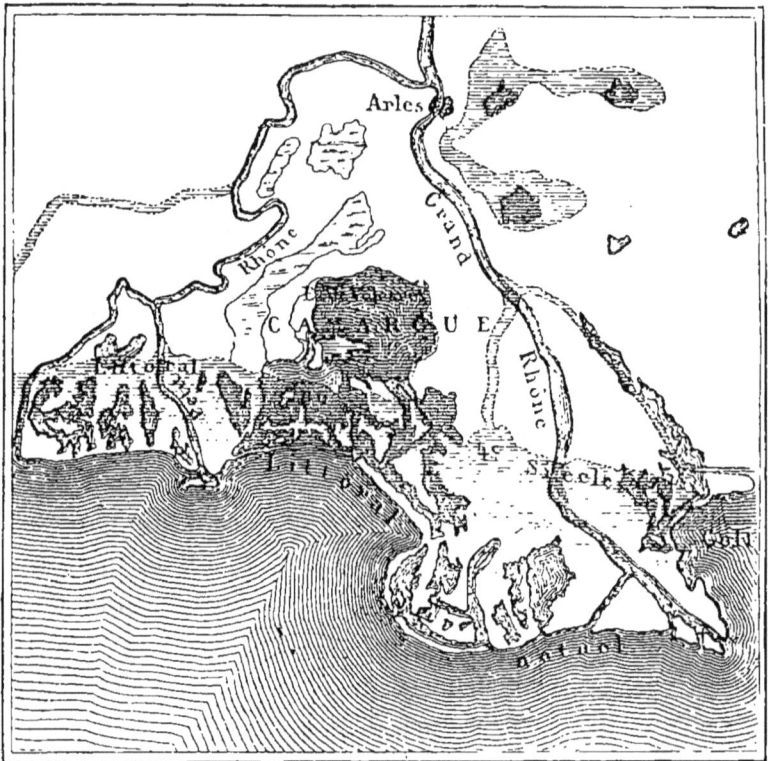

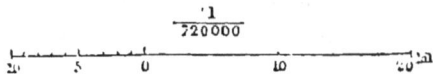

$$\frac{1}{720000}$$

ce fleuve dans la Méditerranée n'est plus en rapport avec sa configuration actuelle; ce qui nous indique les altérations qui ont modifié l'aspect du pays depuis le siècle d'Auguste. L'accroissement de ce delta, depuis dix-huit cents ans, est d'ailleurs mesurable, grâce à plusieurs constructions antiques qui nous parlent un langage précis. On trouve, en effet, à de grandes distances de la côte actuelle, plusieurs lignes de tours et de signaux nautiques qui avaient été certainement élevés sur les bords mêmes de la mer. D'autre part, la presqu'île de Mège, décrite par Pomponius Mela, est enterrée dans les continents bien loin des rivages de la Méditerranée. Enfin la tour de Tignaux, élevée en 1773 sur la côte, en est aujourd'hui éloignée de 1600 mètres.

En remontant le cours du Rhône jusqu'à Genève, on trouve un exemple remarquable de la tendance qu'ont les fleuves à combler les lacs qu'ils traversent. Jadis, le lac Léman, qui a la forme d'un croissant, s'étendait bien certainement en amont jusqu'à l'endroit où se trouve aujourd'hui la ville de Gex, à 18 kilomètres du fond du lac, et se prolongeait en aval, par d'étroits bassins, jusqu'au fort l'Écluse, à 45 kilomètres du déversoir actuel des eaux. La ville de Portus Valisiæ (Port-Valais), qui était assise, il y a huit siècles, sur le rivage même du lac, en est actuellement séparée par une langue de terre de 2 kilomètres. Le sable et le limon déposés par les eaux ont formé ces vastes territoires; et de nos jours on voit s'accroître, sur les bords du Léman, un grand nombre de petits deltas qui tendent incessamment à rétrécir l'étendue du lac. C'est ainsi que plusieurs bassins lacustres ont été graduellement comblés dans leur entier.

Le lac Supérieur, le plus grand lac du monde, qui dans l'Amérique du Nord occupe une superficie presque égale à celle de la France, dépose des quantités considérables de substances terreuses qui forment des sédi-

10

ments épais. Ce lac, comme les autres lacs du Canada, offre sur ses rives des indications précieuses qui nous montrent l'ancien travail accompli par ses eaux, et nous prouvent que celles-ci atteignaient autrefois un niveau très élevé. On rencontre, en effet, à une grande distance des rives actuelles, des lignes parallèles de cailloux roulés, des bancs de coquillages qui forment les uns au-dessus des autres des couches superposées analogues aux gradins d'un amphithéâtre. Ces lignes de galets rassemblés par les eaux, ces collections de coquilles réunies par le mouvement des flots, offrent une grande analogie avec les bancs qui se déposent autour d'un grand nombre de baies; elles s'élèvent quelquefois à une hauteur considérable, et on peut en observer sur des terrains situés à plus de 15 mètres au-dessus du niveau actuel.

## CRUES ET INONDATIONS

### CONSIDÉRATIONS GÉNÉRALES

La masse liquide de chaque rivière ne cesse de varier depuis le commencement du printemps jusqu'à la fin de l'hiver; elle s'accroît pendant les saisons pluvieuses et à l'époque de la fonte des neiges; elle diminue au contraire lorsque le tribut des nuages, des névés et des glaciers n'égale pas en abondance toute l'eau qu'ont bue les terres et les racines des plantes et celle qu'ont fait évaporer les vents et la chaleur.

Sous l'influence de ces divers phénomènes qui le relèvent ou l'abaissent, le niveau de chaque rivière ou
fleuve oscille constamment entre la *crue* et l'*étiage* (période des basses eaux).

La quantité d'eau roulée par le fleuve est, lors de la
crue, cinq, dix, trente, cinquante ou même cent fois
plus considérable qu'à l'époque de l'étiage.

L'abondance des pluies étant la principale cause du
gonflement des rivières, les crues doivent nécessairement se produire dans tous les cours d'eau à l'époque
des saisons pluvieuses.

Dans les *régions tropicales*, où les zones des nuages et
d'averses se déplacent régulièrement du nord au sud et
du sud au nord pendant le cours de l'année, les oscillations du niveau des fleuves peuvent être, aussi bien que
les saisons elles-mêmes, calculées et prédites d'avance
d'après la marche du soleil sur l'écliptique. Lorsque cet astre brille au-dessus de l'hémisphère méridional et que les sécheresses règnent au nord de l'é-
quateur, les cours d'eau de la zone tropicale du nord
s'abaissent, et plusieurs même tarissent complètement.
Durant l'hivernage, au contraire, alors que le soleil a
ramené vers le nord les nuages de tempête et les pluies,
on voit les ruisseaux, les rivières et les fleuves se gonfler de nouveau et couler à pleins bords. Les mêmes phénomènes s'accomplissent, en ordre inverse, dans l'hémisphère austral. Ainsi, le nouveau des eaux courantes
oscille alternativement, au nord et au sud de l'équateur,
de manière à former une sorte de marée annuelle comparable par sa régularité aux marées diurnes de l'O-
céan, sauf quelques exceptions résultant du relief du
terrain, des remous aériens et d'autres causes inciden-

tes qui influent sur la précipitation des eaux de pluie.

Dans la *région intertropicale* le Nil est, parmi tous les cours d'eau de cette zone, celui dont les crues ont la plus grande célébrité. Le cours inférieur de ce fleuve ne reçoit pas un seul tributaire; il traverse un pays aride, rarement abreuvé par les pluies; un soleil ardent en fait évaporer les eaux; et cependant, vers le commencement de juillet, sans cause apparente, le niveau fluvial s'élève tout à coup; la nappe liquide monte, et d'août en octobre elle recouvre les bancs de sable, s'étale sur les rives, inonde les berges et se déverse en strates régulières. Au plus haut de sa crue, le fleuve roule souvent une masse d'eau vingt fois supérieure à celle qu'il porte à la mer lors du plus bas étiage; et cependant le ciel égyptien n'a peut-être pas laissé tomber de plusieurs mois une seule goutte de pluie. Cette énorme masse d'eau provient des neiges et des pluies que les nuages répandent en abondance sur les montagnes de l'Éthiopie et d'autres contrées de l'Afrique équatoriale.

Les cours d'eau dont les crues se produisent avec autant de régularité que celles du Nil sont assez nombreux dans la zone intertropicale; mais il n'en est pas de plus curieux sous ce rapport que les grands fleuves du bassin de l'Amazone. Ce *père des eaux* coule à peu près sous l'équateur et reçoit à la fois les affluents des deux hémisphères. Grâce à cette disposition du réseau fluvial, les crues des rivières du Nord ont lieu en été et en automne, tandis que les tributaires méridionaux débordent durant l'hiver de l'hémisphère boréal. Quant au fleuve principal et au Madeira, ils sont principalement gonflés par les pluies d'équinoxe, et leurs crues ont lieu au printemps et en été. Une véritable compensation s'établit dans le lit inférieur des Amazones entre les affluents de la rive droite et ceux de la rive gauche; les uns sont à l'étiage, lorsque les autres coulent à pleins bords.

En dehors de la zone tropicale, les rivières offrent moins de régularité dans leurs crues annuelles, parce que les pluies elles-mêmes sont plus irrégulièrement distribuées dans les diverses saisons. Toutefois, à part de rares exceptions, un ordre incontestable ne cesse de se manifester chaque année dans la précipitation de l'humidité atmosphérique, et cet ordre se retrouve toujours dans l'oscillation correspondante du niveau des fleuves.

Ainsi, par exemple, dans les régions à pluie d'hiver, de printemps et d'été, comme le nord de la France, les crues ont lieu, en général, du 15 octobre au 15 mai; c'est uniquement à cause de la rapide évaporation qui se produit pendant la saison des chaleurs que les crues estivales sont très rares. Dans les contrées méditerranéennes, où prédominent les pluies d'automne, les cours d'eau s'enflent vers la fin de l'année, etc.

Plusieurs cours d'eau de la zone tempérée présentent, dans leurs oscillations de niveau, un phénomène de compensation semblable à celui des Amazones. Ce sont les fleuves qui reçoivent à la fois des rivières alimentées par des eaux de pluie et des torrents grossis par la fonte des neiges et des glaciers. Les variations des rivières de plaines étant, suivant les saisons, précisément inverses des variations que subissent les tributaires descendus de la montagne, le niveau du fleuve reste à une hauteur à peu près normale. Les affluents d'eau de pluie diminuent de volume à l'époque où grossissent les affluents descendus des glaciers, c'est-à-dire en été, en hiver et au printemps, au contraire, les glaciers ne donnent que très peu d'eau, tandis que les pluies inondent la plaine et remplissent les rivières jusqu'aux bords; c'est ainsi que la richesse d'un affluent fait équilibre à la pauvreté de l'autre. On peut citer, à cet égard, l'exemple du Rhône et de la Saône : pendant les chaleurs de l'été, celle-ci roule en moyenne cinq fois moins d'eau qu'en hiver; de son côté, le Rhône supérieur est beaucoup plus élevé dans la même saison; mais, en aval de sa jonction avec la Saône, la hauteur moyenne de ses eaux est à peu près la même dans toutes les saisons de l'année.

# L'ŒUVRE DES EAUX

La grandeur de l'œuvre géologique, accomplie par les crues et les inondations, peut s'apprécier principalement sur les rives fluviales qui n'ont pas encore été mises en état de défense par le travail de l'homme.

Quand il déborde, le fleuve des Amazones forme, en certains endroits, avec les marécages de ses bords, une mer de 100 ou même de 200 kilomètres de large; les animaux cherchent alors un refuge au haut des arbres, et les Indiens, qui habitent la rive, campent sur des radeaux. Vers le 8 juillet, lorsque le fleuve commence à baisser, l'eau, rentrant dans son lit, mine en dessous les bords longtemps détrempés, les ronge lentement, et tout à coup des masses de terre de plusieurs centaines ou de plusieurs milliers de mètres cubes s'écroulent dans les flots, entraînant avec elles les arbres et les animaux qu'ils portaient. Les îles mêmes sont exposées à une destruction soudaine; quand les rangées de troncs échoués, qui leur servaient de brise-lames, viennent à céder à la violence du courant, il suffit de quelques heures ou même de quelques minutes pour qu'elles dis-

paraissent, rongées par le flot; on les voit fondre à vue
d'œil, et les Indiens, qui y travaillaient paisiblement à
recueillir des œufs de tortue ou bien à sécher le produit
de leur pêche, sont obligés de s'enfuir précipitamment
pour échapper à la mort. C'est alors que passent au fil
du courant ces longs radeaux de troncs entrelacés qui
se nouent, se dénouent, s'accumulent autour des pro-
montoires, s'entassent en plusieurs étages le long des
rives. Autour de ces immenses processions d'arbres qui
roulent et plongent lourdement sous le poids du courant, comme des monstres marins ou comme des carènes
renversées, flottent de vastes étendues d'herbe (*canna
rana*), qui font ressembler certaines parties de la surface de l'eau à d'immenses prairies. Aussi comprend-on
la terreur éprouvée par les voyageurs qui pénètrent
dans le fleuve des Amazones, quand ils voient à l'œuvre
ces tourbillons jaunes de sable, rongeant les rivages,
renversant les arbres, emportant les îles pour en construire de nouvelles, entraînant de longs convois de
troncs et de branches.

« Le grand fleuve était effrayant à contempler, dit
l'Américain Herndon; il roulait, à travers les solitudes,
d'un air solennel et majestueux. Ses eaux semblaient
colères, méchantes, impitoyables; l'ensemble du pay-
sage réveillait dans l'âme des émotions d'horreur et
d'effroi, semblables à celles que causent les solennités
funéraires, le canon tonnant de minute en minute, le
hurlement de la tempête ou le sauvage fracas des vagues,
alors que tous les matelots se rassemblent sur le pont
pour ensevelir les morts dans une mer agitée. »

Dans l'Europe tempérée, les simples inondations sont
très redoutables à cause des villes, des villages, des

usines et des riches cultures, dont les bords sont couverts.

Les riverains de la Loire se rappellent encore avec effroi les désastres que les grandes crues exceptionnelles ont causés, désastres qui, dans une seule année, celle de 1856, ont emporté des routes et des ouvrages de défense pour une valeur de 172 millions de francs. Dans la même année, les désastres furent à peine moindres pour la vallée du Rhône.

En 1866, l'une de ces catastrophes que la France ne voit heureusement se reproduire qu'à de longs intervalles, l'inondation, est venue ravager trente et un de nos départements. Une souscription, ouverte par les soins du gouvernement, a produit une somme de 5 877 009 fr. 66 c.

# L'ŒUVRE DE L'HOMME

Les riverains des rivières et des fleuves d'une grande partie de l'Europe n'ont pas seulement à redouter, comme leurs ancêtres, les pluies exceptionnelles causées par les révolutions atmosphériques ; ils doivent également s'attendre à une irrégularité d'autant plus grande dans le régime des eaux et à des inondations d'autant plus soudaines que les marécages et les étangs sont plus complètement desséchés, et que les pentes des montagnes sont plus déboisées par la hache de l'homme ou dégazonnées par la dent des chèvres et des moutons. Ils ont à craindre aussi les effets immédiats des canaux souterrains de drainage qui déversent rapidement l'eau de pluie dans les rivières, et ceux du curage des petits cours d'eau ; enfin chaque année les eaux qui s'écoulent à la superficie du sol se précipitent plus brusquement vers les plaines à cause du nombre de plus en plus considérable des fossés soigneusement entretenus qui bordent les routes et les chemins, dans lesquels viennent déboucher les rigoles des propriétés particulières.

L'entretien des cultures, sous l'application du drainage, dans les zones avoisinant les cours d'eau, permet

à la terre de s'imbiber plus profondément, et diminue
par conséquent la hauteur des crues : c'est là ce que
prouve l'exemple du lac d'Aragua, dans le Venezuela.
Au commencement du siècle, alors que la plus grande
partie des campagnes avoisinantes était en culture, le
niveau des eaux du lac était relativement bas, mais il
s'éleva peu à peu pendant la guerre de l'Indépendance, à
cause de la dévastation du pays par les armées en lutte
et du retour des campagnes à l'état de forêts vierges ;
depuis, de nouveaux défrichements ont pour la seconde
fois abaissé les eaux du lac.

Sous l'action de toutes ces causes qui influent diverse-
ment sur l'économie des fleuves, les uns, comme l'Oder,
depuis 1778, et l'Elbe, depuis 1828, ont perdu de leur
volume, bien que, d'après les registres météorologiques,
la pluie tombant dans leurs bassins n'ait certainement
pas diminué; d'autres cours d'eau, comme le Rhône et
la Loire, paraissent n'avoir rien perdu de l'abondance
de leurs eaux, mais en revanche leurs inondations sont
beaucoup plus dangereuses qu'autrefois. La Seine qui,
d'après le témoignage de l'empereur Julien, roulait devant Paris, il y a 1500 ans, à peu près la même quantité d'eau dans toutes les saisons, offre actuellement un
écart de 10 mètres environ entre le niveau de l'étiage et
celui des grandes eaux; mais la série de ses crues est
assez uniforme depuis des siècles. Enfin, quelques
fleuves, tels que la Garonne, semblent avoir été jadis
plus redoutables que de nos jours. La plus forte inondation connue de la Garonne fut celle d'avril 1770. A
Castets, lieu où vient s'arrêter le flot de marée, le niveau de la crue atteignait près de 13 mètres ($12^m,97$)
au-dessus de l'étiage; c'est un niveau supérieur de

2 mètres à celui des plus hauts débordements de notre siècle.

Quoi qu'il en soit, quelques-unes de ces inondations prennent de telles proportions, qu'elles sont de véritables cataclysmes pour les contrées riveraines.

L'exemple de trois petites rivières, le Doux, l'Érieux et l'Ardèche, contenues, de leur source à leur embouchure, dans les limites d'un seul département, peut donner une idée du gonflement rapide des eaux de crue. Le 10 septembre 1857, ces trois cours d'eau, qui d'ordinaire coulent paisiblement sur leur fond de rocher ou de cailloux, et n'apportent au Rhône qu'une masse liquide d'une vingtaine de mètres cubes, déversaient alors dans le fleuve un volume total de 14 000 mètres, plus que le Gange et l'Euphrate réunis ne portent à la mer. S'épanchant dans leurs vallées respectives à 15 et 18 mètres au-dessus de l'étiage, ces rivières débordées rasaient les maisons, arrachaient les cultures, déracinaient les arbres. Tant de milliers de troncs furent enlevés en un seul jour, qu'en aval de l'Érieux et du Doux toute la surface du Rhône ne présentait, d'une rive à l'autre, qu'un vaste train de bois sur lequel, semblait-il, un homme audacieux eût pu se hasarder pour franchir le fleuve. Et cependant de pareilles inondations peuvent être dépassées; car, le 9 octobre 1857, l'Ardèche s'est élevée, au pont de Gournier, à $21^m,45$ au-dessus de l'étiage, c'est-à-dire à près de 3 mètres de hauteur de plus qu'en 1857.

On a un autre exemple du gonflement extraordinaire des eaux de crue. En amont des Portes-de-Fer, certaines crues du Danube ont fait gonfler le fleuve à plus de 18 mètres au-dessus de l'étiage.

Heureusement, dans le bassin d'un fleuve, la coïncidence exacte des crues de plusieurs affluents est un fait
rare, et l'on n'a pas encore vu tous les tributaires se
gonfler à la fois.

En effet, lorsqu'un vent pluvieux pénètre dans une
vallée, il se décharge de son humidité, tantôt sur l'un,
tantôt sur l'autre versant du bassin, et les divers cours
d'eau qu'il fait grossir débordent successivement après
le passage des nuées d'averse.

Ainsi : dans la vallée du Rhône, quand les vents de
pluie viennent se heurter contre les Cévennes, les pentes
des Alpes tournées vers le fleuve sont abritées contre
l'orage, et c'est peu à peu seulement que la traînée
d'averses remonte des Cévennes vers les montagnes
d'Annonay.

Si tous les affluents du Rhône devaient grossir à la
fois, et cette coïncidence n'est pas impossible, ce fleuve
roulerait une formidable masse liquide de *plus de*
100 000 *mètres cubes d'eau!* Ce serait un autre courant
des Amazones; et pourtant, lorsqu'il apporte à la mer
12 ou 15 000 mètres par seconde, les dégâts qu'il
commet sur les rives sont déjà des plus effrayants.

L'homme ne peut rester ainsi sous le coup de la terreur; il doit trouver les moyens de prévenir les inondations.

Depuis des centaines et des milliers d'années, et surtout pendant notre siècle d'activité industrielle, on a
projeté et mis à exécution bien des plans de défense
contre les débordements des fleuves; mais trop souvent
ces travaux sont restés inutiles ou même ont produit des
résultats tout contraires à ceux qu'en attendaient les
ingénieurs et les riverains. C'est qu'en se mettant à

l'œuvre, on n'a pas toujours su tenir compte des lois hydrologiques. Pour que l'homme s'empare des forces de la nature et les fasse travailler à son profit, la première condition est qu'il les comprenne.

Avant de chercher le remède à un mal, il faut en bien étudier la cause.

Or d'où viennent les crues subites de nos grands fleuves? Elles viennent de l'eau tombée dans les montagnes, et très peu de l'eau tombée dans les plaines. Cela est si vrai que, pour la Loire, la crue se fait sentir à Roanne et à Nevers 20 ou 30 heures avant d'arriver à Orléans ou à Blois. Il en est de même pour la Saône, le Rhône et la Gironde, et, dans les dernières inondations, le télégraphe électrique a servi à annoncer aux populations, plusieurs heures ou plusieurs jours d'avance, le moment assez précis de l'accroissement des eaux.

Ce phénomène est facile à comprendre : quand la pluie tombe dans une plaine, la terre sert, pour ainsi dire, d'éponge; l'eau, avant, d'arriver au fleuve, doit traverser une vaste étendue de terrains perméables, et leur faible pente retarde son écoulement. Mais, lorsque indépendamment de la fonte des neiges, le même fait se représente dans les montagnes où le terrain, presque toujours composé de rochers nus ou de graviers, ne retient pas l'eau, alors la rapidité des pentes porte toutes les eaux tombées aux rivières, dont le niveau s'élève subitement.

C'est ce qui arrive tous les jours sous nos yeux quand il pleut : les eaux qui tombent dans nos champs ne forment que peu de ruisseaux, mais celles qui tombent sur les toits des maisons et qui sont recueillies dans les gouttières forment à l'instant de petits cours d'eau. Eh

bien, les toits sont les flancs des montagnes, et les gouttières les vallées.

Or si nous supposons une vallée de 8 kilomètres
(2 lieues environ) de largeur sur 16 kilomètre (4 lieues
environ) de longueur, et qu'il soit tombé en vingt-quatre
heures 10 centimètres d'eau sur cette surface, nous aurons dans ce même espace de temps 12 800 000 mètres
cubes d'eau qui se seront écoulés dans la rivière, et ce
phénomène se renouvellera pour chaque affluent du
fleuve; ainsi, supposons que le Rhône et la Loire aient
dix grand affluents, nous aurons le volume immense
de 128 millions de mètres cubes d'eau qui se seront
écoulés dans le fleuve en vingt-quatre heures; mais
si ce volume d'eau peut être retenu de manière que
l'écoulement ne se fasse qu'en deux ou trois fois plus de
temps, alors, on le conçoit, l'inondation sera rendue
deux ou trois fois moins dangereuse.

Tout consiste donc à retarder l'écoulement des eaux.

Le moyen d'y parvenir est d'élever dans tous les
affluents des rivières ou des fleuves, au débouché des
vallées et partout où les cours d'eau sont encaissés, des
barrages qui laissent dans leur milieu un étroit passage
pour les eaux, les retiennent lorsque leur volume augmente, et forment ainsi, en amont, des réservoirs qui
ne se vident que lentement.

Il faut faire en petit ce que la nature fait en grand.

Si le lac de Constance et le lac de Genève n'existaient
pas, la vallée du Rhin et la vallée du Rhône ne forme-
raient que deux vastes étendues d'eau; car, tous les ans,
ces deux lacs sans pluie extraordinaire, et seulement
par la fonte des neiges, augmentent leur niveau de 2 ou
5 mètres; ce qui fait pour le lac de Constance une

augmentation d'environ 2 milliards et demi de mètres cubes d'eau, et pour le lac de Genève de 1 770 000 000.

On conçoit que si cet immense volume d'eau n'était pas retenu par les montagnes qui, au débouché de ces deux lacs, l'arrêtent et n'en permettent l'écoulement que suivant la largeur et la profondeur du fleuve, une effroyable inondation aurait lieu tous les ans.

Eh bien, on a suivi cette indication naturelle, il y a plus de cent cinquante ans, en élevant dans la Loire un barrage d'eau dont l'utilité est démontrée par le rapport fait à la Chambre, en 1847, par M. Collignon, alors député de la Meurthe. Voici comment il en rend compte :

« La digue de Pinay, construite en 1711, est à 12 kilomètres environ en amont de Roanne. Cet ouvrage, s'appuyant sur les rochers qui resserrent la vallée et enveloppant les restes d'un ancien pont que la tradition fait remonter aux Romains, réduit en cet endroit le débouché du fleuve à une largeur de 20 mètres; sa hauteur au-dessus de l'étiage est également de 20 mètres, et c'est par cette espèce de pertuis que la Loire entière est forcée de passer dans les plus grands débordements.

« L'influence de la digue de Pinay est d'autant plus digne d'attention qu'elle a été créée, comme le montre l'arrêt du conseil du 23 juin 1711, dans le but spécial de *modérer les crues* et d'opposer à leur brusque irruption un obstacle artificiel tenant lieu des *obstacles naturels, les terrains gazonnés et boisés, qui avaient été imprudemment détruits dans la partie supérieure du fleuve.* Eh bien, la digue de Pinay a heureusement rempli son office au mois d'octobre 1846; elle a soutenu les

eaux jusqu'à une hauteur de $21^m,47$ au-dessus de l'é-
tiage; elle a ainsi arrêté et refoulé dans la plaine du
Forez une masse d'eau qui est évaluée *à plus de* 100 *mil-*
*lions de mètres cubes*, et la crue avait atteint son maximum de hauteur à Roanne, quatre ou cinq heures avant
que cet immense réservoir fût complètement rempli.

« Si la digue de Pinay n'avait pas existé, non-seulement la crue serait arrivée beaucoup plus vite à Roanne,
mais encore le volume d'eau roulé par l'inondation
aurait augmenté d'environ 2500 mètres cubes par seconde; la durée de l'inondation aurait été plus courte,
mais l'imagination s'effraye de tout ce que cette circonstance aurait pu ajouter au désastre déjà si grand dont
la vallée de la Loire a été le théâtre.

« D'ailleurs, l'élévation des eaux en amont de la digue
de Pinay n'a produit aucun désordre, bien loin de là :
la plaine du Forez ressentira pendant plusieurs années
*l'action fécondante des limons* que l'eau, graduellement
amoncelée par la résistance de la digue, y a déposés.

« Tel a été le rôle de cet ouvrage qu'une sage prévoyance a élevé pour notre sécurité et pour nous servir
d'exemple. Or il existe dans les gorges d'où sortent les
affluents de nos fleuves un grand nombre de points où
l'expérience de Pinay peut être renouvelée économiquement si les points sont bien choisis, utilement pour
modérer l'écoulement des eaux, et sans inconvénient
et, le plus souvent, avec un grand profit pour l'agriculture.

« Au lieu de ces digues ouvertes dans toute leur hauteur, on a proposé de construire aussi des barrages
pleins, munis d'une vanne de fond et d'un déversoir su-
perficiel. Les réservoirs ainsi fermés, pouvant retenir à

volonté les eaux d'inondation, permettraient de les affecter, dans les temps de sécheresse, aux besoins de l'agriculture et au maintien d'une utile portée d'étiage pour les rivières. »

L'édit de 1711, dont parle M. Collignon, indique parfaitement bien le rôle que les digues sont appelées à jouer. On y lit le passage suivant :

« Il est indispensablement nécessaire de faire trois digues dans l'intervalle du lit de la rivière où les bateaux ne passent point : la première aux piles de Pinay, la seconde à l'endroit du château de la Roche, et la troisième aux piles et culées d'un ancien pont qui était construit sur la Loire au bout du village de Saint-Maurice ; et, avec le secours de ces digues, les passages étant resserrés, lorsqu'il y arrive de grandes crues, les eaux qui s'écoulaient en deux jours auraient peine à passer en quatre ou cinq. Le volume des eaux, étant diminué de plus de la moitié, ne causera plus de ravages pareils à ceux qui sont survenus depuis trois ans. »

En effet, en 1856 comme en 1846, les digues de Pinay et de la Roche ont sauvé Roanne d'un désastre complet.

Remarquons en outre que, suivant M. Boulangé, ancien ingénieur en chef du département de la Loire, la digue de Pinay n'a coûté que 170 000 fr., et celle de la Roche 40 000 fr., et il ne compte qu'une dépense de 3 400 000 fr. pour la création de cinq nouvelles grandes digues et de vingt-quatre barrages dont il propose la construction sur les affluents de la Loire. D'ailleurs, M. Polonceau, ancien inspecteur divisionnaire des ponts et chaussées, qui admet en partie le même système, pense qu'on pourrait faire ces mêmes digues en gazon,

en planches et en madriers, ce qui serait encore plus
économique.

Maintenant, comme il est très important que les crues
de chaque petit affluent n'arrivent pas en même temps
dans la rivière principale, on pourrait peut-être, en
multipliant dans les uns ou en restreignant dans les
autres le nombre des barrages, retarder le cours de
certains affluents de telle sorte que les crues des uns
arrivent toujours après les autres.

D'après ce qui précède et d'après l'exemple de Pinay,
ces barrages, loin de nuire à l'agriculture, lui seront
favorables par le dépôt de limon qui se formera dans
les lacs artificiels et servira à fertiliser les terres.

Là où les rivières charrient des sables, ces barrages
auraient l'avantage de retenir une grande partie de ces
sables, et, en augmentant le courant au milieu des
rivières, d'en rendre le thalweg plus profond. Mais
quand même ces barrages feraient quelque tort aux cultures des vallées, il faudrait bien en prendre son parti,
quitte à indemniser les propriétaires, car il faut se résoudre à faire *la part de l'eau* comme on fait la part du
feu dans un incendie, c'est-à-dire sacrifier des vallées
étroites, peu fertiles, au salut des riches terrains des
plaines.

Ce système ne peut être efficace que s'il est généralisé,
c'est-à-dire appliqué aux plus petits affluents des rivières.

Le Mississipi offre le curieux exemple d'un grand
cours d'eau que l'homme a récemment annexé à son domaine et dont il a pu modifier l'action géologique dans
l'espace de quelques années.

En 1782, et même lors de la grande inondation

de 1828, une zone de 50 kilomètres de largeur moyenne fut complètement recouverte par les eaux. De nos jours, le fleuve, contenu à droite et à gauche par des levées latérales, n'inonde plus en entier cette zone; il n'arrache que des lambeaux étroits des vastes forêts riveraines, et, dans les plus fortes crues, les troncs entremêlés qui suivent le fil de l'eau ne forment point comme autrefois de longs radeaux flottants. Encore, au commencement du siècle, ces radeaux ou *embarras* rendaient la navigation presque impossible en certains bras du fleuve et de ses affluents. L'Atchafalaya, le Ouachita étaient complètement cachés par des amas d'arbres sur une grande partie de leurs cours; en plusieurs endroits on pouvait les traverser sans reconnaître qu'on franchissait des rivières; car, sur ces masses flottantes, croissaient des broussailles et même de grands arbres.

Nous avons vu précédemment que la digue de l'may a été construite dans le but d'opposer à la brusque irruption des eaux un obstacle artificiel tenant lieu des obstacles naturels, *les terrains gazonnés et boisés*, qui avaient été imprudemment détruits dans la partie supérieure du fleuve.

Le gazonnement et le boisement des montagnes sont en effet les obstacles les plus puissants et les plus efficaces à opposer à la brusque irruption des eaux. L'influence qu'ils exercent sur le régime des torrents et des cours d'eau en général repose sur des faits nombreux et irrécusables.

L'homme doit donc conserver avec un soin religieux, dans les montagnes et particulièrement dans la zone de défense des torrents, le gazon et les bois partout où ils

existent encore, et les rétablir partout où cette régéné-
ration n'est pas absolument impraticable.

Pour cette grande œuvre, les efforts individuels ayant
paru insuffisants, les lois du 28 juillet 1860 et du 8 juillet 1864 ont donné à l'administration forestière les
moyens de hâter la restauration des montagnes. Les résultats obtenus dès les premières années ont été très
satisfaisants; on lira, à ce sujet, avec un vif intérêt, le
compte rendu des travaux présenté par M. le directeur
général Faré, qui a su imprimer une active et puissante
impulsion à l'œuvre commencée par ses prédécesseurs.

Plusieurs agents forestiers avaient du reste entrepris,
bien antérieurement à ces lois, des travaux de reboisement dans les montagnes. Je me plais à citer ici MM. Le-
clerq, Huart-Delamarre et Labuissière, qui ont effectué
des repeuplements importants dans le Puy-de-Dôme; et,
pour ma part, je suis heureux d'avoir, dès le début de
ma carrière forestière, pris l'initiative des reboisements
dans les montagnes du département de l'Ain. Voici comment s'exprime, à cet égard, M. Vicaire dans un rapport
fait au nom d'une commission instituée par la Société
centrale d'agriculture pour rechercher les causes des
inondations et les moyens d'en prévenir le retour : « Il
faut avoir opéré soi-même des semis et des plantations
pour comprendre ce que les travaux de cette nature
procurent de véritable jouissance, alors même que l'on
n'est pas appelé à en recueillir les fruits. A une époque
déjà éloignée, j'ai reboisé dans la partie la plus élevée
des montagnes de l'Ain, avec le concours de M. Millet,
inspecteur des forêts à Paris, quelques hectares de
terrain qui paraissaient voués à une stérilité éternelle.
Cette amélioration est bien peu importante; et cepen-

dant, de tous les souvenirs de ma carrière forestière, c'est l'un de ceux auxquels j'attache le plus de prix. »
M. Vicaire est mort il y a peu d'années, au moment où, chargé de la direction générale des forêts, il luttait avec énergie contre des projets d'aliénation des forêts domaniales, et organisait le service des travaux de reboisement et de regazonnement des montagnes.

# LES PLANTES AQUATIQUES

Les plantes sont abondamment répandues dans les ruisseaux, les rivières et les fleuves, et dans les lacs et les étangs d'eau douce.

Ce n'est pas seulement le fond qui est garni d'une riche végétation ; on voit souvent des nappes de verdure, les nénufars ou lis des étangs (*nymphea*), les lentilles d'eau (*lemna*), la *victoria regia*, s'étendre et s'élever gracieusement à la surface des eaux.

Au fond, comme à la surface, les plantes aquatiques jouent un rôle très important. En effet, elles fournissent aux habitants des eaux, d'une part, une nourriture abondante et variée, et, d'autre part, d'excellents abris contre les mauvais vents, contre les rigueurs du froid et les excès de la chaleur, et, en même temps, de bonnes et sûres retraites où ils peuvent, surtout en bas âge, se soustraire à la poursuite de leurs ennemis ; elles servent aussi, dans un grand nombre de circonstances, à recevoir les œufs de plusieurs espèces de mollusques et de poissons. Les œufs collés ou enroulés sur ces supports sont placés en dehors du contact de la vase et du limon ; et, après l'éclosion, les jeunes trouvent des abris naturels au milieu des herbages.

Les plantes aquatiques remplissent encore une autre fonction très essentielle :

Sous l'influence de la lumière, elles dégagent du gaz oxygène; or ce gaz est indispensable pour entretenir la vie non-seulement dans l'air, mais aussi dans l'eau.

Je vais donner quelques explications à cet égard :

Sur la terre, les animaux absorbent l'oxygène de l'air, et exhalent sans cesse, le jour comme la nuit, de la vapeur d'eau et du gaz acide carbonique.

La plante aérienne possède deux modes de respiration : l'un diurne, dans lequel les feuilles absorbent l'acide carbonique de l'air, décomposent ce gaz et dégagent de l'oxygène, tandis que le carbone reste fixé dans son tissu; l'autre nocturne et inverse, dans lequel la plante absorbe de l'oxygène et dégage de l'acide carbonique, c'est-à-dire respire à la manière de l'animal.

La respiration diurne des plantes, qui répand dans l'air des masses considérables de gaz oxygène, vient heureusement compenser les effets de la respiration animale qui produit de l'acide carbonique, gaz impropre à la vie des animaux. Les plantes purifient donc l'air altéré par la respiration des animaux. Si ces derniers transforment en acide carbonique l'oxygène de l'air, les plantes reprennent cet acide carbonique par leur respiration diurne; elles fixent le carbone dans les profondeurs de leurs tissus et rendent à l'atmosphère un oxygène réparateur.

Tel est l'équilibre admirable que le Créateur a établi sur la terre entre les animaux et les plantes; tel est le va-et-vient salutaire qui assure à l'air son intégrité constante, et le maintient dans l'état de pureté indispensable à l'entretien de la vie chez tous les êtres vivants de notre globe.

Les plantes qui vivent dans l'eau ne peuvent respirer par le même mécanisme organique que les plantes aériennes. Dans ces dernières, l'air circulant à travers les méats intercellulaires des feuilles agit directement sur le contenu des cellules du parenchyme. Dans les plantes aquatiques, les feuilles dépourvues d'épiderme et en général très minces empruntent l'air à l'eau qui le tient en dissolution ; de telle sorte que les plantes submergées respirent par un mode analogue à celui que présentent les poissons et les autres animaux qui respirent par des *branchies*. Ces plantes, d'ailleurs, absorbent l'acide carbonique que certaines eaux renferment en forte proportion, et produisent de l'oxygène. Elles contribuent ainsi à maintenir dans les eaux les conditions d'équilibre de la vie.

La *renoncule aquatique* présente à la fois des feuilles aériennes qui flottent à la surface de l'eau, et des feuilles très divisées qui sont submergées. Les feuilles aériennes, munies d'un épiderme pourvu de stomates, offrent un parenchyme dont la structure ne s'écarte point sensiblement de celle des feuilles aériennes. Les feuilles aquatiques n'ont pas d'épiderme proprement dit. Des cellules parenchymateuses vertes, pressées les unes contre les autres, y constituent un parenchyme uniformément dense, creusé çà et là de cavités aérifères isolées.

Chez une autre plante de nos eaux douces, la *sagittaire flèche-d'eau*, la forme des feuilles est complètement modifiée par le courant. En effet, si la sagittaire se trouve dans les eaux tranquilles d'un lac ou d'un étang, elle développe au-dessus de l'eau des feuilles qui ressemblent à des flèches; si, au contraire, elle est soumise à l'action d'eaux rapides et courantes, ses feuilles restent submergées et ne forment que de longs rubans.

Une plante exotique, l'*anacharis du Canada*, offre un intérêt tout particulier en raison d'abord de son mode de reproduction, et ensuite de son acclimatation accidentelle en Europe. Transportée dans les eaux de la Tamise, probablement avec des charpentes du Canada, l'anacharis y a pris, en quelques années, un développement très considérable. Détachée du fond des eaux, elle peut encore continuer longtemps sa végétation en flottant au gré des vents; et, comme une portion de tige seulement suffit pour la reproduire, il arrive souvent qu'au bout de quelques mois elle entrave la navigation des canaux.

Parmi les plantes d'eau douce, il en est une qui, à uste titre, excite l'admiration des naturalistes et de toutes les personnes qui l'observent à l'époque de la fleuraison. Cette plante, c'est la *vallisnérie*, qu'on trouve assez répandue dans les eaux tranquilles de l'Italie et du midi de la France. Son mode de fécondation, qui est tout à fait extraordinaire, l'a rendue très célèbre. Voici ce qui se passe. Chez la vallisnérie, les organes mâles et femelles ne sont réunis ni dans la même fleur, ni sur le même pied; les deux sexes se trouvent sur des individus distincts. La fleur femelle a un pédoncule très long qui affecte la forme d'un fil tordu en spirale; quelques jours avant la fécondation, la spire se déroule de manière à ce que la fleur puisse monter à la surface de l'eau où elle reste flottante. La fleur mâle, au contraire, a un pédoncule très court, dont la forme et la nature d'ailleurs ne permettent aucune extension ; mais les étamines sont renfermées dans une espèce de petit globule transparent qui devient libre en se détachant de son pédoncule. On voit alors monter, à la surface de l'eau, de jolies petites perles blanches qui viennent s'ouvrir près des fleurs femelles. La fécondation une fois opérée, le pédoncule de la fleur femelle s'enroule en spirale à tours serrés et ramène cette fleur au fond de l'eau où les graines mûrissent dans l'ovaire.

Chez les *utriculaires*, la fécondation s'effectue dans des conditions analogues. Ces herbes sont répandues dans les eaux douces et les marais de toute la terre. Les unes nagent librement dans l'eau, soutenues par des sortes d'utricules ou petites vessies qui garnissent leurs feuilles radicales ; les autres s'attachent au sol, dans le fond des marais, par des racines fibreuses sur lesquelles se montrent également des renflements vésiculeux. L'utriculaire vulgaire (*Utricularia vulgaris*) croît dans les eaux stagnantes de presque toute la France, et se trouve assez communément aux environs de Paris. Les petits utricules sont arrondis et munis d'une espèce d'opercule mobile. Dans la jeunesse de la plante, ces utricules sont pleins d'un mucus plus pesant que l'eau, et la plante, retenue par ce lest, séjourne au fond. A l'époque qui approche de la fleuraison, la racine sécrète de l'air qui entre dans les utricules et chasse le mucus en soulevant l'opercule ; la plante, munie alors d'une foule de vessies aériennes, se soulève lentement, et vient flotter à la surface ; la fleuraison s'y exécute à l'air libre : dès qu'elle est achevée, la racine commence à sécréter du mucus ; celui-ci remplace l'air dans les utricules, la plante redevient plus pesante, et redescend au fond de l'eau, où elle va mûrir ses graines au lieu même où elles doivent être semées.

Les plantes aquatiques contribuent souvent à changer l'aspect de la terre. Dans les marais, ce sont d'abord les pesses d'eau (*Hippuris*), les *utriculaires*, les prèles (*Equisetum*) et divers *joncs* qui forment, avec leurs racines entrelacées, un tissu flottant sur l'eau boueuse; ensuite le sphaigne (*Sphagnum palustre*) se répand sur toute la surface, aspire l'eau comme une éponge et crée un lit aux bruyères et aux lichens qui, tous les ans, exhaussent le terrain par leurs dépôts. D'autres fois, une baie tranquille se peuple de nénufars (*Nymphea*), de roseau (*Arundo phragmites*) et d'autres plantes qui retiennent les parties terreuses rejetées par les eaux du dehors. Dès que ce limon a pris un peu de solidité, on voit se développer des saules, des aunes et d'autres arbres appartenant aux espèces qui aiment les terrains humides.

L'étude des plantes aquatiques peut servir à faire apprécier la salubrité des eaux. Une eau est saine quand les végétaux doués d'une organisation supérieure peuvent y vivre; elle est insalubre quand elle les fait mourir et qu'elle ne peut nourrir que des cryptogames. Le cresson de fontaine caractérise les eaux excellentes; les épis d'eau (*Patamots*), les véroniques mouron et beccabunga ne poussent que dans les eaux de bonne qualité; les roseaux, les patiences (*Rumex*), les salicaires, les joncs, les nénufars vivent dans les eaux très médiocres; le roseau commun (*Arundo phragmites*) est la plus robuste des plantes aquatiques; il continue à croître dans les eaux les plus infectes.

# LES INFUSOIRES

Les eaux douces sont peuplées de légions innombrables de petits êtres dont les dimensions sont si faibles qu'on ne les voit pas à l'œil nu. Ces animalcules sont tellement petits qu'une *poulte d'eau peut en contenir plusieurs millions*. Les fleuves en charrient constamment des quantités énormes dans la mer; le Gange, par exemple, en déverse dans l'espace d'une année une masse égale à six ou huit fois le volume de la plus grande pyramide d'Égypte. C'est aux infusoires que le limon du Nil et d'autres dépôts fluviatiles ou lacustres doivent leur prodigieuse fertilité; et ce sont eux qui colorent parfois en vert ou en rouge soit des mares, soit même des étangs assez étendus. En raison de leur petitesse et de leur abondance, ils contribuent, dans une très notable proportion, à la nourriture des jeunes poissons du moment où ces derniers sont privés de leur sac nourricier, la vésicule ombilicale.

Les infusoires sont ordinairement de forme ovoïde ou arrondie. Ils sont généralement munis de *cils vibratiles* disposés sur leurs corps en nombre considérable et servant à la fois au mouvement de translation de l'animal, à sa nutrition et à sa respiration.

Ils peuvent se reproduire de trois manières différentes, soit en *émettant des bourgeons* à peu près comme
les végétaux, soit par *reproduction sexuelle* (il y a, chez
ces petits-êtres, des individus mâles et femelles), soit
enfin par *fissiparité*, c'est-à-dire par la division spontanée de l'animal en deux individus nouveaux. Ce dernier
mode, qui est le plus fréquent, présente des particularités vraiment merveilleuses : un étranglement se produit au milieu du corps, et bientôt le segment inférieur
se garnit de cils vibratiles à l'endroit même où sera la
nouvelle bouche. Dès que cette nouvelle bouche est dis-
tincte, l'infusoire se *coupe en deux parties*. Au bout de
peu de temps, chacune d'elles ressemble à l'animal primitif.

Par conséquent, chez les infusoires, le fils est la *moitié de sa mère*, et le petit-fils le *quart de son grand-
père!*

Ce mode de génération des infusoires peut donner une
idée de leur merveilleuse fécondité. On a pu calculer
que la progéniture de deux *stylonychiées* s'élevait, au
bout d'un mois, à plus de 1 048 000 individus ; et
qu'une seule *paramécie* avait produit, en quarante-deux
jours, plus de 1 584 000 formes semblables à elle. Il
suffit donc d'un seul germe pour produire en très peu
de jours, quand il est placé dans de bonnes conditions,
des myriades d'infusoires.

La durée de la vie de ces animaux n'est que de quelques heures. Mais certains infusoires ont la faculté de
renaître après avoir été desséchés. Ils peuvent, à l'état
de poussière, être enlevés par le vent et transportés à
des distances très considérables, et demeurer inertes
pendant très longtemps. La vie, suspendue depuis des

années entières, reprend son cours au contact d'une goutte d'eau !

Quelques personnes ont pensé que les infusoires pouvaient, dans certains cas, se développer par *génération spontanée*, c'est-à-dire sans parents et sans germes. Leur opinion était surtout appuyée sur cette circonstance que les infusions fournissent des myriades de ces animaux après qu'elles ont subi une haute température capable de détruire tous les germes qu'elles auraient pu contenir. Mais quand l'eau des infusions est absolument pure et que les matières organiques qu'elle renferme sont soustraites au contact de l'atmosphère, il ne se produit plus aucun infusoire. Il en est de même quand on fait entrer de l'air dans le vase de l'infusion, si l'on a pris la précaution de faire préalablement passer cet air dans un tube chauffé au rouge, ou de le recevoir, avant de l'introduire, dans un bain d'acide sulfurique.

C'est donc l'air de l'atmosphère qui fournit la semence des infusoires. L'atmosphère qui fournit la semence mer chargée de particules vivantes qui n'attendent, pour se développer comme des œufs ou des graines, que des circonstances favorables à leur germination.

## LES MOLLUSQUES AQUATIQUES

Dans les eaux douces, les espèces de mollusques sont bien moins nombreuses que dans la mer, et n'ont jamais ni l'élégance ou la bizarrerie de formes, ni la beauté ou l'éclat des coquillages marins. On n'en utilise aucun pour la nourriture de l'homme ; mais les insectes, les oiseaux aquatiques et les poissons en font souvent une grande consommation, surtout quand les autres aliments viennent à manquer. Les mollusques peuvent d'ailleurs, comme les plantes aquatiques, servir à faire apprécier la qualité des eaux. Aucun de ces animaux ne vit dans les eaux infectées. La cyclade cornée (*Cyclas cornea*), la bithynie impure (*Bithynia impura*), le planorbe corné (*Planorbis corneus*) vivent dans des eaux médiocres ; la limnée des étangs (*Limnæa stagnalis*), la limnée ovale (*L. ovata*), le planorbe marginé (*Planorbis marginatus*) vivent dans les eaux ordinaires ; la physe fontinale (*Physa fontinalis*) ne vit que dans des eaux très pures.

1. *Bryozoaires*. — On trouve assez communément, dans les eaux pures et stagnantes, sous les feuilles de nénufars, de potamots, ou sous des fragments de bois

submergés, des animaux bryozoaires que l'on désignait autrefois sous le nom de polypes à panaches. Ce sont les *Plumatelles*, petits êtres diaphanes constituant des colonies qui ressemblent à de petits arbustes rameux et miscroscopiques, formés de menus tubes entés les uns sur les autres. Ils offrent de quarante à soixante tentacules rétractiles qui s'épanouissent comme les pétales d'une fleur, et qui sont garnis de cils vibratiles dont le mouvement suffit pour amener les aliments à la bouche.

Un autre genre, qu'on trouve dans nos étangs de France, est la *cristatelle*. Les habitants de la colonie sont réunis, en très grande quantité, dans une enveloppe commune; ce sont de longs filaments de la grosseur d'une plume de cygne. Leur aspect rappelle assez bien celui des cordons de passementerie qu'on appelle *chenille*. Ces cordons sont tantôt libres en partie, tantôt complètement adhérents aux racines et aux lignes des petites plantes aquatiques. Les tentacules sont d'une belle couleur hyaline, et le corps est coloré en brun.

II. *Anodontes.* — Ces coquillages à deux valves sont vulgairement connus sous les noms de *moules d'étang, moules de chien, grosses moules;* on les trouve dans les cours d'eau, les lacs, les étangs et les mares à fond vaseux; on les distingue facilement des autres mollusques d'eau douce par la supériorité de leur taille. Les coquilles sont nacrées à l'intérieur et offrent extérieurement une teinte noire verdâtre. En été, quand les rivières ou les réservoirs sont à sec, et en hiver, ces mollusques s'enfoncent et s'enterrent dans la vase.

L'anodonte des cygnes (*Anodonta cygnea*), ou *grande moule des étangs*, a des valves grandes, profondes et

12

légères; dans le nord de la France, on s'en sert sous
le nom d'*écafottes* pour écrémer le lait.

III. *Mulettes*. — Ces mollusques bivalves, connus sous
le nom de *moules de rivières*, habitent les torrents, les
rivières, les ruisseaux, et quelquefois les canaux et les
étangs. L'extérieur de la coquille est vert noirâtre; l'intérieur est nacré avec des nuances pourpres, violettes et

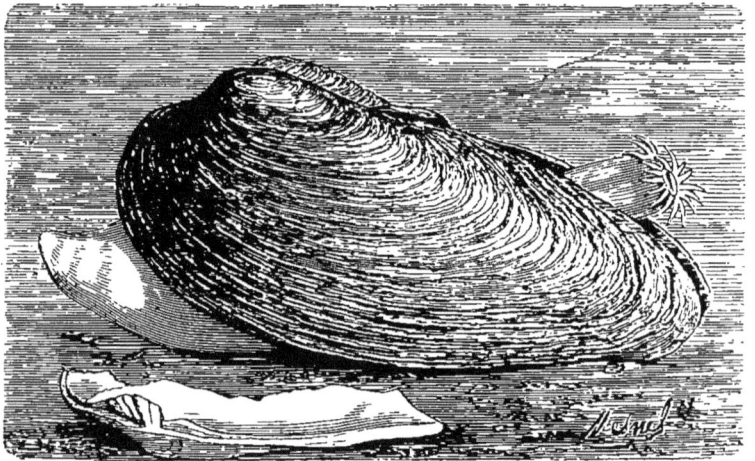

Moule d'eau douce.

irisées. On trouve quelquefois, soit dans le manteau,
soit entre les valves, des perles plus ou moins grosses
et plus ou moins arrondies.

Les espèces les plus importantes qui vivent dans nos
eaux douces sont : 1° la mulette du Rhin ou sinuée (*Unio
sinuata*), grand coquillage dont la nacre est employée
pour parures; 2° la mulette littorale (*Unio littoralis*);
3° la mulette des peintres (*Unio pictorum*), coquillage
oblong et mince, qui sert à contenir des couleurs;

4° la mulette perlière (*Unio margaritifer*), vulgairement la *moule perlière*. La chair de ces animaux, qui est coriace et fade, n'est pas mangeable.

Les mulettes produisent quelquefois des *perles* peu recherchées en général. Toutefois, la perle rose est une rareté très estimée et de grande valeur. Pour provoquer la formation des perles, il suffit de pratiquer un petit trou dans la coquille, de faire une légère blessure au mollusque, ou d'introduire entre les deux valves un corps étranger de très petite dimension. On dépose ensuite les animaux dans un vivier ou un étang; et, au bout de quelques années, ils donnent quelquefois des perles. Il faut beaucoup d'habileté pour manier et préparer le coquillage; car les nombreux essais qui ont été faits n'ont généralement donné que des résultats peu satisfaisants. J'ai trouvé quelquefois, dans les mulettes sinuée et perlière, des perles d'un assez bel orient. C'est dans les eaux des possessions sibériennes que les mollusques produisent la merveille des merveilles, la rarissime *perle rose*.

III. *Limnées*. — Les animaux qui appartiennent à ce groupe, et qu'on désigne vulgairement sous le nom de *colimaçons d'eau douce*, sont répandus dans les eaux douces des deux mondes, mais plus particulièrement dans celles des régions tempérées. Ils ne peuvent rester longtemps dans l'eau sans venir respirer à la surface; ils sont, comme les dauphins et les phoques parmi les mammifères, obligés de respirer l'air atmosphérique. A cet effet, la limnée se renverse à fleur d'eau, et rampe dans cette position comme si elle était à la surface d'une glace.

La limnée des étangs (*Limnea stagnalis*), vulgairement

*grand buccin* ou *buccin d'eau douce*, est renfermée dans une coquille mince, diaphane, dont les tours des spires sont assez allongés; le dernier est plus grand que tous les autres. L'intérieur de ce dernier tour est occupé par une grande cavité du manteau dans laquelle est contenu l'organe de la respiration. Sur le bord, et à droite, est percée une ouverture qui peut se dilater et se contracter de manière à recevoir l'air dans la cavité respiratoire, et à empêcher l'eau d'y avoir accès lorsque l'animal cherche sa nourriture au-dessous de la surface du milieu dans lequel il vit. La bouche est munie de petites dents et d'une langue de consistance assez dure. Cette organisation permet à la limnée de couper et de broyer les *lentilles d'eau* et autres plantes aquatiques dont elle fait sa nourriture.

Les limnées pondent au printemps; on trouve souvent, à cette époque, adhérant aux plantes ou aux corps flottants dans les rivières, de petites masses glaireuses et transparentes comme du cristal : ce sont des agglomérations d'œufs de limnées.

IV. On trouve aussi, dans les eaux douces, d'autres mollusques de formes très variées, tels que : *planorbes, physes, paludines, ampullaires*, etc....

Les planorbes ont une organisation analogue à celle des limnées, avec lesquelles on les rencontre communément dans les eaux des étangs, des marais, des ruisseaux ou des rivières. Leur coquille est mince, légère, en forme de disque, enroulée dans un même plan, de manière à rendre tous les tours de spire visibles en dessus comme en dessous. La plus grande espèce du genre est le planorbe corné (*Planorbis corneus*), vulgairement cornet, cor de Saint-Hubert, corne d'Ammon, très com-

1. Physe.
2. Ampullaire.
5. Planorbe.
4. Limnée striée.
5. Ampullaire cornu-arietis.
6. Limnée ovale

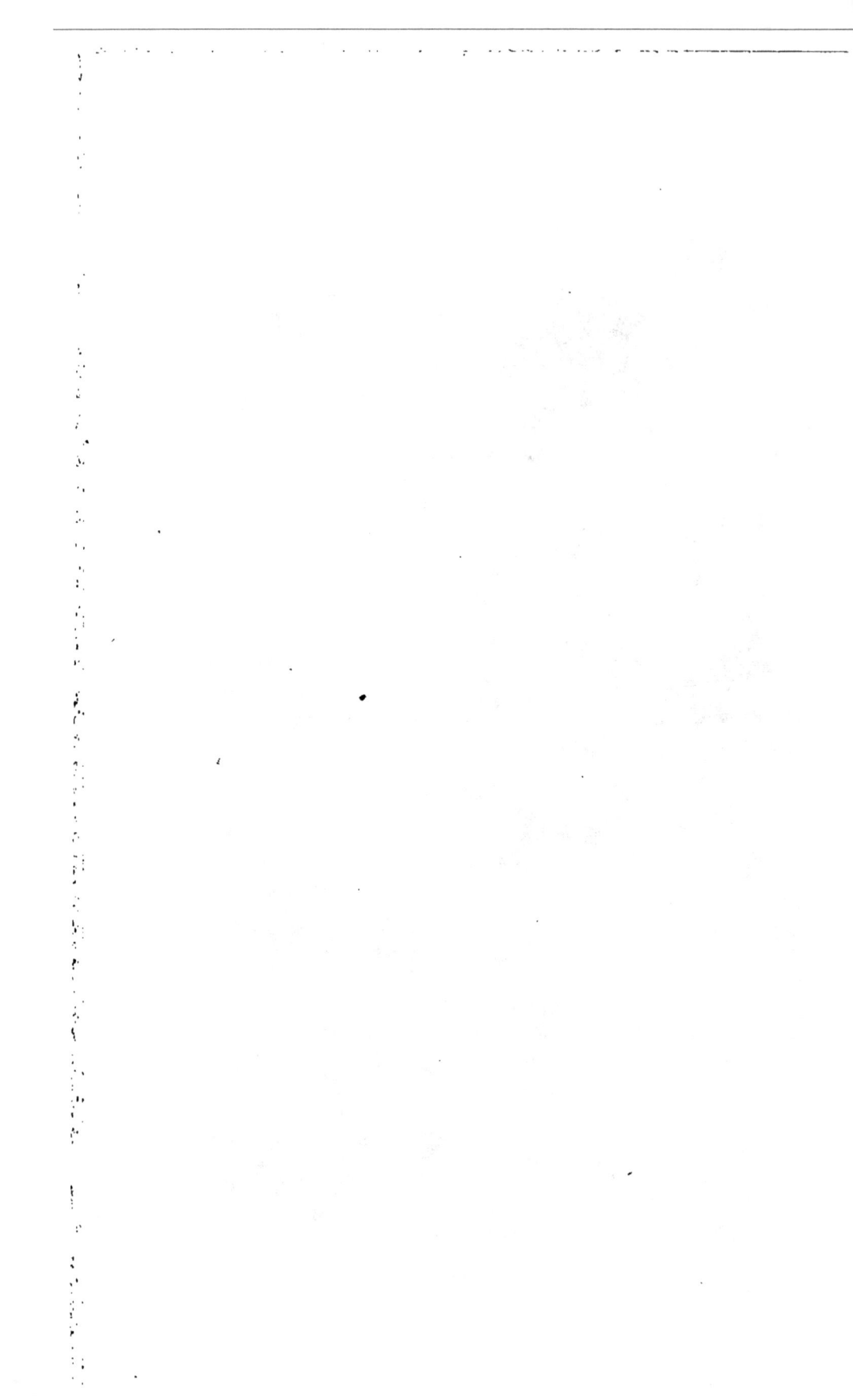

mun dans les rivières de presque toute la France, moins commun dans celles du Midi.

Les physes ont la coquille ovale, oblongue ou presque globuleuse, très mince, très fragile, lisse, à ouverture longitudinale rétrécie supérieurement, avec le bord droit tranchant et le dernier tour plus grand que tous les autres. La physe marron (*Physa castanea*) est commune dans nos eaux douces. La physe fontinale (*Physa fontinalis*), vulgairement *bulle* ou *bulline aquatique*, vit dans les fontaines, les sources, les ruisseaux limpides d'une grande partie de la France; elle est très rare dans le Midi.

Les paludines, vulgairement *sabots*, *vigneaux*, *lames d'eau*, vivent dans les rivières, canaux et étangs d'une grande partie de la France, principalement dans le Nord. Chez la paludine vivipare (*Paludina vivipara*), les petits sont produits à l'état parfait, c'est-à-dire avec leur coquille.

Les ampullaires ont la plus grande analogie avec les paludines; elles habitent les eaux douces des pays chauds. On les trouve quelquefois en très grande quantité dans des étangs ou des marais qui sont produits, chaque année, par les pluies d'automne. Pendant l'été, ces marais se dessèchent au point qu'on y voit à peine quelques traces d'humidité. Les ampullaires s'enfoncent assez profondément dans la vase et passent ainsi, sans périr, toute la saison de la chaleur. Ces molluques sont de véritables pectinibranches; la paroi supérieure de leur cavité branchiale est formée de deux parois réunies en avant et formant un grand sac ouvert en arrière, immédiatement au-dessus de la base de la branchie. Cette poche est toujours remplie d'eau, lorsque l'animal s'en-

ferme dans sa coquille au moyen de son opercule qui
ferme l'ouverture si complètement que rien ne peut
s'échapper de l'intérieur sans que le mollusque le
veuille. On s'explique dès lors comment les ampullaires
peuvent vivre longtemps sans eau. Il leur suffit, en

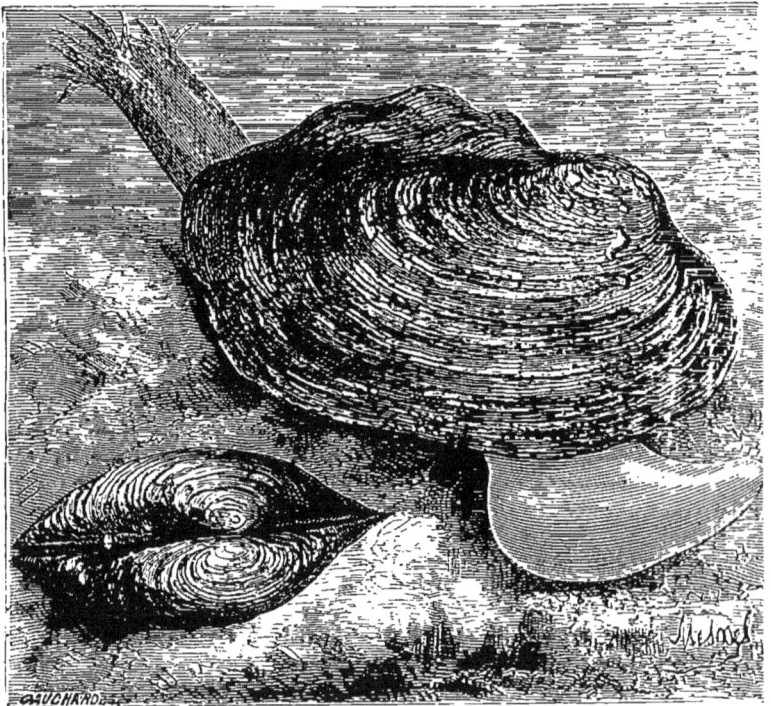

Iridine ovale.

effet, de conserver pleine de liquide ambiant leur poche
cervicale pour en verser, selon le besoin, le contenu
sur la branchie; et l'on conçoit que cette eau préserve
aussi l'animal du desséchement, son évaporation étant
empêchée par une coquille dure et compacte, et par un
opercule qui la ferme avec une rare perfection.

Les bithynies sont de petits mollusques qu'on trouve dans les eaux tranquilles, attachés aux pierres et aux plantes submergées. La bithynie impure (*Bithynia impura*) vit dans les eaux tranquilles de toute la France.

La cyclade cornée (*Cyclas cornea*), vulgairement *came des ruisseaux*, *telline fluviatile*, est une jolie petite coquille bivalve qui vit dans les rivières et les eaux stagnantes de toute la France.

Les iridines ont beaucoup d'analogie avec les anodontes et les mulettes; on les trouve presque toutes dans les eaux douces de l'Afrique centrale; une belle espèce vit dans le Nil.

# LES ANNÉLIDES AQUATIQUE

Toutes les sangsues sont voraces; les unes avalent de petits animaux, les autres sucent le sang des vertébrés.

L'espèce type est la sangsue médicinale (*Hirudo medicinalis*), bien connue de tout le monde : elle habite les eaux douces de l'Europe et de l'Afrique septentrionale; on connaît plusieurs espèces étrangères :

1° La sangsue truite (*Hirudo troctina*) de l'Algérie; on l'emploie concurremment avec la sangsue médicinale sous le nom de *dragon* en France et de *trout-leech* en Angleterre ;

2° La sangsue granuleuse (*Hirudo granulosa*) de l'Inde; elle est employée par les médecins de Pondichéry.

Ces sangsues se nourrissent en suçant le sang des vertébrés. Leur digestion est peu active; il en résulte qu'après s'être gorgées de sang, elles peuvent rester plusieurs mois et même plusieurs années sans prendre de nourriture.

Les sangsues médicinales ont la bouche garnie de trois petites mâchoires *dentelées en scie*, avec lesquelles elles entament la peau des animaux sur lesquels elles

s'appliquent. Leur ventouse buccale, quoique moindre
que celle qu'elles ont à la partie postérieure du corps,
leur permet en outre de sucer le sang en pratiquant
le vide autour de la plaie faite par leurs mâchoires. La

Sangsue médicinale.

petite cicatrice étoilée qui subsiste aux endroits qu'elles
ont piqués est due à l'action de ces trois mâchoires.

Quand on dissèque une sangsue médicinale, on est
surpris de voir le rapport qui existe entre la symétrie
des parties extérieures et celle des organes intérieurs.
Par chaque fragment de cinq anneaux, elle offre
un *organisme complet*, c'est-à-dire tout ce qui est

nécessaire pour constituer un individu. On pourrait les comparer à une série d'animaux symétriquement alignés et soudés. La sangsue est donc *un être multiple*. On peut se demander pourquoi un quadrupède auquel on coupe la tête meurt presque instantanément, tandis qu'une sangsue, après une semblable mutilation, vit encore *plus d'une année*. Ce fait est facile à expliquer. Le quadrupède n'a qu'un *seul* centre sensitif, un cerveau contenu dans la tête : si vous le retranchez, l'animal doit périr. Chez la sangsue il y a *plusieurs centres de vie*, et vous ne faites mourir que l'organisme sur lequel vous agissez.

Si l'on coupe en deux une sangsue aux trois quarts gorgée et encore attachée à la peau, la moitié antérieure continue de sucer, et l'on voit le sang couler par son extrémité ouverte. Quand on coupe ou qu'on lie le cordon médullaire, dans la partie moyenne du corps, on produit et l'on isole deux animaux *multiples;* il se crée à l'instant deux volontés bien distinctes, et les phénomènes sensitifs et locomotifs qui se passent dans la moitié antérieure n'ont rien de commun avec ceux de l'autre moitié. On a conservé pendant plus de deux ans une sangsue soumise à cette opération. Rien n'était plus singulier que le conflit des deux volontés entre les deux demi-sangsues, lorsque la ventouse de chacune se trouvait fixée aux parois du vase; on voyait s'engager une lutte dans laquelle chaque moitié se montrait tour à tour contractée ou tiraillée, suivant qu'elle était ou plus forte ou plus faible. Cette lutte durait jusqu'à ce que l'une des deux vînt à céder; alors la moitié victorieuse la traînait à sa suite. Si l'on coupe une sangsue de manière à isoler plusieurs fragments, chacun vivra même

pendant un temps considérable. On a conservé des tronçons sans nourriture pendant quatre, cinq et douze mois,
et même plus.

L'hæmopis, ou la *sangsue de cheval*, se trouve dans les
eaux douces de l'Europe, mais plus particulièrement

1. Sangsue vulgaire. — 2. Sangsue verdâtre.
3. Hæmopis chevaline.

dans les contrées méridionales de ce continent et dans
l'Afrique septentrionale. Sa bouche n'étant pas suffisamment armée pour percer la peau des animaux vertébrés,
elle se fixe aux membranes muqueuses de leur bouche
ou même de leur gosier. Elle a souvent causé des acci-
dents graves chez les hommes ou les animaux qui l'ont

avalée en buvant; on en trouve quelquefois plusieurs fixées à l'intérieur de la bouche et du gosier des bœufs abattus pour le service de la boucherie en Algérie. Une autre espèce, beaucoup plus petite, a été trouvée fréquemment sous les paupières et dans les fosses nasales des hérons, à la Martinique.

L'aulastome (*A. gulo*) est très-commune en France dans les eaux douces stagnantes; elle dévore, en les avalant, les vers, les naïs, les larves d'insectes aquatiques et divers autres petits animaux.

La néphélis (*N. octoculata*) a les mêmes mœurs.

La trochete (*T. subviridis*) a les mêmes habitudes; elle a, de plus, la faculté de pouvoir quitter momentanément les eaux douces pour aller à terre et y chasser les lombrics, qu'elle dévore avec avidité.

Les clepsines (*Glossiphonia*) sont incapables de nager; elles vivent en suçant le sang des mollusques d'eau douce.

La piscicole (*Piscicola*) vit, à l'état de parasite, sur les poissons d'eau douce, en Allemagne.

Toutes les sangsues sont *hermaphrodites* ou pourvues de deux appareils sexuels distincts, mâle et femelle; elles se reproduisent exclusivement par des œufs. Les clepsines et la piscicole pondent des œufs isolés; mais les clepsines conservent leurs œufs adhérents à la face ventrale, excavée de manière à former une poche incubatrice; ces œufs sont globuleux, jaunâtres, verdâtres ou rosés. Les œufs de la piscicole qu'on trouve fixés sur les poissons d'eau douce sont ovoïdes, rouge brun et marqués de sillons longitudinaux. Toutes les autres hirudinées d'eau douce renferment leurs œufs dans une coque ou capsule, nue pour la néphélis et la trochete, et revêtue d'un tissu spongieux qui lui a fait donner le nom de *cocon*, pour la sangsue médicinale, l'hæmopis et l'aulastome.

Les sangsues qui fabriquent des cocons recherchent, pour pondre, la terre humide et spongieuse, et notamment les terres tourbeuses. Ceux de la sangsue médicinale ont à peu près la forme et le volume des cocons du ver à soie; ils sont longs de 20 à 30 millimètres et larges de 12 à 18; leur enveloppe extérieure, qui a l'aspect du tissu d'une éponge fine, est épaisse de 2 à 3 millimètres.

Les eaux des mares contiennent souvent des sangsues que les animaux avalent avec l'eau quand ils viennent s'abreuver. On a, en effet, trouvé en diverses circonstances, dans l'œsophage des bœufs de boucherie, un très grand nombre de sangsues avalées vivantes à l'état presque microscopique, et depuis lors attachées à la membrane qui était devenue leur demeure. Quelquefois ces animaux prospèrent si bien dans les voies respiratoires que leur avidité finit par leur être fatale; gorgés de sang, ils empêchent l'air de circuler dans les bronches, et, amenant la suffocation de leurs hôtes, ils ne tardent pas eux-mêmes à périr, victimes de l'hospitalité involontaire dont ils ont abusé. En Égypte, en Espagne, en Algérie, on a été souvent obligé d'opérer des soldats suffoqués par ces petits habitants des eaux stagnantes.

# LES CRUSTACÉS

On trouve des crustacés d'eau douce dans les différentes parties du monde. Parmi ces animaux, les écrevisses sont incontestablement les plus utiles.

1. *Écrevisses.* — Les écrevisses habitent les lacs et les
cours d'eau de plusieurs parties du globe, notamment
de l'Europe. L'écrevisse ordinaire ou fluviatile (*Astacus
fluviatilis*) est l'espèce type. Ses pinces sont rouges en
dessous. Avec cette espèce, nous en avons deux autres
en France : l'*écrevisse longicorne* (*A. longicornis*), dont
les antennes ont une longueur considérable, et l'*écrevisse
pallipède* (*A. pallipes* ou *albipes*), dont les pinces sont
blanchâtres en dessous. On désigne vulgairement ces
espèces sous les noms d'écrevisses à pattes rouges et
d'écrevisses à pattes blanches.

Ces animaux sont très recherchés dans tous les pays;
mais généralement ils sont un mets de luxe parce que
le prix en est, presque partout, assez élevé. A Paris, on
tient en grand estime les écrevisses provenant de Strasbourg et du bassin de la Meuse, dont les qualités, du
reste, se retrouvent chez celles qui vivent dans des eaux
claires et courantes où les aliments sont variés et abondants.

Les écrevisses ne sont pas, d'ailleurs, aussi abondantes qu'on pourrait le désirer, parce que leur croissance est très lente, et leur multiplication assez restreinte; en effet, l'accroissement n'a lieu qu'à l'époque

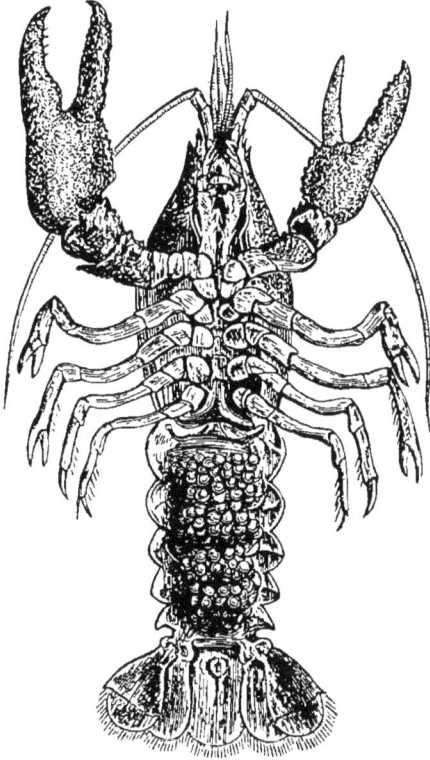

Écrevisse grainée.

de la mue, quand l'animal renouvelle complètement son enveloppe ou carapace; et, d'autre part, ces crustacés n'ont pas la prodigieuse fécondité des poissons, la femelle ne pondant qu'un nombre d'œufs peu considérable, une centaine environ pour une écrevisse de taille moyenne.

La ponte est précédée et accompagnée de circonstances très curieuses :

La fécondation a lieu en novembre, décembre et janvier. Le mâle saisit la femelle avec ses grandes pinces, la renverse et dépose la matière fécondante sur les deux lamelles externes de l'éventail caudal et, ensuite, sur le plastron autour de l'ouverture externe des oviductes. On doit considérer comme *fécondées* toutes les écrevisses qui offrent ce dépôt dont la couleur est blanchâtre et l'aspect vermicellé.

La ponte a lieu, suivant le degré de maturité des œufs, quelques jours ou seulement quelques semaines après l'accouplement. La femelle se couche alors sur le dos, et ramène sa queue sur le plastron de manière à former, avec son abdomen, désigné vulgairement sous le nom de *queue*, une chambre ou sac dans laquelle l'ouverture des oviductes se trouve comprise, et dont la paroi sécrète une matière blanche et visqueuse. Les œufs, au fur et à mesure de leur expulsion, sont enduits de cette matière visqueuse qui s'étire en un long fil, très délié d'abord, mais en même temps élastique et résistant, et qui grossit plus tard en se tordant sur lui-même pour former le *pédicule* de l'œuf.

La femelle porte ses œufs, qui forment des espèces de grappes, jusqu'à leur éclosion. On la voit, durant cette période d'incubation qui dure environ six mois, étendre fréquemment son abdomen en l'agitant pour laver et aérer les œufs. Cette sollicitude, toute maternelle, s'explique par les exigences de la respiration de l'embryon dont le cœur, dès qu'il s'est montré, bat avec vitesse; j'ai compté 180 à 185 battements par minute. Cette action respiratoire pourrait à elle seule donner l'explication des insuccès que l'on a éprouvés en tentant de propager des écrevisses dans des eaux peu vives ou peu aérées.

Quand le moment de l'éclosion est arrivé, en mai, juin ou juillet, la coque de l'œuf se fend par le milieu et se divise en deux parties qui rappellent une coquille bivalve ouverte. La jeune écrevisse a le dos appliqué contre l'ouverture, et fait, de temps à autre, de légers mouvements qui tendent à la faire sortir. Elle dégage

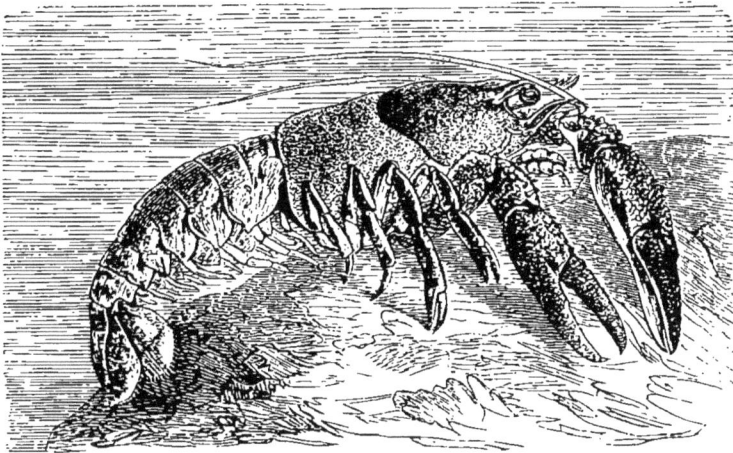

Écrevisse mâle.

d'abord la partie antérieure de son corps, le reste vient ensuite. Le petit animal, qui n'a alors que 11 milimètres environ de longueur sur 3 de largeur, *reste attaché à son œuf par sa membrane vitelline ;* les deux valves de cet œuf qui se sont rétractées retiennent une portion de la membrane dans leurs replis, tandis que cette dernière adhère fortement à la nageoire caudale ou au pourtour de l'anus. La base des pinces, le bord radial de la main et l'extrémité de la jambe sont rouges, le reste des membres est pâle. La carapace affecte une couleur verdâtre marbrée de rouge. C'est pendant qu'elles sont encore fixées sous l'abdomen, et dix jours environ après l'éclosion, que les petites écrevisses subissent *leur première mue*. Quand celle-ci est terminée, elles deviennent entièrement *libres* et nagent alors avec beaucoup de vivacité. La seconde, la troisième, la quatrième et la cinquième mues ont lieu, de vingt à vingt-cinq jours de distance les unes des autres, en juillet, août et septembre. A partir de ce dernier mois jusqu'à la fin du mois d'avril de l'année suivante, il n'y a pas de mue. La sixième, la septième et la huitième ont lieu en mai, juin et juillet. La jeune écrevisse change, par conséquent, huit fois de carapace pendant la première année de son existence. Dans la seconde année, il y a cinq mues : la première et la deuxième, en août et septembre, les trois autres en mai, juin et juillet. Dans la troisième année, on n'en compte que deux, la première en juillet et la deuxième en septembre. C'est en entrant dans sa quatrième année que l'écrevisse devient adulte. A partir de ce moment, les femelles n'ont plus qu'une seule mue chaque année, mais les mâles en ont deux, en juin ou juillet et en août ou septembre ; cette circonstance explique pourquoi ces derniers ont une plus grande taille que les femelles ; car, ainsi qu'on l'a vu précédemment, l'accroissement ne se produit qu'à l'époque où le crustacé renouvelle complètement sa carapace.

Pour effectuer sa mue, l'écrevisse se met sur le flanc, avec sa tête et son dos elle soulève son corselet qui fait bascule, comme un couvercle sur sa charnière ; puis, quand elle a ainsi presque complètement dégagé la partie antérieure de son corps, elle se sépare entièrement de sa vieille carapace par un brusque mouvement de la partie postérieure. Ce travail, qui dure environ douze à

quinze minutes, est favorisé par la présence d'une matière gélatineuse sécrétée entre les deux carapaces. Douze
heures après la mue, les pattes sont déjà assez fermes
pour pincer fortement; vingt-quatre heures après, elles
sont complètement durcies. Cet état ne se produit pour

Crevette des ruisseaux. — Crabe fluvial.

les autres parties du corps qu'au bout de quarante-huit
heures environ.

II. *Crabe fluviatile* ou *thelphuse fluviatile* (*Thelphusa
fluviatilis*). — Ce crustacé habite les bords des lacs, des
cours d'eau et des torrents de plusieurs parties de
l'Italie, de la Sicile et de la Grèce; les gens pauvres s'en

nourrissent surtout pendant le carème. C'est le crabe que l'on voit souvent représenté sur des médailles antiques.

III. *Crevettines.* — Plusieurs crevettines vivent dans nos eaux douces, comme la crevettine des ruisseaux (*Gammarus fluviatilis*) et la crevettine puce (*Gammarus pulex*). On les trouve, surtout la première, dans presque tous les ruisseaux, dans les sources et les fontaines.

IV. *Apucides.* — Ces petits crustacés, qui atteignent à peu près 55 millimètres de long, se trouvent quelquefois par milliers dans nos eaux douces stagnantes; ils ont le dos couvert d'une carapace en forme de bouclier, et portent des pattes-mâchoires leur servant de rames, et des pattes branchiales au nombre de soixante paires environ.

V. *Branchipides.* — Ces animaux n'ont pas de bouclier : leur corps est grêle et allongé. Le branchipe des étangs (*Branchipus stagnalis*) qui habite nos eaux douces, n'a que 10 à 12 millimètres de longueur; il naît avec une forme très différente de celle de l'adulte.

VI. *Monoculides.* — Ces crustacés, d'une petitesse extrême, sont principalement caractérisés par l'existence d'un *œil unique* situé sur la ligne médiane, à la partie antérieure et supérieure de la tête. La femelle pond un nombre assez considérable d'œufs qu'elle conserve et porte avec elle, pendant toute la durée de l'incubation, dans une ou deux grosses poches placées sous l'abdomen. Les jeunes, après leur éclosion, affectent la forme circulaire et n'ont qu'une paire d'antennes et deux paires de pattes natatoires; ils ressemblent alors très peu à leurs parents Ce n'est qu'au bout de plusieurs mues qu'ils prennent la forme des adultes. Le *cyclope* fait partie de la famille des monoculides. La seule espèce connue est le cyclope commun (*Cyclops vulgaris*), qui n'a pas plus d'un millimètre et demi de long. Il habite en grand nombre dans nos eaux douces stagnantes. Ce petit crustacé est tantôt blanchâtre ou verdâtre, tantôt bru-

Daphnide puce et Cypris brune.

nâtre ou rougeâtre. Il subit de curieuses métamorphoses : après l'éclosion, il est presque sphérique; au bout de quelques jours, la portion postérieure du corps s'allonge. La première mue a lieu du vingtième au vingt-huitième jour; le jeune cyclope prend alors une forme elliptique; l'abdomen devient bifide et présente une paire de pattes de plus; une douzaine de jours après, il fait une deuxième mue et prend la forme qu'il doit conserver.

VII. *Daphnides.* — Ces petits animaux, qui sont revêtus d'une carapace formée de deux valves, ont le corps terminé par deux grands crochets cornés dirigés en dessous. L'œil est sphérique, mobile et de couleur noire. Les grandes antennes ou rames sont les seuls organes de locomotion. Les daphnides sont abondamment répandus dans les eaux stagnantes, et s'y trouvent parfois en si grande quantité que l'eau prend la couleur de leur corps. La daphnide puce (*Daphnia pulex*), longue de 3 à 5 millimètres et dont la couleur est rouge, a quelquefois donné lieu de croire que l'eau était changée en sang. Durant la belle saison, les daphnides circulent dans l'eau; mais, pendant l'hiver, ils se blottissent dans la vase. On a vu souvent des mares se dessécher complètement, sans faire périr ces petits animaux qui restent enterrés en attendant qu'ils puissent reprendre leur activité dès que les pluies auront mouillé et recouvert le sol de ces mares. Les mâles n'apparaissent que dans une saison de l'année; mais un seul accouplement donne lieu, comme chez les Pucerons, à plusieurs générations de femelles, qui toutes peuvent pondre des *œufs productifs* sans avoir besoin d'être fécondées de nouveau.

VIII. *Cyprides.* — Ces petits crustacés, dont la carapace ressemble à une coquille, habitent les eaux tranquilles, où ils se nourrissent de conferves et de substances animales mortes, mais non putréfiées. Ils ne portent pas leurs œufs sur le dos ou sous le ventre, mais les déposent souvent en commun, sur un corps solide, en amas de plusieurs centaines, et les fixent à l'aide d'une matière filamenteuse ressemblant à une mousse verte. Ces

œufs éclosent au bout de peu de jours ; les jeunes qui
en sortent ne subissent aucune métamorphose. Les cyprides ont la faculté de pouvoir, comme les daphnides,
s'enfoncer dans la vase humide des mares et des étangs
qui se dessèchent. Au retour des pluies, ils sortent de
leur prison et reprennent toute leur activité. Ils peuvent,
du reste, mourir enfouis dans la vase, et y laisser des
œufs qui éclosent dès que le sol se recouvre d'eau.

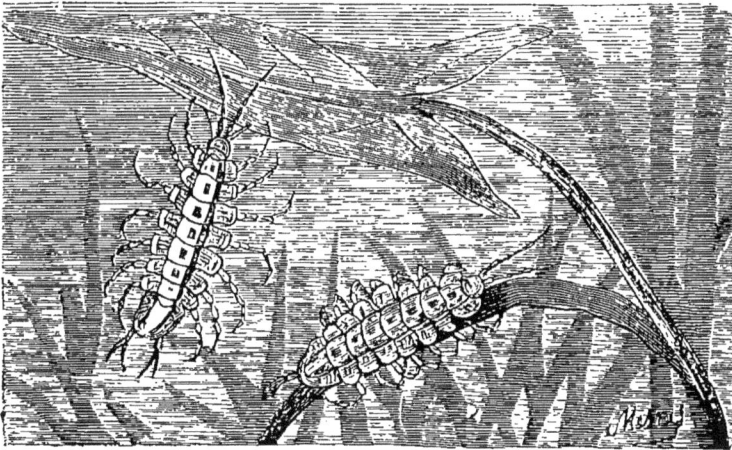
Aselle d eau douce.

On connaît un très grand nombre d'espèces de cypris
dont plusieurs vivent en compagnie des daphnides. La
cypris brune (*Cypris fusca*) est très commune en France
et en Angleterre.

IX. On trouve aussi dans les eaux douces, en France
et en Amérique, d'autres petits crustacés désignés sous
le nom d'*Aselles*. L'aselle vulgaire (*Aselus vulgaris*) est
très commun en France.

# LES ARACHNIDES

Dans la classe des Arachnides, on rencontre des animaux doués des plus curieux instincts et même d'une intelligence qui se manifeste par les actes les mieux réfléchis.

De ce nombre est l'*argyronète*. Cette araignée établit son domicile dans les petites rivières; mais, comme elle est conformée pour une *respiration aérienne*, elle se construit une cloche qui est une véritable cloche à plongeur. Voici comment elle procède à la confection de cette cloche.

L'argyronète se tient fréquemment à la surface de l'eau sur les plantes aquatiques. Quand elle veut construire sa demeure, elle plonge et entraîne avec elle une certaine quantité de bulles d'air retenues par le duvet qui couvre son corps. Arrivée à un endroit convenable, elle se frotte le corps pour en détacher ces bulles d'air qui se groupent sous une plante aquatique. Après avoir fait plusieurs voyages pour amasser l'air qui lui est nécessaire, elle sécrète des fils de soie avec lesquels elle forme un réseau pour retenir cet air qu'elle emprisonne ensuite en donnant au réseau une consistance plus serrée sous la forme d'un dé à coudre. C'est dans ce domicile que l'araignée s'établit et se blottit pour guetter au passage les insectes aquatiques dont elle fait sa nourriture.

# LES INSECTES D'EAU DOUCE

Les insectes constituent une partie considérable et intéressante du règne animal; ils sont répandus partout autour de nous, sur la terre, dans l'air et dans les eaux.

La plupart de ces petits êtres subissent des métamorphoses avant d'arriver à leur état parfait. A la sortie de l'œuf, l'insecte ressemble à un ver : c'est la *larve*; celle-ci devient, au bout d'un certain temps, *nymphe* ou *chrysalide*, et garde, dans ce nouvel état, une immobilité complète; puis l'insecte apparaît sous sa forme définitive.

Dans les eaux douces, les insectes ainsi que leurs œufs, leurs larves, leurs nymphes ou chrysalides servent de nourriture à un grand nombre de poissons et d'oiseaux. Ces transformations ont, d'ailleurs, quelque chose de merveilleux.

I. *Hydrophiles*. — Ces insectes sont de gros coléoptères de forme ovalaire qu'on trouve dans les eaux douces des diverses régions du globe. L'hydrophile brun (*Hydrophilus piceus*) est commun en Europe, c'est le plus grand; il a au moins 6 centimètres de longueur.

La manière dont il vient respirer à la surface de l'eau
est très intéressante à observer. Son corps trop massif
ne lui permet pas de se maintenir sur l'eau dans une
position horizontale pour mettre ses orifices respiratoires au contact de l'air. Il ne sort de l'eau que le bout

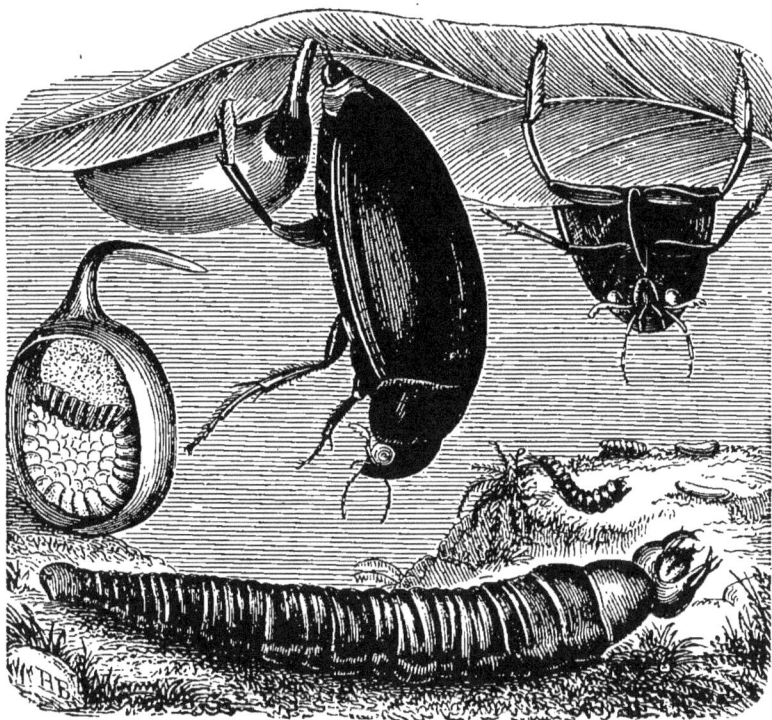

Hydrophile brun, larve et coque.

de sa tête, et, repliant ensuite contre le corps ses anten-
nés dont chacune est terminée par une massue en partie canaliculée, il redescend dans l'eau et entraîne des
bulles d'air qui, glissant sous le corps garni d'un duvet de poils serrés, peuvent arriver jusqu'aux orifices
respiratoires. L'animal, pendant cette manœuvre, sem-

ble entouré d'une robe d'argent. La manière dont la femelle procède à sa ponte n'est pas moins intéressante. Cette femelle est pourvue de glandes abdominales qui produisent une matière soyeuse. Au moment de la ponte, elle s'accroche sous une feuille qu'elle courbe légèrement, et file sous ce dôme une coque où elle dépose ses œufs, puis elle la ferme en façonnant une pointe relevée au-dessus de l'eau et recourbée. A l'aide de cette pointe le berceau peut s'accrocher aux corps flottants dans le cas où la feuille à laquelle il est fixé vient à se détacher. Au bout d'une quinzaine de jours, il en sort de petites larves fort agiles qui grimpent sur les plantes. Elles sont à la fois herbivores et carnassières; car elles se nourrissent de végétaux et surtout de petits mollusques à coquille mince, tels que limnées et physes, qu'elles saisissent par-dessous et dont elles brisent la coquille en les pressant contre leur dos pour en dévorer le mollusque. En cas d'attaque ou de danger, elles rendent par l'anus une liqueur noire qui trouble l'eau et leur permet d'échapper à leurs ennemis. L'intestin de ces larves s'allonge peu à peu à mesure que leur régime devient herbivore. L'adulte préfère la nourriture végétale aux matières animales. Ce n'est qu'au bout de deux mois que la larve sort de l'eau et s'enfonce dans la terre pour se transformer en nymphe qui devient insecte parfait vers la fin de l'été. Pendant l'hiver, l'animal reste engourdi au fond de l'eau.

II. *Perles et némoures.* — Ces insectes voltigent au bord des eaux; et, comme leur vol est faible, ils se posent fréquemment sur les pierres, les buissons et les plantes placés à proximité des eaux. La Perle bordée (*Perla marginata*) est une des espèces les plus répandues; on la voit à Paris, au commencement d'avril, sur les parapets des quais et des ponts, et contre les maisons des rues voisines. Les femelles sont beaucoup plus fortes que les mâles, et pondent dans l'eau des œufs associés en paquets, mais se séparant aisément. Leurs

Perle bordée.

larves sont toujours nues, sans fourreau, et vivent dans l'eau, où elles se cachent sous les pierres; elles recherchent les eaux courantes, et se plaisent à proximité des chutes et des cascades; on les voit alors balancer leur corps, en se tenant fixées par leurs pattes contre une pierre ou un caillou. Elles sont exclusivement carnas-

sières, et dévorent les petits insectes, les larves d'éphémères et même celles d'espèces de leur genre. Pour
guetter leur proie, elles se cachent sous les pierres ou
dans la vase. Ces larves restent en cet état pendant tout
l'hiver, et ne deviennent nymphes qu'au printemps, après
avoir subi une mue; il leur pousse alors des rudiments
d'ailes. Pour se métamorphoser, elles sortent de l'eau et
attendent, en se séchant, qu'une couche d'air soit venue
s'interposer entre l'ancienne peau et la nouvelle; alors,
la peau se fend au milieu du thorax. L'adulte ne vit que
peu de jours, car sa bouche n'est pas organisée pour
manger. Les larves ont, au bout du corps, deux longs
filets qui restent aux adultes des perles, mais pas à ceux
des némoures.

III. *Libellules.* — Ces insectes sont répandus dans le
monde entier. Leur type est la libellule déprimée (*Libel-
lula depressa*), qui est très commune en Europe. Parmi
celles qui habitent les environs de Paris. l'*Æschne* est la
plus grande; elle atteint un décimètre de longueur, et
son vol dépasse en vélocité celui de l'hirondelle. Les libellules volent avec rapidité en repassant sans cesse aux
mêmes endroits. La grâce de leurs mouvements, leur
forme élancée, leurs fraîches couleurs, leur ont valu le
nom de *Demoiselles.* Elles sont très carnassières, soit à
l'état de larve ou de nymphe, soit à l'état d'insecte parfait. Grâce à leurs yeux énormes, elles embrassent tout
l'horizon, elles saisissent au passage et poursuivent
avec ardeur les mouches et les papillons, qu'elles dé-
chirent avec leurs puissantes mandibules. On voit souvent des libellules planer au-dessus de l'eau; ce sont des
femelles dont l'extrémité de l'abdomen se replie et vient
effleurer l'eau pour laisser tomber les œufs au fond. Il

en sort des larves qui vivent sur la vase ou dans la fange ;
là, elles guettent les insectes, les mollusques et les petits poissons. Quand une proie passe à leur portée, elles
débandent, comme un ressort, une arme fort singulière

Libellule, larve et nymphe.

qui est leur lèvre inférieure. C'est une sorte de masque
muni de fortes pinces dentelées et porté par des pièces
articulées. Ce masque fonctionne à la fois comme une
lèvre et comme un bras; car, après avoir saisi la proie
au passage, il l'amène à la bouche. La respiration de ces

14

larves est fort étrange; elle a lieu par l'anus. L'eau pénètre dans la partie terminale du tube digestif, qui est très élargie et dont les parois présentent un réseau de délicates branchies communiquant avec les trachées.

Libellule, insecte abandonnant sa dépouille de nymphe.

Cette eau sort ensuite refoulée brusquement, et la larve s'avance par un effet de recul. La nymphe est un peu plus allongée que la larve et présente des moignons d'ailes. Pour se transformer, elle sort de l'eau et s'attache par les pattes à une plante. Peu à peu le soleil sèche la peau, qui se fend en long sur le dos, et la libellule sort de son fourreau. Elle reste molle pendant quelques heures; puis, ses téguments s'étant raffermis, elle prend son essor.

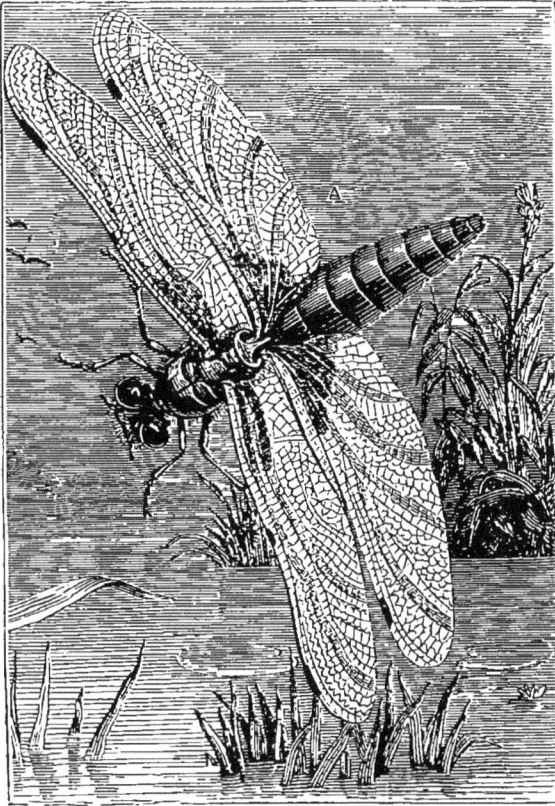

Libellule, insecte parfait.

IV. *Phryganes* ou *mouches-caddis*. — Ces insectes, très nombreux en espèces dans les climats tempérés, ressemblent beaucoup aux papillons de nuit; ils sont généralement d'un gris jaunâtre ou brunâtre, et volent le soir, souvent en nuées épaisses, au bord des rivières

et des étangs. Pendant le jour, ils restent accroupis sous
les feuilles ou sur les murailles et les troncs d'arbres.
Les femelles laissent tomber leurs œufs dans l'eau ; ces
œufs sont renfermés dans des boules gélatineuses et
collantes qui gonflent dans l'eau et s'attachent, en paquets, aux pierres et aux plantes aquatiques. La matière
gélatineuse maintient l'œuf dans un état convenable
d'humidité, quand les mares ou les ruisseaux sont à sec
pendant l'été. La larve éclôt au bout de peu de jours ;
c'est dans cet état surtout que les phryganes sont intéressantes. La larve est omnivore, mais très carnassière ;
et, comme son corps est formé de téguments mous, elle
sent le besoin de le mettre à l'abri ; dès sa naissance,
elle se fabrique, avec des corps étrangers réunis avec
une matière soyeuse, un étui ou un fourreau qu'elle
traîne avec elle, et dans lequel elle rentre et se blottit
quand on l'inquiète ou qu'un danger la menace. Chaque
espèce travaille à sa façon : les phryganes proprement
dites construisent des étuis *mobiles;* d'autres espèces ne
bâtissent que des abris *fixes* contre le sol et les pierres.
Si les larves à étuis mobiles se trouvent dans des eaux
stagnantes, elles circulent dans l'eau ou marchent au
fond ; mais si elles vivent dans des eaux *courantes,* elles
ont la précaution de fixer leurs étuis par quelques fils
de soie. Ces larves vivant constamment dans l'eau, portent, sur les côtés de l'abdomen, des houppes molles et
couchées transversalement de manière à pouvoir se placer commodément dans l'étui ; ce sont des sacs bran-
chiaux communiquant avec les trachées intérieures et
servant à la respiration par l'eau aérée qui pénètre
dans l'étui.

Chaque espèce travaille non-seulement à sa façon,

mais choisit aussi ses matériaux : ainsi, la phrygane
rhombifère ou rhombique (*Phrygana rhombica*) dispose
transversalement des brins de bois ou des débris de
plantes aquatiques; d'autres espèces disposent ces mêmes matériaux longitudinalement, et d'autres en spirale. La phrygane flavicorne ou à antennes fauves (*Phrygana flavicornis*) choisit de grosses bûchettes et emploie
souvent des coquilles de mollusques et même de jeunes

Phrygane poilue.

planorbes vivantes. La phrygane brune (*Phrygana fusca*)
fabrique un tuyau central avec de petits graviers et le
garnit, à l'intérieur, avec des fétus d'une grande longueur. Il convient de constater ici que chez les phryganes, l'art de construire est perfectible et qu'il dénote
parfois une véritable intelligence : ainsi, par exemple,
une larve qui a l'habitude de faire son étui avec des
pailles ou des feuilles, placée dans un vase où il n'y a
que de petites pierres, finit par s'en servir pour construire sa demeure. D'autre part, si on place une larve

nue sur un fond sablé de petites pierrailles, on la voit
faire la reconnaissance et le choix des matériaux dont
elle a besoin. Elle commence à construire une voûte
avec deux ou trois pierres plates soutenues et reliées
entre elles par des fils de soie, et se place en dessous ;
puis elle choisit les pierres une à une, les prend entre
ses pattes et les présente, absolument comme le ferait

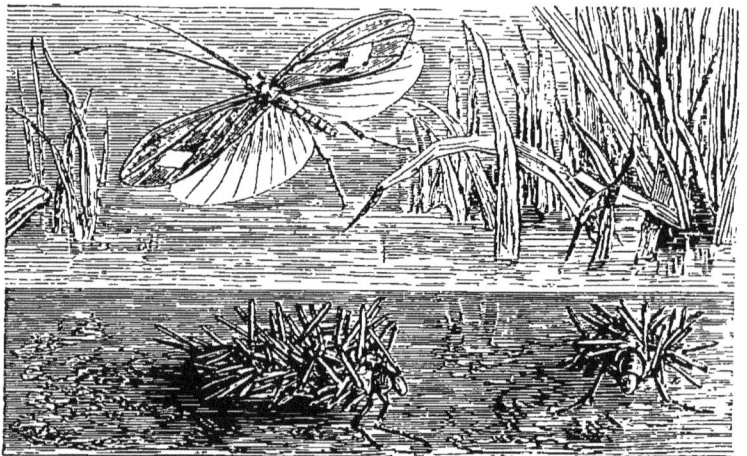

Phrygane rhombique.

un maçon, de manière qu'elles entrent dans les intervalles des autres et que les surfaces planes soient intérieures. Quand la pierre est bien placée, elle la fixe, par
des fils de soie, aux pierres voisines.

Au terme de sa croissance, la larve se transforme en
*nymphe*, immobile, complètement incapable de se défendre. Il faut alors un surcroît de précautions ; aussi,
avant de se transformer, cette larve a le soin de fermer
les deux ouvertures de son étui par des fils de soie qui
orment de véritables grilles fortifiées, d'ailleurs, par

des brins de bois, par des herbes et des pierres, mais laissant passer l'eau à travers l'étui. Au bout de quinze à vingt jours, la nymphe rompt l'une des grilles, et sort de sa prison. Elle est alors blanchâtre, et vient nager sur l'eau jusqu'à ce qu'elle rencontre un support auquel elle s'accroche pour sortir de l'eau. Au contact de l'air, elle se boursoufle, sa peau se fend sur le dos, et l'insecte parfait s'en échappe.

# LES POISSONS

Les fleuves, les rivières et les ruisseaux, ainsi que les lacs et les étangs d'eau douce, sont peuplés d'un grand nombre d'espèces de poissons. Mais ces diverses espèces ne se trouvent pas indifféremment dans toutes les eaux : car les unes recherchent les fonds pierreux ou sablonneux et les eaux froides, vives ou courante ; les autres se plaisent sur les fonds limoneux ou vaseux et dans les eaux tranquilles, stagnantes ou dormantes. Toutefois, quelle que soit la nature du fond ou du terrain, l'influence prédominante parait être la température de l'eau, dans certaines limites de froid ou de chaud. Ainsi, par exemple, le Saumon franc ou commun, qui est très abondant dans les régions septentrionales, ne se rencontre pas dans les latitudes méridionales ; le Barbeau, au contraire, ne s'avance pas très loin dans les régions septentrionales ; il préfère les rivières tempérées et même celles des latitudes méridionales.

Les mœurs de certaines espèces de poissons d'eau douce présentent des particularités qui méritent d'être signalées.

On croit généralement qu'au moment de la ponte le

poisson ne prend aucun soin, soit pour déposer ses œufs,
soit pour les protéger. C'est là une grave erreur; car
toutes les espèces de poissons, sans en excepter une
seule, recherchent et explorent les endroits les plus

Frayère naturelle de la perche.

convenables pour recevoir leurs œufs; il en est même
quelques-unes qui font de *véritables nids.*

La *carpe,* au moment de la fraie, recherche les endroits retirés, les anses, les gares, les étangs et les marais où elle trouve une eau tranquille et douce que les
rayons solaires peuvent porter à une température tiède.
Les mâles et les femelles se réunissent en groupes nom-

breux et battent l'eau avec bruit ; au fur et à mesure que les œufs s'écoulent, les mâles les fécondent, en agitant et en battant l'eau ; le poisson empêche les œufs de s'agglomérer et les dissémine sur les corps environnants, notamment sur les végétaux aquatiques, où ils adhèrent immédiatement.

La *perche* commune ou de rivière (*Perca fluviatilis*) est le plus beau poisson des eaux douces de l'Europe ; on la trouve aussi dans une partie de l'Asie. Ce joli poisson aime les eaux claires et se réunit souvent en bandes nombreuses au milieu des plantes aquatiques ; il est très prolifique, car j'ai souvent compté plus de 250 000 œufs dans un individu de taille moyenne.

A l'époque de la ponte, vers le mois d'avril, la perche s'éloigne autant que possible des eaux courantes, recherche les rivages les plus tranquilles et garnis de plantes aquatiques ; elle préfère les canaux, les fossés, les anses à eaux stagnantes. Elle dépose ses œufs agglutinés en ruban rappelant une jolie guipure sur des corps solides, et enroule presque toujours le ruban autour des végétaux aquatiques ou de menues branches immergées. Sous l'influence de la chaleur, et notamment des rayons solaires, les nappes d'œufs qui, au moment de la ponte, sont d'un blanc verdâtre, prennent une couleur plus foncée, et bientôt l'on voit s'agiter les jeunes perchettes encore à l'état embryonnaire. La matière mucilagineuse, qui retient les œufs soudés les uns aux autres, ne tarde pas à se désagréger, et l'on voit nager en tous sens de jolis petits poissons à l'œil brillant et transparents comme du cristal.

En parlant de la perche, il importe de dire ici quelques mots d'un poisson de la même famille, qu'il se-

rait intéressant d'introduire dans les eaux douces de la
France.

Le *sandre* commun (*Perca lucioperca*) est la grande
perche des rivières de l'Allemagne. C'est un poisson
plus allongé que la perche commune, mais ne l'égalant

Sandre.

pas en beauté. On ne trouve le sandre ni en Angleterre,
ni en France, ni en Italie. Il atteint de fortes dimensions
dans les lacs de la Suède et les cours d'eau de la Prusse,
ainsi que dans le Danube et l'Oder, où il prend souvent
le poids de 10 kilogrammes. Il y est recherché pour les
qualités de sa chair. On ne peut que désirer voir intro-

duire ce beau et excellent poisson dans nos lacs et grands
cours d'eau, où son acclimatation, à en juger par les
essais que j'ai faits, ne peut présenter aucune difficulté.

POISSONS NIDIFICATEURS

I. La *truite*, ainsi que les Salmonides en général, fait
un véritable nid. Elle choisit un lit de gros graviers ou
de cailloux lavés par des eaux claires et vives : elle les
remue et les nettoie pour en faire sortir toutes les matières ténues, toutes les substances étrangères déposées
par l'eau; puis, au milieu de ces matériaux, elle *creuse
des trous* dans lesquels elle dépose ses œufs. Au fur et à
mesure de l'émission des œufs, le mâle, qui accompagne
toujours la femelle, les féconde. Ces poissons *recou-
vrent* ensuite le nid avec les matériaux déplacés et forment ainsi des tas ou monticules que l'on reconnaît au
premier coup d'œil.

II. Le *silure* d'Europe ou glanis (*Silurus glanis*) est le
plus grand des poissons d'eau douce de l'Europe, et
c'est en raison de sa taille et de sa gloutonnerie qu'on
le nomme, dans certaines contrées, la baleine ou le re-
quin des eaux douces. Il a la tête aussi large que la poitrine; sa gueule est arquée et occupe toute la largeur
du devant de la tête; ses mâchoires sont armées d'un
grand nombre de dents petites et recourbées, et, au fond
de cette gueule, se trouvent quatre os hérissés de dents
aiguës. On en a pêché en France, dans le Rhin et quelques-uns de ses affluents; en Suisse, en Russie et en
Allemagne, il est très abondant dans certains lacs et

quelques cours d'eau. Le glanis appartient au groupe des poissons *nidificateurs*. « Parmi les poissons de rivière, dit Aristote, le glanis mâle prend beaucoup de soin de sa progéniture. La femelle dépose ses œufs et s'en va; le mâle les surveille, les garde, chasse les poissons qui veulent les dévorer; il prolonge cette surveil-

Silure d'Europe.

lance pendant trente à quarante jours, jusqu'à ce que l'alevin soit devenu assez fort pour fuir ses ennemis. » Dans les grands fleuves, tels que le Volga et le Danube, ce poisson atteint souvent une taille de 5 mètres; on en a pêché un qui pesait 60 kilogrammes. Une organisation de cette nature rend le silure d'autant plus redoutable qu'il a des instincts très voraces; aussi, dans plusieurs localités on l'a fait disparaître des lacs et des grandes pièces d'eau, où il détruisait les meilleurs et les plus gros poissons. Ces inconvénients ne sont compensés ni par un accroissement rapide, ni par les qualités de la chair.

On a fait en France divers essais d'acclimatation de ce poisson. Les individus rapportés de Prusse par M. Valenciennes avaient été déposés dans l'un des bassins des eaux de Versailles; ils ne s'y sont pas reproduits, et ceux que j'ai revus en 1863 n'avaient pris, au bout de longues années, qu'un très faible accroissement. M. Coste en avait introduit quelques-uns de forte taille dans les lacs du bois de Boulogne; ils y ont tous péri, à l'exception d'un seul, du poids de 11 kilogrammes, qui a figuré, en 1861, à un dîner officiel, sur la table du préfet de la Seine. Les personnes qui en ont mangé m'ont dit que la chair de ce silure, d'un goût peu agréable, rappelait beaucoup celle du congre. En Suisse même, ce poisson ne jouit pas d'une grande estime; car, dans son travail sur les poissons du lac de Neuchâtel, M. Paul Vouga s'exprime ainsi : « Mais comme leur chair est grossière et d'un goût désagréable, les pêcheurs les laissent ordinairement bien tranquilles enfoncés dans leur vase, et ne les prennent que par hasard. » Néanmoins, l'établissement de pisciculture de la Société d'acclimatation de Londres a fait venir, dans ces dernières années, plusieurs jeunes silures provenant de Valachie. A ce sujet, le journal le *Builder* faisait remarquer que, d'après l'opinion d'une notoriété scientifique, le silure est le seul poisson qui mérite d'être introduit dans les eaux de l'Angleterre, particulièrement dans les lacs où la tourbe abonde, parce que son accroissement est rapide, et que sa chair est de bonne qualité. Je ne puis partager l'opi-

nion de cette notoriété scientifique; car, d'après tous
les faits que j'ai rapportés, l'introduction du glanis dans
les rivières et les lacs de l'Angleterre qui nourrissent
les meilleures espèces de poissons, le saumon et la
truite, aurait infailliblement les plus funestes conséquences; d'une part, le glanis, en raison de sa voracité,
absorberait une masse considérable d'excellents poissons pour ne laisser à la consommation qu'un produit
bien inférieur en quantité et surtout en qualité, et,
d'autre part, il deviendrait bientôt un obstacle très sé-
rieux à la propagation des bonnes espèces. Je rappellerai,
à cet égard, que la *lote*, que l'on peut assimiler à un silure de petite taille, a été introduite dans le lac de Genève,
où elle s'est propagée au point d'être devenue une des
plus puissantes causes de destruction de cette grande et
excellente truite connue sous le nom de truite du Léman. Ces circonstances appelleront sans doute l'attention
des acclimatateurs de Londres sur les inconvénients de
l'introduction du glanis dans les eaux anglaises et particulièrement dans les lacs peuplés de Salmonides. Ce
ne serait pas, en effet, faire une bonne acclimatation que
d'introduire dans les eaux des espèces nuisibles ou inférieures en qualité à celles qui y existent. Quand j'ai
émis cette opinion au sein de notre Société d'acclimatation de Paris, M. de Quatrefages a adhéré complètement
à ma manière de voir, et n'a pas hésité à déclarer que la
chair du silure était peu délicate et peu agréable au
goût. D'un autre côté, M. Sacc, l'un de nos plus zélés
acclimatateurs, a eu fréquemment l'occasion de reconnaître que ce poisson est détestable sous tous les rapports; enfin, d'après M. Martin de Mussy, qui a exploré
les embouchures des fleuves et des rivières d'Amérique,

où les silures sont très abondants, ces poissons ne sont mangés que par les classes les plus malheureuses de la population.

Le silure électrique habite les fleuves de l'intérieur de l'Afrique. (Voir *Poissons foudroyants*.)

III. Les *épinoches* doivent leur nom aux épines dont leur corps est armé. Elles sont communes dans les eaux claires et courantes des ruisseaux et des petites rivières où des herbes aquatiques se développent en abondance. Ces petits poissons vivent ordinairement par troupes, et forment souvent de longues colonnes.

Les épinochettes sont plus petites encore et plus effilées. Leur abondance dans nos eaux douces a permis d'étudier leurs mœurs, et particulièrement leur nidification. Vers le mois de mai ou les premiers jours de juin, le mâle change de couleurs et prend un éclat tout particulier. Les parties du corps qui sont habituellement pâles et presque ternes deviennent d'un bleu vif ou d'un rouge cramoisi; c'est un *prétendu* qui revêt son habit de noce. Il choisit alors un endroit à sa convenance, et s'y installe; puis il va chercher des brins d'herbe ou de racines très ténues pour en former, entre les tiges ou les branches d'une plante de son habitation, une boule dont il a englué et entrelacé toutes les parties, et dans laquelle il pénètre par le milieu en la traversant de part en part pour y pratiquer deux ouvertures; il approprie ensuite très confortablement l'intérieur de cette espèce de manchon à l'aide des mouvements de son museau, du jeu de ses épines et du frottement de son corps. Ce manchon, c'est le *nid*. Dans l'arrangement de cette charmante couchette, le mâle a l'attention délicate de n'introduire que des brins très souples et particuliè-

rement les fibres les plus déliés des conferves, afin de
la rendre plus soyeuse et plus moelleuse. Ces prépara-
tifs terminés, l'heureux propriétaire exalte encore la richesse et la vivacité des couleurs de sa parure, et se met
à la recherche d'une *compagne*. Il se rend alors au milieu
d'un groupe de femelles, et fixe son choix sur l'une de

Épinochette et son nid.

celles qui paraissent être disposées à pondre. Pendant
plusieurs jours consécutifs, il ramène au nid la femelle
qui y complète sa ponte, ou bien va chercher d'autres
femelles dont les œufs réunis forment une masse assez
considérable; il a soin de féconder les œufs au fur et
à mesure de chaque ponte. Quand la couchette lui paraît

15

suffisamment garnie, il s'établit en sentinelle vigilante
à l'entrée de l'une des portes, après avoir eu le soin de
fermer l'autre; cette précaution est nécessaire, car,
seul, il ne pourrait garder deux portes ouvertes, et re-
pousser les ennemis du dehors qui se présentent pour
entrer dans le nid et dévorer les œufs. Aussi dévoué à
sa progéniture qu'il était tout à l'heure empressé auprès
de ses femelles, ce riche pacha reste seul, absolument
seul, pour garder le précieux dépôt. Les femelles, après
la ponte, reprennent leurs ébats et vont folâtrer dans
toutes les directions. L'épinochette, qui ne devient pacha
que par nécessité, et momentanément, est en réalité un
bon père de famille qui reste chez lui, qui berce les enfants, qui leur donne au besoin le biberon, pendant
que madame va se promener et folâtrer au dehors.
Dans cette surveillance active et incessante, il ne se
borne pas, en effet, à garder les œufs, il en favorise encore l'incubation et l'éclosion par des courants qu'il
provoque en agitant ses nageoires, à l'entrée du nid,
pour renouveler l'eau à l'intérieur. Au bout d'une douzaine de jours l'éclosion commence, et les jeunes épinochettes sortent du nid en nuées aussi nombreuses que
celles de ces insectes éphémères à peine saisissables à
l'œil; elles semblent être faites de cristal, et être soutenues au milieu de l'eau par un léger ballon diaphane.
L'heureux père paraît content et satisfait, mais il est
trop inquiet pour jouir d'un bonheur complet. Ses enfants, en effet, ont comme tous les jeunes poissons sortant de l'œuf une énorme poche ou vésicule appendue
au ventre : c'est leur sac nourricier pendant leur premier
âge. Mais ce sac, pourvu d'abondantes provisions, est
lourd et ne laisse pas aux nouveau-nés qui le portent

assez d'agilité pour échapper à la poursuite des insectes carnassiers. Aussi le bon père surveille-t-il tous leurs mouvements avec la plus tendre sollicitude ; il ne les perd pas de vue un instant et les ramène près du nid quand ils s'en éloignent. Jeunes gens qui lisez ces lignes, n'oubliez jamais le nid de l'épinochette ; il vous rappellera que la jeunesse est entourée de périls et de dangers, et que pour les éviter il ne faut pas trop tôt s'éloigner de la maison paternelle ou s'affranchir de la tutelle d'un bon père.

Les épinoches ne suspendent pas leurs nids aux branches des plantes aquatiques ; elles les établissent sur le fond même de l'eau. Après avoir creusé dans la vase une petite cavité, le mâle y apporte des brins d'herbes aquatiques dont il forme une sorte de tapis. Mais comme ces matériaux pourraient être entraînés par les courants, il a la prévoyance de les fixer par une couche de sable dont il a rempli sa bouche ; puis, pour donner aux fondations une certaine cohésion, il les presse du poids de son corps et les enduit d'un mucus qui suinte de sa peau. D'ailleurs, pour s'assurer de la solidité de ces fondations, il agite rapidement ses nageoires pectorales et produit des courants qu'il dirige contre le nid. S'il s'aperçoit que les matériaux présentent peu de résistance, il les tasse avec son museau, les aplanit et les englue de noûveau. Il va chercher ensuite des matériaux plus solides, telles que racines, pailles, etc., qu'il fiche dans l'épaisseur ou à la surface de la première construction. Il les pose dans le sens longitudinal de manière que l'une de leurs extrémités correspondra plus tard à l'entrée, et l'autre à la sortie de son domicile. Après avoir formé le plancher et les parois latérales, il s'occupe de la toiture, qu'il construit avec les mêmes matériaux et à l'aide des mêmes manœuvres. Il a soin d'y réserver une ouverture bien circonscrite dont le bord est artistement englué et uni. Ainsi construit, le nid de l'épinoche forme une voûte arrondie de 10 centimètres environ de diamètre. Mais il ne reste pas longtemps muni d'une seule ouverture. Le mâle ou la femelle en fait bientôt une seconde, en traversant le nid de part en part,

IV. Le gourami (*Osphromenus olfax*) est un poisson d'eau douce originaire de la Cochinchine, d'où il a été importé successivement à Penang, à Malacca, aux îles Maurice et de la Réunion, à Cayenne, au cap de Bonne-Espérance et en Australie. La nature l'a pourvu d'un appareil labyrinthiforme. Cet organe, comme chez tous les poissons de la famille des labyrinthides, peut contenir une certaine quantité d'eau suffisante pour humecter les branchies intérieures, et leur permettre d'aérer le sang et de maintenir la respiration du poisson lorsqu'il se trouve en dehors de son élément naturel. Les poissons de cette famille peuvent, par suite de cette conformation particulière, *sortir de l'eau*, parcourir une petite distance, et même, dit-on, avec l'aide des épines de leurs nageoires et des opercules, *sauter sur les arbustes voisins*, dans le but d'y chasser des insectes ou d'y boire l'eau qui se trouve dans le repli de quelques feuilles.

Le gourami est un des poissons les plus exquis des Indes, où il est servi sur les tables les plus opulentes et les plus somptueuses. Il peut atteindre des dimensions considérables; dans sa patrie d'origine, on en a vu qui mesuraient plus de 2 mètres de longueur et qui pesaient plus de 20 kilogrammes.

En Cochinchine, on le trouve communément dans les fleuves, les lacs et les étangs; mais il réussit aussi bien dans les eaux un peu fangeuses que dans les eaux claires. On a remarqué, toutefois, que les eaux qui lui conviennent le mieux sont celles qui, tout en étant stagnantes, contiennent des plantes aquatiques et dont les bas-fonds recèlent des retraites ou abris. On peut admettre, en général, que dans les localités où vit et prospère ce poisson, la température moyenne annuelle varie de 24 à 27 degrés, la température moyenne d'été de 26 à 30 degrés, la température moyenne d'hiver de 21 à 26 degrés, avec une variation moyenne de 7 à 8 degrés.

Le gourami est essentiellement *herbivore*, ainsi que l'indique la longueur extraordinaire de son intestin. Dans les Indes, il se nourrit de préférence des plantes de la famille des aroïdées, telles que les *Caladium esculentum, violaceum, pictum;* les *Arum campanulatum, cordifolium, macrorrhizum*, qui croissent dans les eaux de ces contrées et dont il sait habilement saisir les feuilles, même à une petite distance du rivage. Outre ces plantes, il mange avec plaisir des choux, des laitues, des feuilles de navet, de betteraves, du riz cuit, du maïs. des patates, des carottes, enfin un grand nombre d'autres substances végétales et farineuses. Mais il dévore aussi avec avidité des vers, des insectes, des grenouilles et même des petits poissons.

A l'époque de la ponte, le mâle et la femelle se mettent à la recherche d'une place convenable pour y *construire un nid*. Ils choisissent un endroit contenant des plantes et de la boue pour faire ce nid, et des herbes aquatiques pour la nourriture de leur famille.

On trouve les nids tantôt dans un coin du vivier, tantôt

sur les plantes du rivage, ou bien au milieu de celles
qui couvrent la surface de l'eau. La forme est sphérique
et la longueur de 14 centimètres environ ; les matériaux
qui entrent dans leur composition sont de la boue et
des plantes fluviales, parmi lesquelles le poisson paraît

Gourami.

préférer le *Panicum jumentorum*. Le travail est fait par
le mâle et la femelle, et terminé en cinq ou six jours.
Le nid achevé, la femelle y dépose de 800 à 1 000 œufs.
Pendant l'incubation, les parents veillent attentivement
sur ce berceau. Les jeunes restent dans le nid où ils
trouvent un abri contre les dangers qui menacent le
premier âge des poissons, et une nourriture qui con-

vient à leur délicate constitution et que leur procurent les herbes macérées du nid. Ils essayent ensuite leurs forces sous la protection de leur mère, en utilisant deux appendices qui existent à la partie antérieure de leur ventre et qui, faisant fonctions de balanciers, leur permettent de conserver l'équilibre.

L'île de France ou de Maurice est l'une des premières localités où fut importé le gourami, en 1761, par des officiers de la marine royale. Il y fut d'abord élevé dans des viviers d'où un certain nombre d'individus s'échappèrent et gagnèrent les étangs et les fleuves de l'île, où ils vivent actuellement en pleine liberté. C'est vers 1795 qu'on l'introduisait à l'île française de Bourbon ou de la Réunion, dans des viviers du littoral où il se développa et se propagea parfaitement. Ce poisson, complètement naturalisé aujourd'hui, est devenu un véritable bienfait pour la population. Les fleuves de Sainte-Suzanne, de Saint-Jean et de Saint-Benoît en contiennent un grand nombre qui ont des dimensions colossales. L'unique propriété de quelques créoles de la vallée consiste en un vivier de gouramis. Le long du littoral de Saint-Paul, chaque famille riche possède aussi un vivier.

En prenant des dispositions convenables, on arrivera certainement à introduire et à acclimater ce précieux poisson en France et dans les régions tempérées de l'Europe. Déjà M. Carbonnier a réussi à en faire arriver un certain nombre à Paris même, où il les élève dans un aquarium.

V. Le macropode paradisier (*Macropodus venustus*). La Chine est le pays des merveilles. Dans ces dernières années, on a fait de nombreuses tentatives pour introduire en France plusieurs espèces de ces utiles et jolis

poissons qui vivent à l'état sauvage ou à l'état domestique, dans cet immense empire où ils sont recherchés,
les uns comme poissons comestibles, les autres comme
poissons de luxe. Ces tentatives n'ont pas été absolument
infructueuses; car on est parvenu à en importer un certain nombre jusqu'à Paris même; et, il y a quelques
années, l'arrivée d'un pêcheur chinois avec une cargai-
son de petits poissons eut un grand retentissement. Que
sont-ils devenus? Ils étaient destinés au Jardin d'acclimatation du bois de Boulogne; mais ils restèrent entre
les mains de M. le professeur Coste. Pauvres petits poissons dont on espérait tant de merveilles, ils ont eu le
même sort que les saumons et les huîtres du savant professeur; les prodiges accomplis n'existent que sur le
papier[1]! Cette fois, du moins, les nouveaux venus confiés aux soins d'un bon praticien, M. Carbonnier, se portent parfaitement et se sont même *reproduits*.

Au mois de juillet 1869, M. Simon, consul de France
à Ning-Pô, arrivait à Paris, rapportant de ces lointaines
contrées un certain nombre de poissons vivants, presque
inconnus de nos naturalistes. Ils appartiennent tous au
même genre, celui des *macropodes*, et présentent, à l'âge
adulte, une longueur de 7 à 8 centimètres. Dans la matinée du 21 juillet, le mâle qui paraissait le plus vigoureux fut placé, avec une femelle, dans un aquarium,
contenant environ 48 litres d'eau avec sable fin et touffes
de plantes aquatiques. La température de l'eau s'élevait
à 22 degrés centigrades. Au bout de dix minutes environ, le mâle après avoir exploré son nouveau domicile,
vint se placer contre la face transparente, tout à fait à

---

1. *La culture de l'eau*, par C. Millet.

Macropode paradisier.

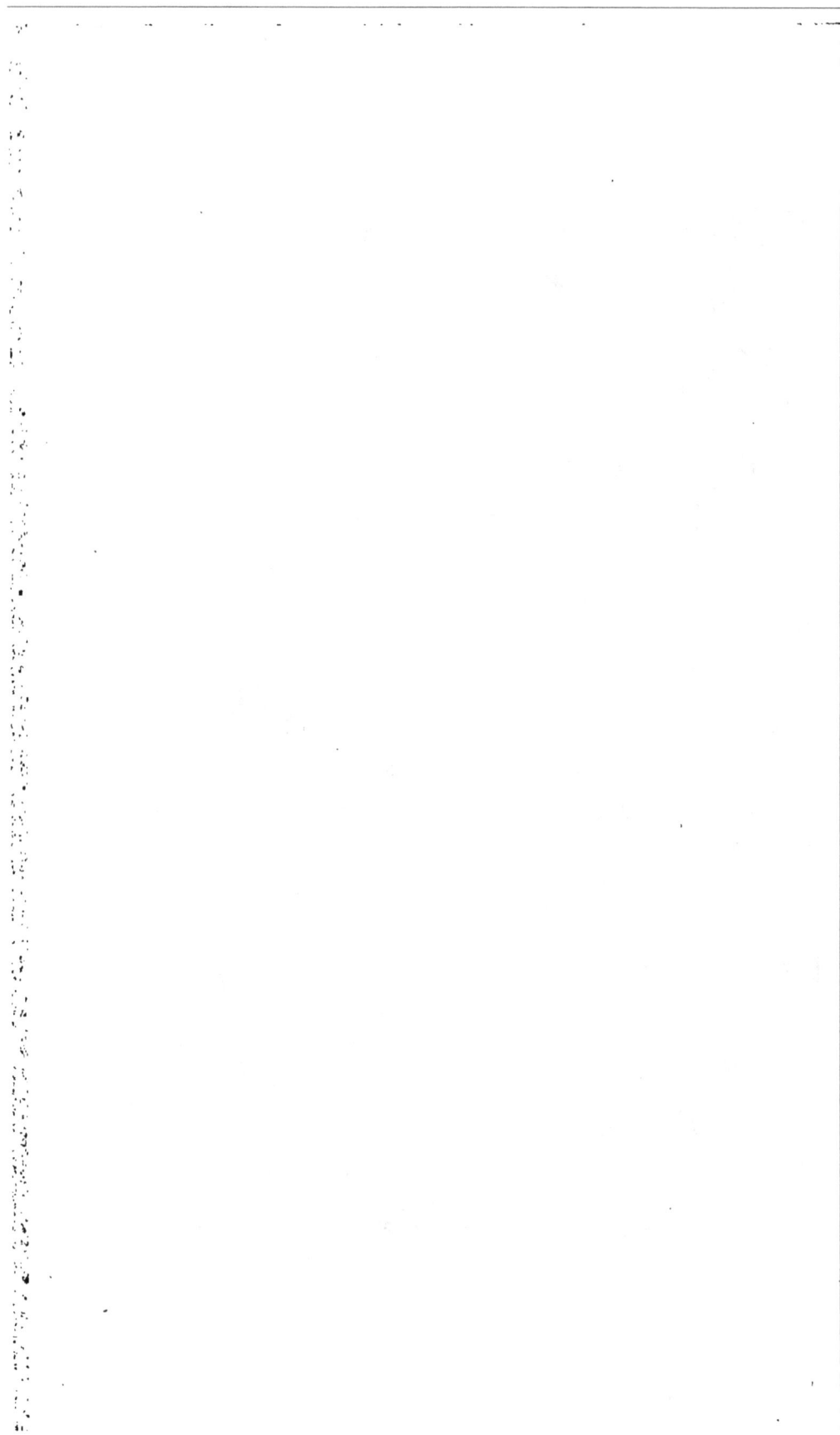

la surface de l'eau; et là, aspirant puis expulsant des bulles d'air, il forma une sorte de plafond d'écume flottante, d'abord d'un diamètre de 5 centimètres, puis d'une surface d'un décimètre carré, qui se maintint sur l'eau sans doute à la faveur d'une matière mucilagineuse que la bouche de plusieurs espèces de poissons, telles que les épinoches, sécrète à l'époque de la fraie. Chaque bulle d'air, après avoir roulé dans la bouche du mâle, devenait ainsi un petit ballon recouvert d'un enduit imperméable. Bientôt, la femelle s'étant rapprochée du mâle, on vit ce dernier développer ses nageoires et arquer son corps; puis la femelle, qui se tenait verticalement la tête à fleur d'eau, vint en oscillant placer la partie inférieure de son corps dans le demi-cercle formé par le mâle; celui-ci, ployant et contractant ses longues nageoires, l'appliqua contre l'un de ses flancs, et pendant une demi-minute au moins, fit d'évidents efforts pour la renverser. Rien de plus gracieux que les mouvements de ces jolis poissons revêtus de leur parure de noces, et se laissant tomber de la surface de l'eau à 15 ou 20 centimètres de profondeur, puis continuant les mêmes manœuvres et les renouvelant toutes les dix minutes environ, depuis onze heures du matin jusqu'à trois heures du soir. Pendant les intervalles, le mâle ne cessait de travailler à son plafond d'écume, et lui donnait, sur un décimètre carré, un centimètre d'épaisseur au centre.

Dans la matinée et la première partie de l'après-midi du 21 juillet, les rapprochements successifs du mâle et de la femelle hâtèrent vraisemblablement la ponte. Le rapprochement commence à la surface de l'eau, s'accomplit vers le milieu, et se termine avant que les poissons aient atteint le fond; ceux-ci alors se séparent, et les œufs flottent çà et là abandonnés à eux-mêmes; mais bientôt le *mâle les recueille dans sa bouche*, et, bien loin de les dévorer, *va soigneusement les déposer dans le plafond d'écume ou de bulles d'air*, qui devient ainsi une véritable frayère.

Jusqu'à sept heures du soir, on vit à diverses reprises se reproduire les mêmes faits. Alors le mâle chassa sa femelle; celle-ci, pâle et décolorée, se réfugia dans un coin de l'aquarium où elle resta immobile; le mâle se chargea seul des soins nécessaires à la bonne incubation des œufs; on le voyait reconstituant le plafond d'écume dès qu'une lacune s'y produisait, prenant dans sa bouche quelques œufs là où ils étaient agglomérés en trop grand nombre, pour les déposer sur un point inoccupé, donnant un coup de tête dans les parties où la couche d'écume lui semblait trop serrée, pour en éparpiller le contenu; enfin, remplissant tous les vides en y projetant de nouvelles bulles d'air. Il travailla ainsi pendant dix jours consécutifs, sans prendre de repos, pas même de nourriture.

Au bout de soixante à soixante-cinq heures, l'éclosion commence. Immédiatement après l'éclosion, l'embryon a l'aspect d'un têtard. La partie postérieure est complètement dégagée; mais la tête et la vésicule ombilicale restent enfermés dans la coque de l'œuf; elles ne s'en débarrassent que vers le troisième jour; au bout d'une huitaine de jours, la vésicule est résorbée, et le petit animal a la forme d'un poisson.

Pendant toute cette période de transformation, le mâle veille sur sa progéniture avec la plus tendre sollicitude. Si quelques-uns de ces jeunes s'échappent du plafond d'écume, il va à leur recherche, les happe avec la bouche et les rapporte dans le nid; on le voit ainsi en recueillir une dizaine dans une seule chasse. Enfin, les échappées deviennent assez nombreuses et assez fréquentes pour lasser sa patience et lui faire comprendre que sa tutelle est désormais inutile; il abandonne alors sa progéniture à elle-même.

Ce mode d'incubation des œufs dans une écume flottante à la surface de l'eau, mode qui est vraisemblablement commun à plusieurs autres espèces de poissons de la Chine, est très intéressant au point de vue de l'histoire naturelle; il donne, d'ailleurs, l'explication d'un fait relaté anciennement par les voyageurs qui ont pu pénétrer en Chine, mais qui avait trouvé bon nombre d'incrédules, sur la manière de récolter une très grande quantité d'œufs fécondés, en *barrant les cours d'eau avec des claies et des nattes.* Le Père Jean-Baptiste Duhalde. jésuite, est le premier auteur français qui ait fait connaître la manière dont s'opère cette récolte. Voici son récit :

« Dans le grand fleuve Yang-tse-kiang, non loin de la ville Kieou-kin-fou, de la province de Kiang-si, en certains temps de l'année il s'assemble un nombre prodigieux de barques pour y acheter des *semences de poissons.* Vers le mois de mai, les gens du pays *barrent le fleuve en différents endroits avec des nattes et des claies* dans une étendue d'environ neuf ou dix lieues, et laissent seulement autant d'espace qu'il en faut pour le passage des barques. *La semence du poisson s'arrête à ces claies;* ils savent la distinguer à l'œil où d'autres personnes n'aperçoivent rien dans l'eau; ils puisent de cette eau mêlée de semences et en remplissent plusieurs vases pour les vendre; ce qui fait que, dans ce temps-là, quantité de marchands viennent avec des barques pour l'acheter et la transporter dans diverses provinces, en ayant soin de l'agiter de temps en temps. Ils se relèvent les uns les autres pour cette opération. Cette eau se vend à tous ceux qui ont des viviers et des étangs domestiques. Au bout de quelques jours on aperçoit, dans l'eau, des semences semblables à des petits tas d'œufs de poissons, sans qu'on puisse encore démêler quelle est leur espèce; ce n'est qu'avec le temps qu'on la distingue. Le gain va souvent au centuple de la dépense; car le peuple se nourrit en grande partie de poisson. » (*Histoire de l'empire de la Chine*, 1755, tome 1er, page 35.)

Le *Macropode paradisier* n'est pas destiné à augmenter le nombre de nos espèces comestibles; mais il sera sans aucun doute très recherché pour orner les aquariums. Toutefois les résultats obtenus permettent d'espérer que l'on introduira prochainement en France une ou plusieurs des espèces de poissons qui entrent, en proportion notable, dans l'alimentation du peuple chinois

## FÉCONDATION ARTIFICIELL

Abandonnés à eux-mêmes, soit dans les eaux libres, soit dans les eaux captives, les poissons ne sont pas toujours placés dans des conditions favorables à la reproduction. Par suite, en effet, des variations survenues soit dans l'état de l'atmosphère, soit dans le régime des eaux, la fraie ne s'effectue pas dans de bonnes con-

ditions. Quelquefois aussi le cours des rivières, modifié
par la main de l'homme, et les obstacles créés par son
industrie, ne permettent pas à certaines espèces de poissons d'établir leurs frayères dans des stations convenables; alors le poisson ne fraye pas, ou bien la fraie
est perdue.

Fécondation artificielle (œufs libres)

C'est pour parer à ces chances d'insuccès que l'on a
eu recours à la *fécondation artificielle*. Les premiers
essais connus remontent à une époque déjà éloignée. Ce
mode d'opération consiste à récolter les œufs et la laitance en bon état de maturité; et à mettre les œufs en
contact avec la laitance de manière à les féconder.

Les poissons, selon les espèces, donnent les uns,

comme la truite et le saumon, des œufs *libres* et non adhérents, et les autres, comme la carpe et le barbeau, des œufs qui se *collent* ou *s'attachent* immédiatement, après leur expulsion, contre les objets environnants.

Pour les poissons à œufs libres, on prend un vase bien propre dans lequel on verse de l'eau claire et froide.

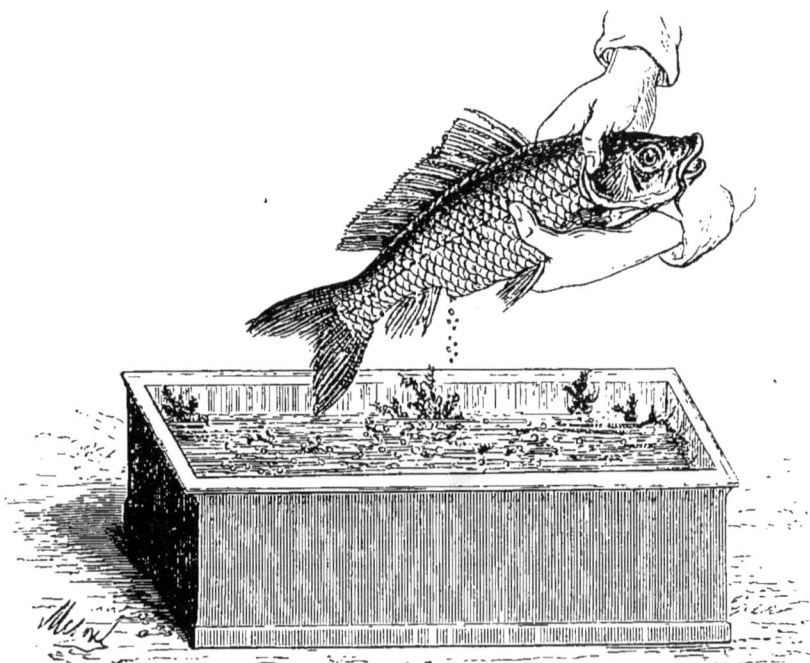

Fécondation artificielle (œufs adhérents).

Pour la truite et le saumon, l'eau doit avoir une température de 3 à 10 degrés. On saisit la femelle et on la tient aussi près que possible de la surface de l'eau. Si les œufs, par l'effet d'une contraction quelconque, ne s'écoulent pas naturellement, on en facilite la sortie en pressant légèrement le ventre, de la tête vers la queue,

ou en arquant faiblement le corps du poisson. Quand on
retire la femelle de l'eau, on prend en même temps le
mâle, et, au fur et à mesure de l'écoulement des œufs
ou immédiatement après cet écoulement, on les arrose
avec quelques gouttes de laitance que l'on obtient en
pressant avec la main le ventre du mâle. On agite dou-
cement l'eau afin que tous les œufs soient mis en contact avec les particules fécondantes. On fait ensuite
écouler cette eau, et on place les œufs dans des appareils d'éclosion, ou bien on les met dans l'eau d'un ruisseau en les semant dans les interstices de cailloux ou
de gros graviers, et en les recouvrant ensuite comme
font les Salmonides.

Pour les poissons à œufs adhérents, on introduit dans
le vase à fécondation soit des plantes aquatiques, soit
des brindilles de végétaux, soit des cailloux ou du gravier, selon les espèces; on opère comme précédemment, en ayant la précaution d'agiter l'eau de manière
que les œufs en tombant ne forment pas d'agglomérations.

## FRAYÈRES ARTIFICIELLES

La méthode de la fécondation artificielle comporte des
opérations assez délicates, et exige même une certaine
habileté de manipulation, Il ne faut pas, d'ailleurs, perdre de vue que les insuccès sont presque toujours à redouter quand la main de l'homme agit sur la matière
organisée. Aussi, dans les opérations relatives à la culture de l'eau, doit-on, pour en assurer le succès, se rap-

procher autant que possible des faits naturels. C'est dans cet ordre d'idées que j'ai recherché les moyens d'obtenir de meilleurs résultats de fécondation et d'éclosion en me rapprochant encore davantage des conditions naturelles de la fraie, de manière à rendre les opérations plus simples, plus économiques et plus sûres.

Les *frayères Artificielles* paraissent réunir ces précieux avantages; dans leur organisation, il faut prendre pour modèles les frayères naturelles, et se conformer aussi exactement que possible aux mœurs et aux habitudes des diverses espèces de poissons à l'époque de la ponte. Voici, du reste, les dispositions à prendre :

1° *Truites, Saumons*, etc. — On choisit des pièces d'eau ou des rigoles alimentées soit par des sources, soit par des bras de rivières ou des ruisseaux dans lesquels l'eau ne gèle pas, reste claire, vive et courante, et se maintient en hiver à peu près au même niveau. Si le lit est garni de graviers ou de cailloux, on utilise ces matériaux sur place; on se borne alors à les remuer avec une pelle ou un râteau pour en former, sous l'eau, des tas, des monticules ou de petites digues en pente douce.

Il est essentiel de bien approprier les matériaux pour les débarrasser de toutes matières étrangères. En les remuant avec un râteau à quelques centimètres de profondeur, on arrive facilement à les nettoyer complètement : car le courant entraîne immédiatement toutes les matières les plus ténues et les plus légères. Il faut surtout que la frayère ne présente pas de ces végétations aquatiques, de ces espèces de mousses ou de conferves qui tapissent quelquefois la surface des pierres et des cailloux. On ménagera, à proximité des frayères, quel-

ques trous ou cavités sous les berges, des touffes de plantes aquatiques, des bois ou des fascines, des planches
immergées, etc., sous lesquels le poisson aime à se réfugier et à se reposer. Toutes ces dispositions ont pour
but d'attirer et de retenir le poisson sur les points que

Frayères artificielles pour Cyprinides et Salmonides

l'on a choisis; l'appropriation des frayères a, d'ailleurs,
pour objet d'épargner au poisson un travail souvent long
et pénible dans le nettoyage des matériaux.

Si le fond ne présente pas de graviers ou de cailloux,
s'il est, par exemple, formé de terre, vase, etc., on y
introduit du gros gravier, des cailloux ou des pierres

ayant, en général, la grosseur d'une noisette à celle
d'un œuf de pigeon : quelques brouettées suffisent pour
former plusieurs frayères. La nature des matériaux est
à peu près indifférente (silex, granits, grès, calcaires) ;
cependant on devra donner la préférence aux cailloux
d'alluvion et généralement aux matériaux dont les arêtes
sont émoussées ou arrondies par érosion, parce que les
angles trop aigus et les arêtes trop vives blessent et fa-
tiguent le poisson quand il creuse les trous et quand il
les recouvre. Ces cailloux offrent d'ailleurs, dans leur
superposition, des intervalles et des vides qui présentent de bonnes conditions pour l'incubation et l'éclosion des œufs, et pour le développement des jeunes
poissons dans le premier âge.

L'établissement des frayères artificielles a, parmi
beaucoup d'autres avantages, celui de retenir les truites
et les saumons dans les cours d'eau ou à proximité des
cours d'eau que l'on veut repeupler. Ce résultat est
très important pour les fermiers, les riverains et les
propriétaires, qui sont exposés à voir chaque année, à
l'époque de la ponte, les poissons des eaux dont ils ont
la jouissance se diriger dans les affluents ou autres
lieux, et aller frayer sur des points quelquefois assez
éloignés, où ils sont pêchés soit par les riverains de ces
localités, soit par les braconniers. Ces frayères ont aussi
l'avantage d'assurer la reproduction dans des rivières
et, en général, dans des eaux où la fraie naturelle était
impossible. Il faut avoir le soin, et c'est là une règle générale, d'organiser les frayères quelques semaines *avant
l'époque habituelle des pontes*, et de les nettoyer au râteau avant que le poisson commence à les explorer. On
peut les établir à des profondeurs très variables, soit à

quelques décimètres, soit à plusieurs mètres sous l'eau ; mais il faut toujours avoir la précaution de les placer hors de l'atteinte des canards, des oies, des cygnes et, en général, des oiseaux aquatiques.

2° *Carpe, brême, tanche, etc.* — On dispose les frayères dans une eau tranquille et douce que les rayons solaires peuvent porter à une température tiède. Les bassins ou réservoirs doivent être en cuvette ; et les bords en pente douce doivent être garnis çà et là de plantes aquatiques, notamment d'herbes fines, déliées, mais à tiges résistantes. On peut établir des *frayères mobiles* formées de clayonnage, de fascines, de bottes de joncs, de balais de bouleau ou de bruyères, etc., que l'on pose sur les bords en plans peu inclinés. On les tient enfoncés dans l'eau à l'aide de pierres ou de gros gazons, et on les retient au rivage à l'aide de piquets. On se sert aussi avec avantage, notamment pour la *brême* et le *gardon*, d'une cage ou caisse à claire-voie dans laquelle on renferme les poissons mâles et femelles avant la ponte, après y avoir placé des ramilles. Quand la ponte est terminée, on fait sortir les poissons reproducteurs en ouvrant un des côtés de la cage, et on conserve, à l'abri de leurs ennemis, les œufs fécondés qui couvrent les ramilles, ou bien on les enlève pour aller les déposer dans d'autres eaux.

3° *Perche.* — Dans les étangs, les lacs et les cours d'eau, on peut récolter des œufs de Perche sur des fagots ou fascines plongés dans l'eau, soit à quelques centimètres de la surface, soit à de plus grandes profondeurs. Il suffit souvent de piquer sur les rives, à une profondeur de quelques décimètres, des branches garnies de légers rameaux. On recueille facilement les œufs ;

car il suffit de soulever les rubans avec un bâton ou une petite fourche, et de les dégager du point où ils sont déposés. Mais il ne faut pas attendre que la période d'incubation soit trop avancée, car alors les rubans d'œufs se désagrègent au moindre contact. Par ces moyens, on ne peut aisément déplacer et transporter les œufs fécondés; on peut aussi les détruire ou en diminuer le nombre dans les eaux où la trop grande multiplication de la Perche serait préjudiciable; car ce poisson est très vorace.

## TRANSPORT DU POISSON VIVANT

On a souvent besoin, dans un grand nombre de circonstances, de transporter le poisson en vie, par exemple pour l'empoissonnement de certaines eaux, pour l'approvisionnement des marchés, et pour faciliter parfois l'application de la méthode de la fécondation artificielle.

On sait que l'air tenu en dissolution dans l'eau sert seul à la respiration des poissons, et qu'une eau aérée est, par conséquent, indispensable pour entretenir leur vie. C'est un fait acquis depuis longtemps à la science et à la pratique. D'ailleurs, les expériences que j'ai répétées, pendant plusieurs années, soit sur l'incubation des œufs, soit sur les exigences de vitalité des diverses espèces de poissons, ne laissent à cet égard aucune incertitude.

L'air dissous dans l'eau n'y existe qu'en très petite quantité; car la proportion ne dépasse jamais le

27 millièmes du volume de l'eau douce ; il en résulte qu'un litre d'eau douce *saturée d'air* n'en contient que 27 millilitres ou centimètres cubes. Cette quantité d'air est promptement absorbée par les poissons, surtout par les espèces dont la respiration est très active, telles que les truites, les saumons, etc.

Dans les appareils immergés, l'eau suffit, en général, à la respiration du poisson tenu en captivité, parce qu'elle se renouvelle d'une manière incessante. Il n'en est plus de même pour les appareils placés hors de l'eau, et pour ceux qui servent sur terre au transport des poissons vivants. Pour y tenir ces animaux en bon état et pour satisfaire aux exigences de leur respiration, on est obligé d'agiter l'eau, de la battre et de la fouetter, et souvent même de changer ou de renouveler fréquemment l'eau pour certaines espèces à respiration très active. Ces moyens étant, pour de grandes distances, souvent impraticables et parfois même inefficaces, on renonçait généralement à transporter des poissons vivants. Il n'est pas sans intérêt dès lors d'indiquer ici les essais que j'ai faits pour vaincre ces difficultés.

A une époque déjà fort éloignée, j'ai introduit des saumoneaux et des truitelles dans des eaux où ces espèces de poissons n'existaient pas, et j'ai eu souvent besoin, pour mes travaux de fécondation artificielle, de transporter à des distances considérables ou de retenir captifs, pendant plusieurs heures, des truites, des saumons, en parfait état de vitalité.

En réfléchissant au mode de respiration des poissons et aux conditions de dissolution de l'air dans l'eau, j'ai été tout naturellement amené à chercher à remplacer l'air au fur et à mesure qu'il était absorbé, et à en satu-

rer l'eau autant que possible. J'ai alors eu l'idée d'*injecter* ou même d'*insuffler l'air* dans l'eau au moyen d'un
soufflet à vent. L'appareil réduit à sa plus simple expression, tel du reste qu'il a figuré à l'Exposition universelle
de 1855, au concours universel agricole de 1856, etc.,
consiste en un soufflet ordinaire au bout duquel on
adapte un tube ou un petit tuyau dont l'extrémité
plonge au fond du vase servant au transport des poissons. Il suffit alors de faire mouvoir, de temps à au-

Transport du poisson vivant (emploi d'un soufflet).

tre, le soufflet pour injecter dans l'eau l'air nécessaire
aux exigences de la respiration des diverses espèces de
poissons. Dans la pratique, pour ne point tourmenter le
poisson et pour diviser l'air autant que possible, on
adapte à l'extrémité du tuyau insufflant, soit un autre
tuyau roulé en spirale et percé d'un grand nombre de
petits trous, soit une espèce de pomme d'arrosoir, ou
une boîte criblée de petits trous. Si le transport s'effectue à l'aide de plusieurs cuves ou tonneaux, on établit
un tuyau principal qui, par des raccords, distribue l'air
insufflé dans chaque compartiment. Pour le transport

d'une grande quantité de poissons qui nécessite l'emploi d'un grand nombre de cuves ou tonneaux, je me suis servi avec succès d'une pompe qui prend l'eau dans le dernier tonneau, et la rejette, par une pomme d'arrosoir, dans le premier de la série; les tonneaux sont mis en rapport entre eux à l'aide de petits tuyaux placés à la partie inférieure ou à l'aide de siphons.

Je me suis servi de ces moyens de transport, avec un

Transport du poisson vivant (emploi d'une pompe).

plein succès, dans un grand nombre de circonstances; et l'application en a été faite sur une grande échelle par plusieurs personnes pour le transport soit des poissons d'eau douce, soit des poissons de mer. C'est, du reste, à l'aide de ces moyens que j'ai pu faire arriver à Paris les poissons vivants de la famille des Salmonides qui ont figuré dans mes appareils, soit à l'Exposition universelle de l'Industrie en 1855, soit au concours universel agricole de 1856. J'en ai, d'ailleurs, fait l'objet d'une notice spéciale lue, d'une part, dans la séance du 9 juillet 1856 de la Société centrale d'Agriculture de France, notice insérée par extrait dans le tome XI, 2ᵉ série du Bulletin de cette société, et, d'autre part, dans la séance du même jour de la Société d'encouragement pour l'Industrie nationale ; ma communicaïion a été insérée, par extrait, dans le Bulletin du mois d'octobre 1856.

Ce principe d'aération de l'eau a reçu, depuis cette époque, de nombreuses applications pratiques, et a même été l'objet de *brevets d'invention* pris par diverses personnes.

### RÉSERVES POUR LA REPRODUCTION DU POISSON

On s'occupe, depuis longtemps et particulièrement depuis une vingtaine d'années, des moyens de rempoissonner les cours d'eau et les canaux. On a cru avoir trouvé des moyens dans l'emploi de la *fécondation artificielle* des œufs de poisson ; et, pour bon nombre de personnes, la culture de l'eau se résumait en entier dans la pratique de cette méthode. Dès l'année 1854 j'ai nettement exprimé mon opinion à cet égard ; voici ce que je disais : « La pisciculture, ainsi que l'indique son nom, a pour objet la culture ou l'élevage du poisson. Dans ces derniers temps, on a cru généralement que la pisciculture consiste uniquement à féconder artificiellement des œufs de poisson ; c'est une erreur. La *fécondation artificielle*, au lieu d'être une partie essentielle de la pisciculture, n'en est au contraire qu'un accessoire assez restreint ; car, dans ses applicatiɔns pratiques, on ne peut l'utiliser que pour un certain nombre d'espèces de pois-

sons; et, pour ces espèces mêmes, elle donne généralement des résultats moins avantageux que ceux de la
*fécondation naturelle*, quand cette fécondation est aidée
ou favorisée par des moyens artificiels. C'est un fait dont
la réalité se confirme de jour en jour pour tous les expé-
rimentateurs intelligents et consciencieux qui recherchent ce qui est *vrai* et *utile*. C'est le résultat des observations que j'ai faites depuis plus de vingt années sur
la fraie naturelle, et d'expériences comparatives que j'ai
entreprises, depuis l'automne de 1848, sur les frayères
naturelles ou artificielles, et sur la méthode des fécon-
dations artificielles. » (Conférence Molé, 13 mars 1854;
imprimerie Léautey.) Les faits qui se sont produits depuis cette époque ont pleinement confirmé ma manière
de voir. Dès cette époque aussi, j'ai indiqué les mesures
qui me paraissaient les plus propres à assurer le repeuplement de nos eaux douces. Au nombre de ces mesures,
il en est deux qui ont été l'objet de décrets impériaux,
insérés au Bulletin des lois.

Ces mesures concernent, l'une l'établissement de *réserves pour la reproduction du poisson* dans les cours
d'eau et les canaux, et l'autre interdiction de *laisser
vaguer les canards et autres oiseaux aquatiques* dans l'é-
tendue de ces réserves.

Voici ce que je disais à cet égard dans ma conférence
du 13 mars 1854 : « Pour assurer la conservation et le
repeuplement, on désignerait, dans chaque cantonne-
ment ou portion de rivière, une certaine étendue de
bras, fossés, ruisseaux, noues, gares, etc..., en communication avec ces rivières, dans lesquelles on favori-
serait la fraie naturelle, soit par une active et incessante
surveillance, soit par des frayères artificielles. *La pêche*

*y serait interdite pendant toute la durée de la fraie* des diverses espèces et même *pendant toute l'année*, afin de ne pas endommager les frayères et de ne pas troubler les jeunes poissons dans les retraites où ils trouvent à se reposer et à s'abriter. Au sujet des animaux nuisibles, il ne faut pas perdre de vue que les *oies* et les *canards*, abandonnés en tout temps sur les cours d'eau, y détruisent une grande quantité de frai dans les herbes ou bien le dévorent ainsi que l'alevin. Il y aurait lieu d'*interdire l'entrée de certains cantons de rivières* aux canards et aux oies, pendant le temps de la fraie et du développement de l'alevin. »

J'ai reproduit ces conseils dans les deux rapports que j'ai lus à la Société d'acclimatation, les 28 mars 1856 et 21 avril 1865. En adoptant les conclusions de ces deux rapports, la Société décida que des exemplaires en seraient adressés aux ministres, aux préfets et aux fonctionnaires dans les attributions desquels sont placés les cours d'eau et les canaux.

D'autre part, d'après les propositions que j'avais faites lorsque j'étais chargé du service des pêches à la direction générale des forêts, l'administration prit l'initiative de l'organisation de réserves affectés à la reproduction du poisson dans les cours d'eau navigables et flottables. Je me bornerai à citer ici l'article 7 des clauses spéciales du 30 novembre 1858, relatives à l'adjudication du droit de pêche dans le département de Seine-et-Marne : « Dans l'intérêt de la reproduction naturelle ou artificielle des poissons, l'administration fera *réserve*, dans les fleuves ou cours d'eau, de toutes les parties ou bras de rivière qu'elle jugera les plus favorables à cette amélioration. Ces parties expressément désignées sur les affiches lors des adjudications, seront délimitées par des poteaux indicateurs plantés aux frais des fermiers de la pêche sur les points qui en détermineront les limites sur les deux rives. Il est formellement *défendu* à tous fermiers, co-fermiers ou permissionnaires de *pêcher* sur ces places ainsi distraites de la chose louée. L'administration pourra faire exécuter, sur les places ou bras de rivière, tous les travaux jugés propres à *propager* soit *naturellement*, soit *artificiellement* la reproduction des diverses espèces de poissons. »

Les conseils que je donnais dès l'année 1854, que je renouvelais avec l'appui de la Société d'acclimatation en 1856 et 1865, que l'administration des forêts, sur mes indications, mettait en pratique dès l'année 1858, ont enfin éveillé l'attention du gouvernement. Car la loi du 31 mai 1865, qui complète celle du 15 avril 1829, relative à la pêche fluviale, contient les dispositions suivantes : « Article 1er. Des décrets rendus en Conseil d'État, après avis des conseils généraux des départements, détermineront : 1° les parties des fleuves, rivières, canaux et cours d'eau *réservées pour la reproduction*, et dans lesquelles la pêche des diverses espèces de poissons sera *absolument interdite pendant l'année entière*.... Article 2. L'interdiction de la pêche pendant l'année entière ne pourra être prononcée pour une période de plus de cinq ans. Cette interdiction pourra être renouvelée. »

Les prescriptions de cette loi ont reçu leur exécution. Plusieurs décrets, insérés au Bulletin des lois, déterminent l'emplacement des réserves dans les cours d'eau de nos principaux bassins, et contiennent les dispositions suivantes : « 1° La pêche des diverses espèces de poissons est absolument interdite pendant l'année entière dans les emplacements réservés ; cette interdiction est prononcée pour une période de cinq ans à partir du 1er janvier 1869. 2° Chaque année, au mois de janvier, des publications seront faites dans les communes pour rappeler les emplacements réservés. 5° Pendant les périodes d'interdiction de la pêche, fixées conformément à l'article 26 de la loi du 15 avril 1829 et à l'article 4 de la loi du 51 mai 1865, il est interdit de laisser vaguer les oies, les canards, les cygnes et autres animaux aquatiques susceptibles de détruire le frai du poisson dans l'étendue des réserves. »

Répartis dans les divers bassins, les emplacements réservés peuvent contribuer, d'une manière très efficace, au rempoissonnement des eaux, s'ils sont *bien choisis*, *convenablement aménagés*, et soumis à *une active surveillance*.

## LES POISSONS FOUDROYANTS

Une des plus curieuses particularités que présente l'organisation des poissons est, sans contredit, la propriété que possèdent certains d'entre eux de pouvoir dégager de l'électricité, soit pour foudroyer leurs ennemis, soit pour paralyser les mouvements des animaux qu'ils veulent dévorer.

Dans la mer, les *torpilles*, poissons voisins des raies, jouissent de cette propriété. On en trouve sur nos côtes de l'Océan et principalement de la Méditerranée.

Dans les eaux douces, il existe aussi des poissons qui

produisent de l'électricité; ce sont : 1° les *gymnotes*, dits anguilles de Surinam, dans les régions les plus chaudes du Nouveau Monde ; leurs décharges réunies sont assez puissantes pour terrasser les grands quadrupèdes ; cette particularité est connue depuis longtemps des habitants de ces régions ; pour s'emparer plus aisément des chevaux qui vivent à l'état sauvage, ils les poussent dans la direction des marécages peuplés de gymnotes ; 2° les *malaptérures*, silures électriques, dans le Nil et plusieurs autres grands fleuves d'Afrique. Sur les bords du Nil, les Arabes les désignent par le nom de *raasch*, signifiant tonnerre.

I. *Gymnote électrique.* — Les gymnotes sont des poissons d'eau douce propres à l'Amérique du Sud. On en connaît plusieurs espèces ; mais la plus célèbre est le *gymnote électrique.* Ce poisson, dont le corps est très allongé et presque cylindrique, rappelle la forme de l'anguille. Une longue et large nageoire règne au-dessous de la queue, qui est très longue relativement aux autres parties du corps. Il varie de couleur selon l'âge, la nourriture et surtout la nature de l'eau plus ou moins bourbeuse dans laquelle il se trouve. On le reconnaît, du reste, facilement par la couleur de la tête dont le dessous est d'un beau jaune orangé. Ses propriétés électriques furent reconnues pour la première fois par van Berkel dans les environs de Cayenne. Plus tard, en 1671, l'astronome Richer, envoyé à Cayenne par l'Académie des sciences de Paris, pour s'y livrer à des travaux de géodésie, fit connaître, dans les termes suivants, les remarquables propriétés de ce poisson :

« Je fus très étonné de voir un poisson long de trois ou quatre pieds, ressemblant à une anguille, priver de tout mouvement, pendant un quart d'heure, le bras et la partie la plus voisine du bras de celui qui le touchait avec son doigt ou avec son bâton. Je fus non seulement un témoin oculaire de l'effet que produisait son attouchement, mais je l'ai senti moi-même en touchant un jour un de ces poissons encore vivant, quoique blessé par un crochet au moyen duquel des sauvages l'avaient tiré de l'eau. Ils ne purent me dire comment on l'appelait; mais ils m'assurèrent qu'il frappait les autres poissons avec sa queue pour les engourdir et les dévorer ensuite; ce qui est très probable lorsqu'on considère l'effet que son attouchement fait sur les hommes. »

Cette observation, pourtant claire, nette et précise, ne rencontra que des incrédules parmi les savants de l'Europe, notamment parmi les physiciens. Soixante-dix ans plus tard environ, la Condamine, le célèbre explorateur de l'Amérique, appela l'attention sur un poisson qui produisait les mêmes effets que celui décrit par l'astronome Richer. En 1750, on eut de nouvelles notions sur ce poisson, par le physicien Ingram, qui attribuait ses propriétés à une atmosphère électrique dont il le croyait enveloppé. Un autre physicien, le Hollandais S'Gravesande, écrivait en 1755 : « L'effet produit par ce poisson est le même que celui de la bouteille de Leyde, avec cette seule différence qu'on ne voit aucune étincelle sortir de son corps, quelque fort que! soit le coup qu'il donne : car si le poisson est grand, ceux qui le touchent en sont terrassés et sentent la secousse partout le corps. » Plus tard, le docteur Williamson fit des expériences en jetant quelques petits poissons dans un bassin où se trouvait un gymnote; ces petits poissons furent bientôt engourdis et tués.

Enfin, dans leurs grandes et célèbres explorations en Amérique, de Humboldt et de Bonpland ne manquèrent pas d'étudier les curieuses et singulières propriétés du gymnote. Leurs observations sont l'objet d'un mémoire sur l'*Anguille électrique* lu, en 1805, à l'Institut de France par l'illustre de Humboldt; j'en extrais les passages suivants :

« En traversant les plaines immenses (*llanes*) de la province de Caracas pour nous embarquer à San-Fernando de Apure et pour commencer notre voyage sur l'Orénoque, nous nous arrêtâmes pendant quinze jours à Calabozo. Le but de ce séjour fut de nous occuper des gymnotes, dont une innombrable quantité se trouve dans les environs. On m'a assuré que, près d'Uritucu, une route jadis fréquentée a été abandonnée à cause des poissons électriques. Il fallait passer à gué un ruisseau dans lequel annuellement beaucoup de mulets se noyaient étourdis par les commotions que les gymnotes leur faisaient éprouver. Après trois jours de vaines attentes dans la ville de Calabozo, nous résolûmes de nous transporter nous-mêmes sur les lieux et de faire des expériences en plein air, au bord de ces mares dans lesquelles les gymnotes abondent. Nous nous rendîmes d'abord au petit village appelé Rustro de Abosco. De là, les Indiens nous conduisirent au Cano de Bera, bassin d'eau bourbeuse et morte, mais entouré d'une belle végétation de clusia rosca, de l'hymenæa combaril, des grands figuiers des Indes et de quelques mimosas à fleurs odoriférantes.

« Nous fûmes bien surpris lorsqu'on nous dit qu'on irait prendre une trentaine de chevaux à demi sauvages dans les savanes voisines pour s'en servir à la pêche des

anguilles électriques. L'idée de cette pêche, que l'on
appelle *Embarboscar con caballos* (enivrer par le moyen
des chevaux) est en effet bien bizarre. Le mot de *barbako*
désigne les racines de lacquinia, du piscidia ou de toute
autre plante vénéneuse par le contact desquelles une
grande masse d'eau reçoit dans un instant la propriété
de tuer ou du moins d'enivrer et d'engourdir les poissons. Ces derniers viennent à la surface de l'eau quand
ils ont été empoisonnés par ce moyen. Comme les chevaux chassés çà et là dans une mare causent le même
effet sur les poissons alarmés, on embrasse, en confon-
dant la cause et l'effet, les deux sortes de pêche sous la
même dénomination. Pendant que notre hôte nous ex-
pliquait cette manière étrange de prendre le poisson
dans ce pays, la troupe de chevaux et de mulets arriva.
Les Indiens en avaient fait une sorte de battue et, en les
serrant de tous les côtés, on les força d'entrer dans la
mare.

« Je ne peindrai qu'imparfaitement le spectacle intéressant que nous offrit la lutte des anguilles contre les
chevaux. Les Indiens, munis de joncs très longs et de
harpons, se placent autour du bassin; quelques-uns
d'entre eux montent sur les arbres, dont les branches
s'élancent au-dessus de la surface de l'eau, tous empêchent, par leurs cris et la longueur de leurs joncs,
que les chevaux n'atteignent le rivage. Les anguilles,
étourdies du bruit des chevaux, se défendent par des
décharges réitérées de leurs batteries électriques. Pendant longtemps elles ont l'air de remporter la victoire
sur les chevaux et les mulets; partout on en vit de ces
derniers qui, étourdis par la fréquence et la force des
coups électriques, disparurent dans l'eau; quelques che-

vaux se relevèrent et, malgré la vigilance active des
Indiens, gagnèrent le rivage; excédés de fatigue et les
membres engourdis par la force des commotions électriques, ils s'y étendirent par terre tout de leur long.
J'aurais désiré qu'un peintre habile eût pu saisir le moment où la scène était le plus animée. Ces groupes d'Indiens entourant le bassin; ces chevaux qui, la crinière
hérissée, l'effroi et la douleur dans l'œil, veulent fuir
l'orage qui les surprend; ces anguilles jaunâtres et
livides qui, semblables à de grands serpents aquatiques,
nagent à la surface de l'eau et poursuivent leur ennemi;
tous ces objets offraient sans doute l'ensemble le plus
pittoresque. En moins de cinq minutes, deux chevaux
étaient déjà noyés. L'anguille, ayant plus de cinq pieds
de long, se glisse sous le ventre du cheval ou du mulet;
elle fait dès lors une décharge dans toute l'étendue de
son organe électrique; elle attaque à la fois le cœur, les
viscères et surtout le plexus des nerfs gastriques; il ne
faut donc pas s'étonner que l'effet que le poisson produit sur un grand quadrupède surpasse celui qu'il produit sur l'homme qu'il ne touche que par une extrémité.
Je doute cependant que le gymnote tue immédiatement
les chevaux; je crois plutôt que ceux-ci, étourdis par les
commotions électriques qu'ils reçoivent coup sur coup,
tombent dans une léthargie profonde. Privés de toute
sensibilité, ils disparaissent sous l'eau; les autres chevaux et les mulets leur passent sur le corps, et peu de
minutes suffisent pour les faire périr. Je ne doutais pas
de voir noyer peu à peu la plus grande partie des mulets;
mais les Indiens nous assurèrent que la pêche serait
bientôt terminée, et que ce n'est que le premier assaut
des gymnotes qu'il faut redouter. En effet, soit que

l'électricité galvanique s'accumule par le repos, soit que l'organe électrique cesse de faire ses fonctions lorsqu'il est fatigué par un trop long usage, les anguilles, après un certain temps, ressemblent à des batteries déchargées. Leur mouvement musculaire est encore également vif, mais elles n'ont plus la force de lancer des coups bien énergiques.

« Quand le combat eut duré un quart d'heure, les mulets et les chevaux parurent moins effrayés; ils ne hérissaient plus la crinière; leur œil exprimait moins la douleur et l'épouvante. On n'en vit plus tomber à la renverse; aussi les anguilles, nageant à mi-corps hors de l'eau, et fuyant les chevaux au lieu de les attaquer, s'approchèrent elles-mêmes du rivage. Elles sont prises avec une grande facilité. On leur jeta de petits harpons attachés à des cordes; le harpon en accrochait quelquefois deux à la fois. Par ce moyen on les tire hors de l'eau sans que la corde, très sèche et assez longue, communiquât le choc à celui qui la tenait.

« Quand on a vu que les anguilles renversent un cheval en le privant de toute sensibilité, on doit craindre sans doute de les toucher au premier moment qu'on les a sorties de l'eau. Cette crainte est effectivement si forte chez les gens du pays, qu'aucun d'eux ne voulut se résoudre à dégager les gymnotes des cordes du harpon ou à les transporter aux petits trous remplis d'eau fraîche que nous avions creusés sur le rivage du Cano de Bera. Il fallut bien nous résoudre à recevoir nous-mêmes les premières commotions, qui certainement n'étaient pas très douces. Les plus énergiques surpassaient en force les coups électriques les plus douloureux que je me souvienne jamais d'avoir reçus, fortuitement, d'une grande

bouteille de Leyde complètement chargée. Nous con-
çûmes dès lors que, sans doute, il n'y a pas d'exagération
dans le récit des Indiens lorsqu'ils assurent que des personnes qui nagent se noient, quand une de ces anguilles
les attaque par la jambe ou par le bras. Une décharge
aussi violente est bien capable de priver l'homme pour
plusieurs minutes de tout l'usage de ses membres. Si le
gymnote se glissait le long du ventre et de la poitrine,
la mort pourrait même suivre instantanément la commotion.

« Il existe peu de poissons d'eau douce qui soient
aussi nombreux que les gymnotes électriques. Dans les
plaines immenses ou savanes que l'on désigne du nom
de Llanos de Caracas ou de Llanos de Apure, chaque
lieue carrée contient au moins deux ou trois étangs, des
réservoirs naturels dans lesquels les gymnotes électriques se trouvent dans la plus grande abondance; ils
appartiennent surtout à cette partie de l'Amérique méridionale que l'on embrasse sous les noms très vagues
de la Guyane espagnole, hollandaise, française et portu-
gaise, depuis l'équateur jusqu'au neuvième degré de latitude boréale. »

On trouve, dans la mer, divers poissons électriques;
mais le gymnote les surpasse tous en grandeur et en
force. On en a pêché dont la longueur dépassait 1$^m$,70.
Ce poisson donne des décharges électriques par toutes
les parties du corps; mais surtout quand on le touche
sous le ventre et aux nageoires pectorales. Cette faculté
est entièrement subordonnée à la volonté de l'animal.
Quelquefois un gymnote blessé ou tourmenté pendant
longtemps ne donne plus que de faibles commotions;
mais tout à coup, au moment où on le croit épuisé et

inoffensif, il fait sentir à celui qui le touche une très forte commotion. Cette propriété dépend tellement de la volonté du poisson que, si on l'irrite avec deux baguettes métalliques, la commotion se transmet tantôt par l'une, tantôt par l'autre de ces baguettes, quoique leurs extrémités soient très voisines. Ce dégagement d'électricité est produit par un organe particulier qui règne tout le long du dessous de la queue, dont il occupe près de la moitié de l'épaisseur. Il est divisé en quatre faisceaux longitudinaux : deux grands en dessus, et deux plus petits en dessous et contre la base de la nageoire anale. Chacun de ces faisceaux est composé d'un grand nombre de lames membraneuses parallèles, très rapprochées entre elles et à peu près horizontales. Ces lames aboutissent d'une part à la peau, de l'autre au plan vertical moyen du poisson. Elles sont unies l'une à l'autre par une infinité de lames plus petites, verticales ou dirigées transversalement. Les petits canaux prismatiques et transversaux, interceptés par ces deux ordres de lames, sont remplis d'une matière gélatineuse. Tout cet appareil organique reçoit beaucoup de nerfs. En résumé, l'organe électrique du gymnote présente des dispositions analogues à celles qu'on rencontre chez la torpille, ce curieux poisson qui ressemble beaucoup à une raie et qui existe sur nos côtes de la Méditerranée et de l'Océan. Il possède aussi la propriété de produire de violentes commotions électriques pour écarter ses ennemis ou pour engourdir sa proie.

II. *Silure électrique.* — Le *silure* électrique, ou *malaptérure*, est assez commun dans plusieurs des grands lacs de l'intérieur de l'Afrique. C'est un poisson gros, court, au tronc arrondi et à tête déprimée. Sa taille

peut atteindre 60 centimètres. Son appareil électrique
est situé immédiatement au-dessous de la peau. Il est
double : chacun est séparé de l'autre par une cloison
qui règne tout le long du dos et du ventre. Il est formé
de plusieurs couches superposées que l'on peut séparer
sans trop de difficulté. Chaque couche est représentée

Silure électrique (Malaptérure).

par des lames qui, adossées, forment de véritables re-
liefs séparés par des sillons. Placées les unes sur les
autres, elles semblent se recouvrir à la manière des
tuiles d'un toit. Ces lames se dirigent du dos de l'animal
vers le ventre. Les effets produits par le *gymnote* peuvent donner une idée de la puissance de ces appareils
électriques chez les poissons qui en sont munis.

### LES POISSONS MARCHEURS ET GRIMPEURS

Il existe des poissons qui sortent volontairement de l'eau, comme le font les anguilles, pour ramper sur terre et changer de milieu, ou pour grimper sur les arbres et y saisir des insectes ou d'autres aliments. Ils doivent cette faculté à la présence, au-dessus de leurs branchies, de lacunes celluleuses et labyrinthiques creusées dans les os du crâne. Cette disposition bizarre leur permet de conserver une certaine quantité d'eau chargée d'air qui, tombant goutte à goutte sur les branchies, soustrait ces organes à la dessiccation.

I. Les *anabas* présentent au plus haut degré cette remarquable particularité d'organisation. On n'en connaît qu'une seule espèce, très répandue dans les mares et les petits cours d'eau de l'Inde et dans les îles de son archipel. C'est un poisson qui atteint le poids de 700 à 800 grammes. Sa couleur est verte, sombre, quelquefois rayée en travers par des bandes plus foncées. Il rampe à terre pendant plusieurs heures, au moyen des inflexions de son corps, des dentelures de ses opercules et des épines de ses nageoires, et peut même grimper sur les arbres. M. de Daldorff, lieutenant au service de la Compagnie danoise des Indes, a décrit les mœurs de ce curieux poisson en 1797, et l'a nommé *perca scandens*. Il affirme en avoir pris un, en novembre 1791, dans la fente de l'écorce d'un palmier; que ce poisson, déjà à 1$^m$,70 au-dessus de l'eau, s'efforçait de monter encore en s'attachant à l'écorce par les épines de l'opercule, et

en fléchissant sa queue pour se cramponner par les
épines de son anale; qu'alors, il détachait sa tête, allon-
geait le corps, et parvenait par ces divers mouvements à
cheminer le long de l'arbre. M. John, qui a exploré ces
contrées, fait un récit semblable. « C'est, dit-il, un
poisson qui se tient d'ordinaire dans la vase des étangs,
qui rampe à sec pendant plusieurs heures au moyen des
inflexions de son corps, et qui, par le secours de ses
opercules dentelés en scie et des épines de ses nageoires,
grimpe sur les palmiers voisins des étangs, le long desquels ruisselle l'eau que les pluies ont accumulée à leur
cime : aussi le nomme-t-on en tamoule *pannai cri*, ce
qui signifie *montant aux arbres, grimpeur des arbres*.
D'autre part on lit dans l'Histoire naturelle des poissons,
par Cuvier et Valenciennes, le passage suivant : « C'est
un de ceux qui vivent le plus longtemps hors de l'eau;
il rampe à terre pendant des heures entières; les pêcheurs le tiennent cinq ou six jours dans un vase à sec :
on en apporte ainsi en vie, au marché de Calcutta, des
grands marais du district de Yazor, dont la distance est
de plus de 130 milles. Comme on en rencontre quelquefois à d'assez grandes distances des eaux, le peuple les
croit tombés du ciel. Les charlatans et jongleurs dans
l'Inde ont généralement de ces poissons avec eux dans
des vases pour amuser la populace de leurs mouvements. On attribue à l'anabas des vertus médicinales;
les femmes croient qu'il augmente leur lait, et les hommes qu'il excite leur force. » M. Carbonnier, qui se livre
avec beaucoup de zèle et d'intelligence à des tentatives
d'acclimatation de nouvelles espèces de poissons en
France, a pu, avec le concours de son neveu, M. Paul
Carbonnier, faire arriver à Paris un certain nombre d'a-

nabas vivants, qu'il élève dans un aquarium de son établissement du quai des Orfèvres. La vitalité de ce poisson
est très remarquable; car, sur 44 jeunes poissons expé-
diés de Calcutta en avril 1874, 42 sont arrivés en parfait
état après une traversée de 38 jours; et, au mois d'août
suivant, sur 12 individus renfermés dans un récipient
contenant 10 litres d'eau, 3 seulement ont péri pendant la traversée; on n'a retrouvé que les squelettes,
dont les chairs avaient été dévorées par les neuf survi-
vants.

M. Paul Carbonnier avait recueilli ces poissons dans
un groupe qui cheminait sur les prairies à plusieurs kilomètres des rives du Gange.

II. Les *doras* ont en partie les habitudes des anabas.
Le doras d'Hancock habite les rivières, les lacs et les
étangs d'eau douce. Lorsque les étangs se dessèchent,
que certains poissons s'enterrent dans la vase et que
d'autres périssent ou deviennent la proie des oiseaux
rapaces, les doras se mettent en marche, souvent en
grandes troupes, et passent quelquefois une nuit entière
avant d'arriver à d'autres eaux. Un des amis de M. Hancock en rencontra un jour en si grande quantité que ses
nègres en remplirent plusieurs paniers.

Sur les bords de la Magdeleine à la Nouvelle-Grenade,
M. de Humboldt a vu un doras (*Doras crocodili*) s'avan-
cer par sauts sur une plage aride à plus de 200 pieds de
distance, en s'appuyant sur les épines de ses pectorales.
Un autre individu, pris à la ligne, grimpa sur un monticule de sable de 20 pieds de hauteur.

Le doras d'Hancock fait un nid régulier où il dépose
ses œufs en peloton aplati, et les couvre soigneusement.
Sa sollicitude ne se borne pas là; car le mâle et la fe-

melle exercent auprès de ce nid une garde attentive, et le défendent avec courage jusqu'à ce que les petits soient éclos. Ce nid est fait de feuilles, et quelquefois creusé • dans la berge.

Dans les colonies espagnoles d'Amérique, les doras ont reçu le nom de *mata-caïman* (tueur de crocodile), parce qu'il leur arrive souvent, lorsqu'ils sont avalés, de déchirer, avec les épines dont ils sont armés, le pharynx et l'œsophage de ces grands et dangereux reptiles.

III. Les *callichthes* se tiennent sur les herbes dans la vase des marais; et comme, dans les pays chauds qu'ils habitent, ces eaux stagnantes sont sujettes à se dessé-cher, la nature leur a accordé, à un très haut degré, la faculté de vivre assez longtemps à sec; ils en profitent pour aller, en rampant, chercher des eaux nouvelles lorsque celles où ils séjournent viennent à leur manquer. On assure même qu'ils pénètrent dans la terre humide et percent quelquefois les digues qui retiennent les eaux d'étangs. Ils causent ainsi des dégâts dans les rivières en donnant aux autres poissons les moyens de s'é-chapper.

IV. Les *ophicéphales* ont la tête couverte de plaques rappelant un peu celles des couleuvres, ce qui leur a valu leur nom générique. Ils ont, comme les trois es-pèces précédentes, la faculté de vivre longtemps à sec. Non-seulement on peut les transporter au loin sans eau, mais ils sortent eux-mêmes volontiers des marais ou des canaux où ils vivent, pour aller chercher d'autres eaux, et le peuple qui les rencontre ainsi sur la terre se figure qu'ils sont tombés des nuages. Leur chair, sans avoir beaucoup de goût, est légère et de facile digestion; ce-pendant les Indiens seuls la mangent; on n'en sert pas sur les tables des Européens, peut-être à cause de leur ressemblance avec des reptiles. Ces poissons ont la vie si dure qu'on leur arrache les entrailles et que l'on en coupe des morceaux sans les faire périr. Sur les marchés, ils n'ont de valeur qu'autant qu'ils donnent encore des signes de vie. Dès que les tronçons ne remuent plus, ils perdent beaucoup de leur prix.

## LES POISSONS VOYAGEURS OU MIGRATEURS

I. Le saumon commun (*Salmo salar*) est un migrateur par excellence; car, chaque année, il quitte la mer du Nord et l'Océan pour remonter, souvent à des distances considérables, les fleuves et les rivières qui se déchargent dans ces mers.

Dans ces migrations, il devient pour les populations riveraines une source d'industrie, de commerce et de bien-être.

Ce poisson ne peut se reproduire qu'en *eau douce*; car j'ai démontré, par une série d'expériences très concluantes, que l'eau de mer, même à un degré de salure assez faible, paralysait les mouvements des animalcules de la laitance, et exerçait sur l'œuf une perturbation telle que tout développement de l'embryon devenait impossible. Mais il ne prend un fort et rapide développement que dans les eaux de la mer, à l'embouchure des fleuves et des rivières.

Lorsque l'époque des pariades est arrivé, les saumons se réunissent par couples; chaque femelle a son mâle. Ils choisissent, d'un commun accord, l'endroit destiné à recevoir la ponte, et creusent alors, dans le gravier, des trous ou des sillons dans lesquels la femelle dépose ses œufs en se frottant le ventre sur le gravier; le mâle s'empresse de les imprégner de sa laitance; puis le couple, travaillant encore en commun, recouvre le précieux dépôt d'une couche de cailloux ou de gros sable.

C'est entre les interstices de ces matériaux que-les œufs subissent toute leur évolution. Les jeunes, en sortant de l'œuf, portent sous le ventre une énorme vésicule qui sert à les nourrir pendant un mois et demi à deux mois et même plus, selon la température de l'eau; ils restent enfouis dans la frayère et n'en sortent que quand la vésicule est presque entièrement résorbée. C'est alors seulement qu'ils se mettent à la recherche de leur nourriture, qui se compose d'animalcules très ténus, de larves d'insectes, de petits crustacés.

Pendant une année au moins, le petit saumonneau conserve les couleurs ternes qui caractérisent la livrée du premier âge. C'est le *parr* des Anglais; sur nos cours d'eau, on les désigne sous les noms de *Saumonneau, Saumonnelle, Tacon, René.*

Un brusque changement ne tarde pas à se produire; tout le corps prend un magnifique éclat métallique; le jeune poisson devient le *smolt* des Anglais, ou saumoneau du second âge.

A l'état de parrs, les jeunes saumons restent isolés et ne cherchent pas à se réunir; mais, devenus smolts, alors qu'ils ont revêtu leur costume de voyage, ils se rapprochent, se forment en troupes, et profitent des crues pour descendre les rivières et les fleuves jusqu'à la mer.

Au bout de quelques mois, la plupart de ces jeunes

poissons reviennent dans les mêmes cours d'eau; ils ne sont plus reconnaissables; ce sont les *grilses* des Anglais; ils présentent alors les caractères de véritables saumons.

Pendant tout le temps de son séjour en mer, le saumon, à l'état de smolt ou de grilse, croit avec une rapidité extraordinaire.

En effet, le smolt qui a séjourné dans l'eau douce

Jeune saumonneau (parr).

pendant deux ou trois ans, n'y atteint que la taille de 20 centimètres environ et le poids d'une centaine de grammes, tandis qu'au bout de deux ou trois mois de séjour dans l'Océan il a acquis un accroissement d'environ 2 kilogrammes. Les grilses restent quelque temps dans les eaux douces, et retournent ensuite à la mer, où ils ne séjournent souvent que deux ou trois mois; après ce court espace de temps, ils reviennent dans les cours d'eau à l'état de véritables saumons, ayant atteint un poids de 5 à 6 kilogrammes. Leur accroissement, du reste, est toujours en rapport avec la durée de leur absence.

Il serait donc peu rationnel de retenir, comme l'a proposé M. Coste, les saumonneaux dans des eaux douces captives.

Le saumon est doué d'une très grande vigueur qui lui permet de franchir des obstacles d'une hauteur assez

Saumonneau (smolt).

considérable. Dans la Grande-Bretagne, quelques chutes d'eau sont célèbres pour le *saut du saumon*. Tel est celui du comté de Pembroke, où l'on vient contempler avec admiration la vigueur et l'adresse que ces poissons déploient pour franchir la cataracte. En Irlande, celle de Leixlif a 6 mètres de hauteur. Les populations voisines s'y rendent pour recueillir, à l'aide de mannes d'osier, les saumons qui retombent sans avoir pu franchir l'obstacle.

Le saumon du Danube ou saumon huch (*Salmo hucho*) atteint de très grandes dimensions; mais sa chair est bien inférieure à celle de notre saumon commun. L'établissement de pisciculture de Huningue, qui était sous la direction de M. Coste, a fait de nombreuses ten-

Saumon adulte.

tatives pour introduire ce poisson dans les eaux de la France; elles n'ont eu aucun résultat; l'on ne peut que s'en réjouir; car, en contestant l'opportunité de ces essais, j'ai fait observer qu'une acclimatation n'est *utile* qu'autant que le poisson peut fournir des produits servant avantageusement aux besoins de la consommation;

qu'il faut même que ces produits répondent à ces besoins d'une manière au moins aussi complète que ceux
de nos espèces indigènes ou actuellement appropriées à
nos eaux; car, autrement, ce qu'il y aurait de mieux à
faire, ce serait de favoriser la propagation de ces espè-

Alose avant et après la ponte.

ces de manière à en augmenter les produits et à les
mettre à la portée de tous les consommateurs.

En s'écartant de ces principes, M. Coste entrait évidemment dans une mauvaise voie et commettait un véritable contre-sens en voulant essayer l'introduction,
dans nos eaux, du saumon du Danube; car la présence

de ce huch dans les eaux de la France, en admettant
même qu'elle fût possible, n'aurait eu d'autre effet que
de substituer un poisson de qualité inférieure à du poisson de premier choix; et, si le huch existait dans nos
cours d'eau, tous nos efforts devraient tendre à l'en
expulser pour mettre à sa place la précieuse espèce
(le saumon franc ou commun) qui fort heureusement

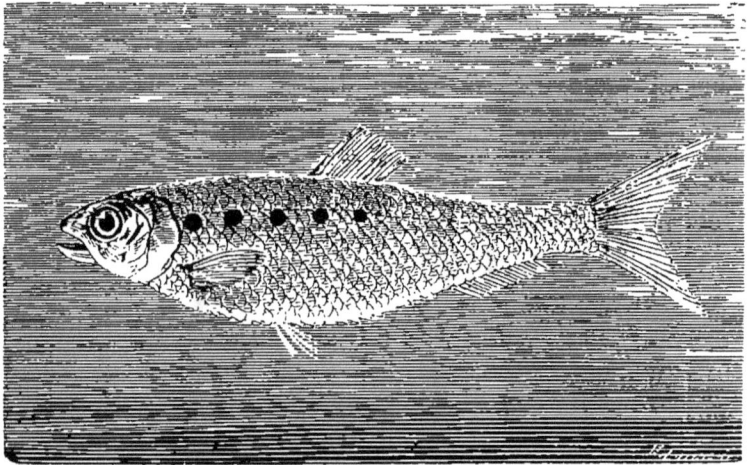

Alose finte.

n'a pas encore complètement disparu de la plupart de
nos fleuves et de nos rivières.

II. Les aloses habitent les mers des côtes d'Europe,
d'Afrique, de l'Inde et de l'Amérique. Au printemps,
elles se rapprochent des rivages et remontent le cours
des fleuves et des rivières qui communiquent avec la
mer.

Leur type est l'alose commune, qui vit dans toutes les
mers des côtes de l'Europe et qui vient frayer dans la
Seine, la Loire, le Rhin, la Garonne, le Volga, l'Elbe, le

Tibre, etc. On en trouve deux espèces dans nos cours d'eau : l'alose commune (*Alosa vulgaris*) et l'alose finte (*Alosa finta*), que l'on confond souvent entre elles. Il est cependant facile de reconnaître la finte, qui se distingue de la première par la forme plus allongée du corps, par des taches noires sur les flancs et par des dents plus fortes; elle ne remonte nos cours d'eau que beaucoup plus tard que l'alose commune. Il est important, du reste, pour le consommateur, de pouvoir à première vue reconnaître la finte; sa chair hérissée d'une grande quantité de petites arêtes est bien moins estimée que celle de l'autre espèce.

III. Les anguilles se trouvent partout en Europe, excepté peut-être dans le Danube et dans les cours d'eau qui se déversent dans la mer Noire ou dans la mer d'Azoff.

Les eaux douces de la France nourrissent une très grande quantité d'anguilles que l'on peut classer en plusieurs espèces ou variétés. Voici la classification adoptée par M. Blanchard, l'un de nos plus savants naturalistes :

1° Anguille à large bec (*Anguilla latirostris*), *Glut-Erl* des Anglais, qui a la tête très large jusqu'au bout du museau qui est ainsi fort arrondi;

2° Anguille à bec moyen (*Anguilla mediorostris*) ou anguille commune, *Swig-Eel* des Anglais, qui a la tête conique, assez large à la hauteur des yeux, diminuant d'une manière insensible jusqu'au bout du museau, qui est ainsi très étroit;

3° Anguille à bec oblong (*Anguilla oblongirostris*) qui est, quant à la forme de la tête, intermédiaire entre l'anguille à long bec et l'anguille à bec moyen;

4° Anguille à long bec (*Anguilla acutirostris*), *Schop-Nosel-Eel* des Anglais, qui présente presque toujours un corps proportionnellement plus effilé que chez les pré-

Anguille à large bec.

cédentes. Sa tête est grêle, étroite même à la hauteur des yeux, et continue à s'amincir jusqu'au bout du museau.

L'anguille vit indifféremment dans les eaux courantes ou stagnantes. Quand les eaux deviennent trop chaudes, ou quand elles ne présentent plus d'aliments en suffisante quantité, l'anguille émigre; elle s'engage alors dans les ruisseaux ou les plus minces filets d'eau; et, si ces moyens de transport lui font défaut, elle rampe sur les rives peu déclives et *voyage sur terre* en recherchant les sols humides et herbeux par les nuits les plus obscures. Dans des conditions favorables elle franchit, sur terre, des espaces assez considérables, en dévorant les vers, les insectes, les grenouilles, les mollusques qu'elle trouve sur son passage. J'ai pu, en différentes circonstances, constater ces migrations. On peut, dès lors, expliquer comment les anguilles apparaissent ou disparaissent soudainement des eaux qui ne sont point en rapport avec les cours d'eau.

D'après toutes les observations que j'ai faites, l'anguille ne se reproduit jamais dans les *eaux douces*, mais seulement sous l'influence de l'eau de mer. Les jeunes, après leur naissance, sont réunis en petites pelotes pendant quelques jours; ils se séparent ensuite et se nourrissent des détritus et des animalcules qu'ils trouvent sur le limon des eaux saumâtres aux embouchures des cours d'eau. Quand ils ont acquis assez de force, ils remontent, en bandes serrées, ces cours d'eau où on les désigne sous le nom de *montées, civelles, bouirons;* ils ont alors 20 à 30 millimètres de longueur et 4 à 5 millimètres de tour.

La colonne ou cordon que forme la montée renferme un nombre incalculable d'anguillettes qui se dirigent toujours vers la source, en se tenant, en raison de l'état de l'atmosphère, soit à proximité de la surface, soit au fond de l'eau. Quand la colonne rencontre un affluent ou un filet d'eau quelconque, elle se divise pour se disséminer dans les rivières, les ruisseaux, les lacs,

les étangs, les marais et les canaux, partout enfin où les
obstacles ne sont pas insurmontables.

Il ne faut pas perdre de vue que les anguillettes font
toujours leur première apparition aux embouchures ou
à proximité, dans les *eaux salées ou saumâtres*, et jamais

Montée d'anguillettes.

dans les eaux douces; et que la montée s'effectue toujours *de la mer* dans l'*intérieur des terres*.

Au fur et à mesure que l'on s'éloigne des embouchures, les anguillettes sont moins abondantes, mais toujours de plus en plus fortes, de sorte que l'on ne trouve
jamais l'anguille à l'état de montée ou civelle dans les
*parties supérieures* des fleuves et des rivières.

Enfin, dans les eaux douces, quels que soient leur état et leur nature, on ne trouve jamais d'anguilles ayant des œufs développés.

Les populations riveraines de nos grands cours d'eau font, à l'époque de la montée, une très grande consommation de jeunes anguilles. On les fait bouillir dans l'eau, ou bien on les prépare en salaisons.

En raison de leur organisation, les anguillettes peuvent être conservées assez longtemps en vie hors de l'eau ; aussi, quand les distances à parcourir ne sont pas trop considérables, on les transporte soit dans des sacs mouillés, soit dans des corbeilles plates garnies d'herbes fraîches, pour en peupler les eaux douces, notamment les lacs, les étangs et les mares.

A Monaco, aux îles Baléares, et dans d'autres pays méridionaux où l'on recueille l'eau de pluie dans des citernes, on a l'habitude de jeter, dans cette eau, quelques petites anguilles qui s'y nourrissent d'infusoires et autres animalcules dont la présence pourrait gâter l'eau. Au bout de trois ou quatre ans, ces anguillettes ont pris un accroissement notable et donnent une chair de bonne qualité. Les animalcules et les détritus qui auraient pu être un danger pour la santé des habitants sont convertis, par l'intermédiaire das anguillettes, en aliments sains et substantiels.

IV. La grande lamproie ou lamproie de mer (*Petromyzon marinus*) est propre à l'Océan et à la Méditerranée.

C'est un poisson dont la taille atteint quelquefois 1 mètre, et dont le corps cylindrique est marbré de brun sur un fond jaunâtre. On voit, de chaque côté du cou, sept ouvertures branchiales qui forment deux lignes longi-

tudinales. Ce qu'il y a de plus remarquable encore chez
la lamproie marine, c'est sa bouche complètement circulaire, formant une énorme ventouse et pourvue, sur
toute sa face interne, de plusieurs rangées circulaires
de fortes dents.

La lamproie remonte, au printemps, nos fleuves et

Lamproie de mer ou grande lamproie.

nos rivières, où on la pêche quelquefois en très grande
quantité.

Sa chair, qui est grasse et délicate, est généralement
estimée. Au douzième siècle, le roi d'Angleterre,
Henri Ier, mourut, aux environs d'Elbeuf, pour en avoir
mangé une trop grande quantité.

La lamproie fluviatile (*Petromyzon fluviatilis*) ressemble beaucoup par sa conformation générale à la grande

lamproie ; mais elle en diffère par sa taille qui est beaucoup plus petite et par l'armature de sa bouche qui n'offre qu'une seule rangée circulaire de dents. Ce poisson
se trouve assez fréquemment dans la plupart des fleuves
et rivières de France. Autrefois, on en pêchait annuellement plus d'un million d'individus dans la Tamise.

La lamproie de Planer (*Petromyzon Planeri*) ne quitte

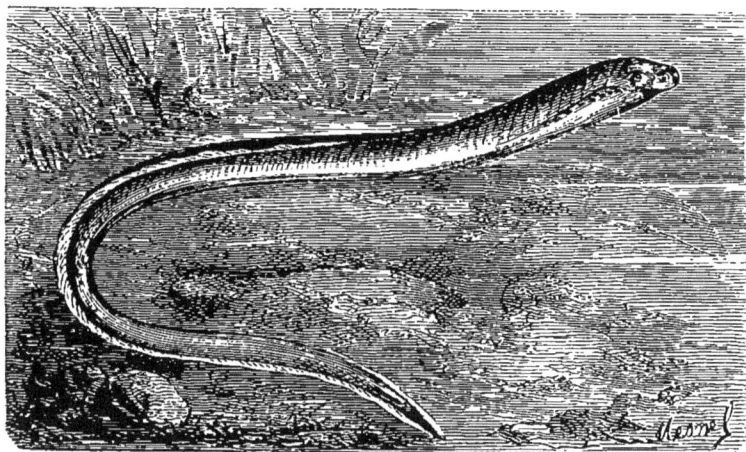

Petite lamproie, ou lamproie de Planer.

jamais les eaux douces ; on la connaît sous les noms de
petite lamproie de rivière, sucet, chatouille ou satouille.

C'est un poisson de 25 à 50 centimètres de longueur,
vivant dans presque toutes les rivières de l'Europe, dans
les ruisseaux peu profonds, au milieu des pierres. Il n'a
pas, dans les deux ou trois premières années de son
existence, les caractères de l'adulte ; car il subit des
métamorphoses quand il a atteint à peu près toute sa
croissance. A l'état de larve, la lamproie de Planer est
l'ammocète branchiale (*Ammocætes branchialis*) ou vulgairement le *lamprillon* des pêcheurs.

V. Les muges sont des poissons de mer ; mais ils remontent, chaque année, les fleuves et les rivières, souvent à des distances assez considérables des embouchures.

Ces poissons, qu'on désigne, dans certaines localités,

Muge céphale.

sous les noms de *mulets*, *meuils*, sont reconnaissables à
première vue par la forme de leur bouche, qui ne ressemble à celle d'aucun autre poisson. Ils sont doués
d'une grande agilité, et réussissent souvent, en sautant
au-dessus de l'eau, à éviter les filets des pêcheurs. Leur
chair est très recherchée pour la table.

Le muge céphale (*Mugil cephalus*), ou grand muge, atteint une taille de 50 centimètres environ et le poids d'au moins 4 kilogrammes; il est abondant sur toutes les côtes de la Méditerranée; et, au printemps, remonte le Rhône quelquefois jusqu'au delà d'Avignon. C'est l'espèce la plus estimée pour la table.

Le muge capiton (*Mugil capito*) fréquente les cours d'eau qui se jettent dans l'Océan, la Manche et la Méditerranée. On le voit souvent remonter en grandes bandes dans la Seine, la Loire et la Gironde.

Les essais que j'ai faits pour élever les muges dans des *étangs d'eau douce* ont donné des résultats très satisfaisants.

## ÉCHELLES POUR POISSONS MIGRATEURS

Les poissons voyageurs qui, chaque année, remontent de la mer dans la Loire, et de là dans la Vienne, pour frayer vers les sources et dans les affluents de cette rivière aux eaux vives et pures, se trouvaient brusquement arrêtés, il y a quelques années encore, par le barrage de la manufacture d'armes de Châtellerault.

C'était un spectacle curieux que celui des efforts faits par les *saumons* pour sauter dans le bief supérieur; on les voyait s'élever d'un coup à 1 mètre ou 1 mètre 50 centimètres et quelquefois davantage, au-dessus de l'eau, puis retomber à demi brisés, autant par la dépense de force musculaire que par la hauteur de leur chute. Il était extrêmement rare, si ce n'est au moment d'une crue, que le poisson pût franchir la crête du barrage.

Aussi, depuis sa construction, c'est-à-dire depuis plus de quarante ans, le saumon, très abondant jadis dans la Vienne en aval de Châtellerault, avait disparu en amont, au grand détriment, soit de la reproduction naturelle de cet excellent poisson, soit de l'industrie de la pêche des populations riveraines.

Cet état de choses existe sur un grand nombre d'autres cours d'eau où les poissons rencontrent souvent des obstacles *naturels* ou *artificiels* qu'ils ne peuvent pas toujours franchir. Les obstacles naturels sont formés par les cataractes, les cascades des fleuves et des rivières, et même par les chutes d'eau des ruisseaux qu'on trouve dans les pays des montagnes. Quant aux obstacles artificiels, on les rencontre dans les barrages qui sont construits pour les besoins de la navigation, de l'agriculture et de l'industrie.

Cette situation tendant chaque jour à s'aggraver par suite du développement et de l'extension de la navigation, du flottage, des irrigations agricoles et des établissements industriels, le peuplement des cours d'eau en bonnes espèces de poissons était, de jour en jour, plus gravement compromis. Les fleuves et les rivières, en effet, ne donnent, par la pêche des *poissons sédentaires*, que des produits très limités : ils n'alimentent la consommation générale d'une manière un peu sensible que quand ils sont fréquentés, chaque année, par des troupes de *poissons voyageurs*, tels que les saumons, les aloses, les esturgeons, les anguilles, etc....

La pisciculture fluviatile doit donc avoir spécialement pour objet la propagation de ces précieuses espèces, notamment du saumon et de l'alose qui, chaque année, remontent les fleuves et les rivières après s'être engraissés à la mer. Ces cours d'eau deviennent ainsi les *chemins d'exploitation de la mer*.

Mais quels moyens à employer pour atteindre efficacement et pratiquement ce but? Je les ai indiqués, à plusieurs reprises, dans mes conférences de pisciculture pratique, et je les ai reproduits dans un rapport lu à la Société d'acclimatation le 28 mars 1856. Voici ce que je disais à cet égard : « Sur un grand nombre de cours d'eau, on construit soit des usines, soit des barrages, écluses, etc., qui ne permettent pas au poisson de *circuler librement*, et surtout d'*aller frayer dans des endroits convenables*. Il en résulte nécessairement que la production de plusieurs espèces devient impossible ou du moins insuffisante et que, par suite, le dépeuplement des eaux s'opère très rapidement.

« Sans porter *aucune entrave au service régulier des usines*, de *la navigation* et *du flottage*, on peut facilement concilier les exigences de ce service avec celles de la reproduction naturelle du poisson. Il suffirait, en effet, d'établir sur les points où la libre circulation et surtout la remonte du poisson sont devenues impossibles, soit des *passages libres*, toujours faciles à franchir par la truite et par les migrateurs, tels que saumon, alose, lamproie, etc., soit des *plans inclinés* avec barrages discontinus qui feraient l'office de déversoirs, ou qui serviraient à l'écoulement des eaux surabondantes, soit enfin des *écluses* que l'on tiendrait ouvertes à l'époque de la remonte ou de la descente. L'organisation de ces passages naturels ou artificiels devrait être rendue *obligatoire*, 1° pour l'avenir, à l'égard des constructions, barrages, écluses, etc., qui seraient établis sur les cours d'eau, et qui, par leur situation, pourraient empêcher ou entraver la libre circulation, et notamment la remonte et la descente du poisson; 2° dès à présent, à l'égard des établissements de cette nature qui existent sur les cours d'eau dont l'entretien est à la charge de l'État. »

J'ai reproduit ces considérations dans les instructions pratiques pour le repeuplement des cours d'eau que la direction générale des forêts a publiées en mai 1860, instructions dont la rédaction m'avait été confiée lorsque j'étais chargé du service des pêches à l'administration centrale. Plus tard, en avril 1855, je les ai encore reproduites dans le rapport que j'ai lu, à la Société d'acclimatation, sur les mesures relatives à la conservation et à la police de la pêche.

En adoptant les conclusions de mes rapports de 1856 et de 1865, cette société décida que des exemplaires en seraient adressés aux ministres, aux préfets et aux fonctionnaires dans les attributions desquels sont placés les cours d'eau et les canaux.

Les principes que j'avais posés et les considérations que j'avais fait valoir, dès l'année 1856, sur l'utilité et l'opportunité de lever les obstacles à la libre circulation des poissons voyageurs, ont enfin éveillé l'attention des savants, des ingénieurs et du gouvernement.

D'une part, en effet, dans la 2ᵉ édition (année 1862) de son rapport relatif à son voyage d'exploration sur le littoral de la France et de l'Italie, M. le professeur Coste, membre de la Société d'acclimatation, a fait connaître les moyens employés dans la Grande-Bretagne pour permettre au saumon de franchir les barrages naturels ou artificiels.

D'autre part, en 1863, dans son rapport sur la pisciculture et la pêche fluviale de la Grande-Bretagne, M. Coumes, ingénieur en chef des ponts et chaussées, a décrit les divers systèmes d'échelles à saumons établis en Angleterre, en Écosse et en Irlande.

Enfin, la loi du 31 mai 1865 est venu compléter celle du 15 avril 1829 relative à la pêche. Cette loi contient les dispositions suivantes :

« Article 1er. Des décrets rendus en Conseil d'État, après avis des conseils généraux des départements, détermineront : les parties des fleuves, rivières, canaux et cours d'eau, dans les barrages desquels il pourra être établi, après enquête, un passage appelé *échelle*, destiné à assurer *la libre circulation du poisson.* »

Je suis heureux de voir le gouvernement français prendre en très sérieuse considération les propositions que j'ai faites, il y a une dizaines d'années, sur cette importante question.

Avant d'indiquer ici le système d'échelles ou de plans inclinés adoptés, en France et à l'étranger, pour le passage des poissons migrateurs ou voyageurs, il me paraît utile d'en retracer un court historique.

L'invention de ces appareils remonte à une époque peu ancienne; car c'est en 1834 que M. Smith, propriétaire d'usines en Écosse, désirant s'affranchir des pertes d'eau considérables que causait l'ouverture des vannes pour le passage du poisson, imagina d'établir un plan incliné sur lequel s'étendait une nappe d'eau peu épaisse. Ce plan était muni de cloisons transversales interrompues à l'une de leurs extrémités, de manière à laisser une ouverture alternant avec celle de la cloison qui précède et celle de la cloison qui suit. Par cette disposition le courant, forcé de faire le lacet, était ralenti

et ne causait qu'une faible dépense d'eau. Le plan incliné
formait donc une sorte d'escalier ou d'échelle mettant
deux biefs en communication. L'expérience ne tarda pas
à montrer que le poisson n'hésite pas à s'introduire
dans ces passages, et qu'il les franchit si les dispositions en sont bien calculées.

L'inclinaison des plans doit être modérée, celle qui
paraît la plus favorable est du huitième, c'est-à-dire que
la base du plan doit être huit fois plus grande que la

Coupe d'une échelle pour poissons migrateurs.

hauteur à franchir; pourtant l'inclinaison peut être
portée jusqu'au cinquième sans inconvénient.

Les plans inclinés peuvent être construits en bois;
mais ce genre de construction a si peu de durée qu'on
a préféré les construire en maçonnerie; il faut que
les pierres soient jointes par un bon ciment hydraulique.
mais il n'est pas nécessaire qu'elles présentent des surfaces bien taillées; les moellons grossiers suffisent. Les
cloisons transversales sont faites en dalles enchâssées
dans la maçonnerie; elles doivent avoir environ 0ᵐ,30
d'élévation au-dessus du plan incliné. La largeur des

échelles doit être de 1ᵐ,50 ; l'intervalle des cloisons de
1ᵐ,20 à 1ᵐ,50, et l'ouverture de ces cloisons de 0ᵐ,30.
La prise d'eau doit correspondre au thalweg du bief
supérieur, et être garnie de plusieurs vannes pour qu'on
puisse régler l'écoulement de l'eau selon les besoins, et
pour que l'une, de 0ᵐ,50 de largeur, soit complètement
ouverte à l'époque du passage. La direction du plan incliné peut varier selon les exigences des localités : il
peut être droit, oblique, replié comme un escalier,
pourvu ou privé de paliers aux tournants ; mais il est
indispensablement nécessaire que son ouverture inférieure soit placée au point où l'eau tourbillonne et où
elle a le plus de profondeur : cette condition est de la
plus rigoureuse nécessité.

Sur la rivière de Ballysadore, une échelle avait été
faite en ligne droite, et son entrée inférieure se trouvait
à 80 mètres de la chute : aucun poisson n'y pénétra. On
en changea la disposition, de manière à ramener son
entrée près du point où la cascade tombait sur les roches, et ce changement a produit les meilleurs résultats.

Il est facile de donner l'explication de ces faits : les
saumons, dans leur ascension périodique, choisissent
les eaux qui leur conviennent le mieux ; mais si, dans
les rivières qu'ils ont suivies, ils rencontrent un obstacle,
ils ne rétrogradent pas pour pénétrer dans un autre
cours d'eau, ils stationnent devant l'obstacle, en se pla-
çant au point où l'eau est le plus agitée et le plus profonde, où s'ouvrent les vannes, où se précipitent les courants. Leur instinct semble les avertir que c'est là que
se présentera un passage libre, que c'est là, s'il survient
une crue, qu'ils trouveront une nappe assez forte pour
qu'ils puissent s'y élever, et ils attendent.

19

Si leur attente est déçue, ils s'épuisent souvent en efforts impuissants jusqu'au moment où, ne pouvant résister aux lois de la reproduction, les femelles déposent leurs œufs dans des conditions qui en compromettent l'existence. Mais si, dans les lieux où ils s'arrêtent et qu'ils explorent, les poissons trouvent une issue, ils s'y engagent sans hésiter, et arrivent rapidement dans les biefs qu'ils veulent atteindre.

A l'origine, on crut utile de creuser d'espace en espace, sur le plan incliné, des excavations en forme d'auges que l'eau remplissait, et où le poisson pouvait séjourner. On a reconnu que cette disposition était inutile. Le saumon franchit avec une grande rapidité les échelles; il semble qu'il ne se sente pas en sûreté dans ces défilés, et il ne s'y arrête pas.

La nappe d'eau qui descend sur le plan incliné ne doit pas être fort épaisse; on a vu remonter ces poissons dont une partie du dos était hors de l'eau.

Le courant peut être interrompu sans inconvénient : car, quand les vannes sont fermées, le poisson stationne pour saisir une occasion favorable; il reprend son voyage quand l'ouverture des passages le lui permet.

Quelque rapide que soit son ascension, il ne passe pas cependant avec une telle vitesse qu'on ne puisse l'apercevoir; on peut compter ceux qui suivent le chemin qu'on leur a ouvert, et savoir conséquemment à l'avance si la reproduction sera abondante et la pêche fructueuse. Ainsi, à Collooney, en un jour de novembre, on a noté qu'en une heure 267 poissons avaient remonté l'échelle. On a voulu quelquefois, en certains lieux, constater rigoureusement le nombre des poissons franchissant ensemble les échelles; à un moment donné on fermait les vannes; on a pris en une seule fois 27 saumons et une autre fois 81, au mois de décembre.

Il n'est donc pas permis de douter de l'efficacité des échelles pour assurer la remonte des saumons vers les frayères naturelles; les résultats sont acquis.

On s'empressa de tirer parti de l'invention de M. Smith; des échelles ont été établies sur plusieurs rivières de l'Écosse; mais c'est surtout en Irlande que ce système a été employé avec le plus de succès.

On peut citer particulièrement la pêcherie de Galway, dans laquelle une échelle permet aux poissons de la baie de ce nom d'arriver dans le lac Corrib, en surmontant un barrage de 1m,55 de hauteur ; une autre échelle leur permet ensuite de passer du lac Corrib dans celui de Malk, dont le niveau est à 12 mètres au-dessus du premier.

La pêcherie de Ballysadore a deux échelles : l'une franchissant une cascade de 9 mètres, l'autre une cascade de 4m,50. Elles conduisent le saumon de la baie de Ballysadore dans la rivière formée par la réunion de l'Arrow et de l'Owenmore; une troisième échelle franchit une cascade de 5m,50.

Voici quelques-uns des résultats obtenus dans les pêcheries de l'Irlande : celle de Ballysadore, située au nord de cette contrée, appartient à M. Cooper, ancien membre du parlement britannique; elle mérite de fixer l'attention tant à cause des difficultés vaincues que des produits obtenus.

Antérieurement à l'année 1857, la pêche portait sur les poissons qui entraient dans la baie de ce nom, d'une longueur de 12 kilomètres environ, jusqu'au pied d'une cascade de 9 mètres de chute verticale, limitant la maréc à l'embouchure des deux rivières de l'Owenmore et de l'Arrow. A la faveur des hautes marées, quelques saumons parvenaient quelquefois à franchir cette cascade ; mais, à une distance de 400 mètres plus loin, ils arrivaient au pied d'un second obstacle d'une hauteur de $4^m,20$, puis d'un troisième de $5^m,50$. Les poissons ne pouvaient frayer dans cette zone, parce que le fond rocheux et la rapidité du courant présentaient des conditions défavorables.

Pour permettre au saumon de pénétrer dans des eaux offrant des frayères convenables, M. Cooper construisit trois échelles dans les parties élevées de l'Owenmore et de l'Arrow. Les passages furent libres en 1855 ; l'on y vit monter des saumons même avant l'époque de la fraie. La ponte se fit dans d'excellentes conditions ; car, au mois d'avril 1856 et dans le courant de l'année, on vit une très grande quantité de jeunes saumoneaux. Les années suivantes, l'alevin ne fut pas moins abondant. On put faire une série d'expériences très intéressantes sur les migrations et l'accroissement du saumon. Dans ce but, on pêcha plusieurs saumoneaux au moment de leur descente à la mer, au printemps de chaque année, et avant de les remettre à l'eau on les marqua en coupant une partie de leur nageoire adipeuse. Cette marque permit de constater, plus tard, le retour dans les mêmes eaux et l'accroissement acquis en mer.

Quant aux produits obtenus, les résultats sont très significatifs ; en effet, en 1854, le produit brut de la pêche n'était que de 500 saumons au plus, d'un poids de 1500 livres anglaises et d'une valeur de 1050 fr. ; et, en 1862, le produit s'éleva à 4582 saumons d'un poids de 26 891 livres et d'une valeur de 18 824 francs.

D'où il résulte qu'au bout de six à sept ans, le rende-
ment de la pêcherie est devenu dix-neuf fois plus considérable par le fait seul de l'établissement des échelles ;
résultat qui en justifie complètement l'utilité et l'opportunité.

### ÉCHELLES EN NORWÈGE

En Norwège, les cascades sont très multipliées ; presque tous les cours d'eau sont accidentés de chutes ou de
barrages naturels qui ont quelquefois une hauteur trop
considérable pour permettre aux saumons de les franchir ; d'autre part, les scieries établies dans plusieurs
localités ont nécessité, pour les retenues d'eau, la construction de barrages qui interdisent à ces poissons
l'accès des parties supérieures des rivières qui présentent de bonnes frayères.

Pour parer à ces graves inconvénients, on a construit,
avec le bois de sapin qui est très commun dans cette
contrée, des échelles à saumon qui assurément ne sont
pas comparables, pour l'élégance et la solidité, à celles
d'Écosse et d'Irlande, mais qui rendent aussi de bons
services, car on a reconnu que, dès les premières années, le produit des pêches a quadruplé sur les cours
d'eau où elles ont été établies.

Ces échelles sont formées de caisses de bois de $2^m,60$
de long sur $1^m,95$ de large et $1^m,60$ de profondeur,
communiquant entre elles par des canaux, également de
bois ; elles sont disposées de façon à ne pas être placées
vis-à-vis l'une de l'autre pour rompre la puissance du
courant. Pour éviter les avaries que la gelée ne man-

querait pas d'y causer, on empêche l'eau d'y circuler pendant toute la saison des froids.

On a pu constater, dans ces appareils, que le saumon monte facilement une pente de $1^m,30$, et même plus forte en été, époque où ils ont plus de vigueur; on a de plus reconnu que l'alevin des régions élevées est meilleur et plus beau que celui des parties basses des rivières.

### ÉCHELLES AU CANADA

Le système des appareils destinés a faciliter la remonte du saumon a été importé d'Irlande au Canada, et appliqué sur un grand nombre de rivières où les barrages nécessités par les besoins de l'industrie avaient fait disparaître ce précieux poisson.

Là aussi, on a pu constater que l'établissement des échelles avait immédiatement ramené le saumon dans les cours d'eau qu'il avait été forcé d'abandonner, parce qu'il ne pouvait plus pénétrer dans les parties qui présentaient de bonnes frayères naturelles.

### ÉCHELLES EN FRANCE

On voit aujourd'hui, en France, un certain nombre d'échelles sur les cours d'eau fréquentés par le saumon. On en a établi sur le Tarn, sur le Blavet, sur la Dordogne (barrage de Mauzac), sur la rivière de Vienne, à Châtellerault.

Voici la description de cette dernière :

L'échelle est construite à 25 mètres de la berge droite

de la rivière, dans le barrage en maçonnerie de la manufacture d'armes de Châtellerault. Ce barrage, dont la crête est à 2ᵐ,50 au-dessus de l'étiage d'aval, est perpendiculaire à l'axe de la Vienne; il a 112 mètres de longueur entre les rives; l'épaisseur au couronnement est de 4ᵐ,50, et le mur de chute est vertical sur toute sa hauteur.

Le système adopté pour l'échelle est celui à gradins et compartiments successifs, avec ouvertures contrariées.

L'ouvrage est en maçonnerie et se compose d'un radier de deux bajoyers verticaux parallèles à l'axe, de deux murs de tête faisant suite en amont à ces bajoyers, et se recourbant l'un vers l'autre en forme d'avant-bec, d'un mur de pied en retour d'équerre sur les bajoyers, et de six échelles parallèles au mur de pied.

La longueur totale, depuis l'orifice de la prise d'eau entre les deux murs de tête, jusqu'à celui de sortie dans le mur de pied, est de 10 mètres; la longueur hors d'œuvre est de 5 mètres. L'axe de l'échelle est perpendiculaire à la direction du barrage.

Ce barrage était le seul obstacle à la remonte des poissons voyageurs; car, à peine l'échelle était-elle terminée, qu'à leur première migration les saumons en franchissaient les gradins; on en prenait d'une taille considérable dans un filet d'expérience tendu à l'orifice d'amont; on en constatait la présence, non seulement dans le bief de la manufacture, mais encore en divers points du cours supérieur de la rivière, et même au-dessus de Limoges.

Une fois frayé, le passage de l'échelle a été, depuis lors, fréquenté par un nombre toujours croissant de poissons voyageurs, tels que saumons, aloses et lamproies; en sorte que le rempoissonnement de la Vienne, dans toute sa partie en amont de Châtellerault, semble désormais assuré.

### CONCLUSIONS

On ne peut méconnaître aujourd'hui l'utilité des échelles ou plans inclinés pour la libre circulation des poissons *alternatifs*, c'est-à-dire de ces espèces voyageuses qui vont alternativement de la mer dans les eaux douces, ou des eaux douces dans la mer. Les essais faits en Europe et même en Amérique ne laissent, à cet égard, aucune incertitude. On ne saurait donc trop encourager et favoriser l'établissement de ces appareils partout où les cours d'eau offrent des obstacles naturels ou artificiels à la circulation des poissons voyageurs.

La propagation de ces espèces de poissons a un intérêt tout particulier pour l'industrie des pêches. D'une part, en effet, en parcourant chaque année, dans presque toute leur étendue, les fleuves et les rivières, elles donnent à l'industrie des pêches une puissante impulsion, et mettent, sous la main des populations riveraines, une matière alimentaire très abondante et très substantielle; d'autre part, elles offrent le précieux avantage de ne revenir dans les cours d'eau qu'après s'être développées et engraissées à la mer, par conséquent sans avoir rien prélevé sur les aliments naturels des espèces sédentaires qui vivent habituellement dans ces cours d'eau.

Les échelles, du reste, contribuent aussi à la propagation de ces dernières espèces, qui ne trouvent pas toujours, dans les cantonnements où elles vivent, les conditions favorables à la ponte; car elles peuvent, à l'aide des échelles, changer de stations à l'époque de la fraie, et choisir les endroits les plus propres à recevoir leurs œufs, soit dans les cours d'eau eux-mêmes, soit dans leurs affluents.

## LES BATRACIENS

Les Batraciens, à l'état adulte, sont des animaux à sang froid, à circulation incomplète, à respiration peu active; leur peau est nue.

A leur naissance, ils respirent par des *branchies* et ressemblent, par conséquent, aux poissons. A l'état adulte, ils ont des *poumons* et dès lors une respiration aérienne.

Les représentants des diverses familles de Batraciens dans les eaux douces sont les *Grenouilles*, les *Tritons* ou *Salamandres aquatiques*, et les *Axolotls*.

1. *Grenouilles.* — Les grenouilles sortent souvent de l'eau, soit pour chercher leur nourriture, soit pour se chauffer au soleil; elles se nourrissent de vers, d'insectes, de petits poissons et de petits mollusques. Elles choisissent toujours une proie vivante et en mouvement, et se mettent à l'affût pour la guetter; quand elles la voient, elles fondent sur elle avec vivacité.

Dès le mois de mars, les grenouilles restées à l'état de torpeur au fond de l'eau commencent à s'agiter; c'est à cette époque qu'elles se multiplient. Chaque femelle peut pondre de six cents à douze cents œufs, formés d'une sphère glutineuse et transparente, au centre de

Développement du têtard.

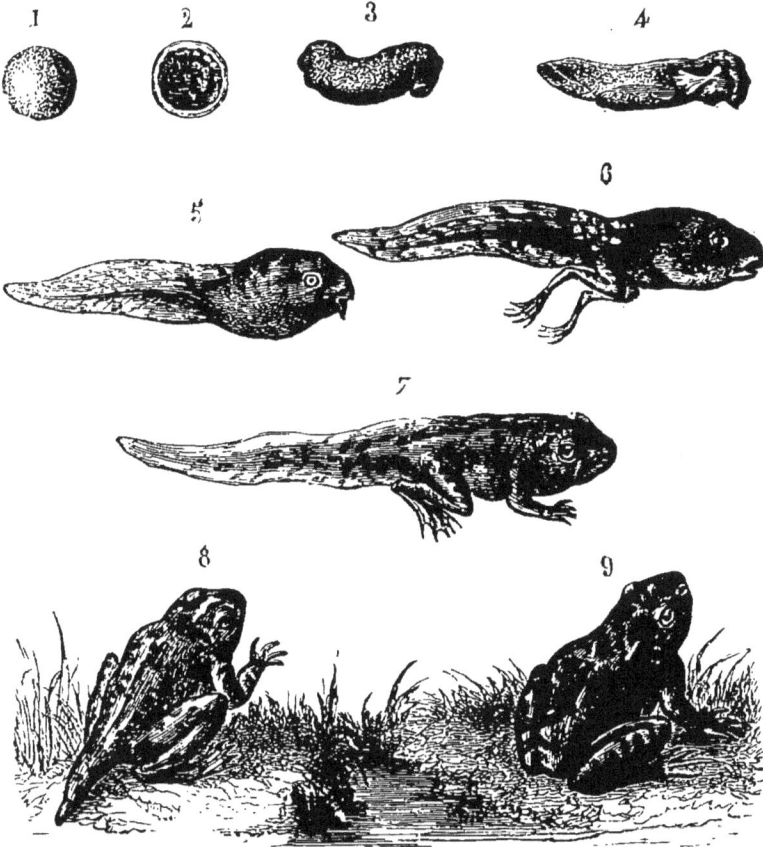

1. Œuf de grenouille.
2. Œuf fécondé et entouré d'une vésicule.
3. Premier âge du têtard.
4. Apparition des branchies respiratoires.
5. Développement des branchies du têtard.
6. Formation des pattes postérieures du têtard.
7. Formation des pattes antérieures; suppression graduelle des branchies.
8, 9. Développement des poumons; réduction de la queue; grenouille.

laquelle est un petit globule noirâtre. Au bout de peu de
temps, ce globule, qui était l'embryon et qui s'est déve-

loppé à l'intérieur de l'œuf, se dégage et s'élance dans
l'eau : c'est le *têtard* de grenouille.

Son corps, qui se termine par une longue queue apla-

Grenouille.

tie formant une véritable nageoire, n'a point de pattes.
De chaque côté du cou se trouvent deux grandes branchies en forme de panaches qui bientôt se flétrissent,
sans que la respiration cesse d'être aquatique, car le
têtard possède aussi des branchies intérieures comme

les poissons. Peu de temps après, les pattes postérieures commencent à se montrer, et acquièrent une grande longueur. Les pattes postérieures se développent sous la peau, qu'elles finissent par percer. Enfin, la queue se flétrit, s'atrophie peu à peu de façon à disparaître complètement chez l'animal parfait. Vers la même époque,

Salamandre aquatique ou Triton.

les poumons se développent et commencent à fonctionner.

Nous avons, en Europe, deux espèces de grenouilles : 1° La grenouille verte habite les eaux courantes et dormantes ; 2° La grenouille rousse, un peu plus petite que la précédente, habite les lieux humides, dans les champs et les vignes. Elle ne se rend dans l'eau que pour se reproduire ou pour hiverner.

II. *Tritons* ou *Salamandres aquatiques*. — Ces animaux, qui sont essentiellement aquatiques, viennent rarement à terre; on les trouve dans les fossés, les marais et les étangs. Ils sont très carnassiers, et se nourrissent de mouches, de divers autres insectes, du frai de grenouille, et même des individus de leur propre espèce. La femelle pond des œufs isolés qu'elle fixe au-dessous des feuilles des végétaux aquatiques. Les jeunes têtards naissent une quinzaine de jours après la ponte, et conservent longtemps leurs branchies. Les tritons peuvent vivre longtemps dans une eau très froide, et même au milieu de blocs de glace. Lorsque les glaçons se fondent, ils sortent de leur engourdissement et reprennent leurs mouvements en même temps que leur liberté. Ils présentent un autre fait non moins remarquable dans la facilité avec laquelle ils réparent les mutilations qu'ils ont subies. Non seulement leur queue repousse quand elle a été coupée; mais leurs pattes mêmes se reproduisent de la même manière et plusieurs fois de suite.

III. *Axolotls*. — Ces Batraciens, qui sont propres aux lacs de Mexico, subissent une métamorphose analogue à celle des tritons. Cependant ils sont déjà capables de se *reproduire* pendant leur état branchifère. Lorsqu'ils se sont transformés, ils offrent tous les caractères du genre américain de salamandres auquel on a donné le nom d'*Ambystomes*.

# LES OISEAUX AQUATIQUES

Les oiseaux réunissent tous les degrés d'organisation ; car ils volent, marchent, nagent et plongent. Ils se distinguent, parmi tous les autres êtres vivants, par la fidélité de leurs amours. On voit fréquemment un mâle s'attacher à une femelle, et vivre avec elle jusqu'à la mort de l'un d'eux.

A l'époque de la ponte, la femelle modifie ses habitudes. Elle enchaîne sa liberté, et reste souvent sur son nid malgré la faim ou le péril. Le mâle, du reste, lui prodigue les soins les plus tendres et pourvoit généralement à sa nourriture ou la remplace sur le nid pour couver les œufs. Leur sollicitude pour leurs petits est incomparable.

Certaines espèces d'oiseaux aquatiques fournissent à l'homme une nourriture très recherchée et très estimée. Mais les oiseaux sont surtout utiles à l'homme en détruisant, pour s'en nourrir, une foule d'animaux nuisibles, et notamment les insectes qui ravagent les champs ou les forêts.

I. *Aigles pêcheurs* ou *Pygargues*. — Les pygargues sont des rapaces diurnes qui se distinguent des aigles proprement dits par leurs tarses emplumés seulement à la partie supérieure ; leur nourriture, d'ailleurs, se compose presque exclusivement de poissons. Ils chassent aussi, sur le bord des eaux où ils se tiennent habituellement, de petits mammifères et des oiseaux aquatiques.

Ils sont doués d'une vue dont la portée est très grande ; car un pygargue planant à une hauteur considérable distingue très nettement un poisson, même de dimension moyenne, dont le dos vient effleurer la surface de l'eau ; il fond sur lui et le saisit avec ses serres qui sont très puissantes. J'ai vu souvent, sur les lacs et les fleuves, un de ces oiseaux attaquer soit un gros brochet dormant au soleil au milieu des plantes aquatiques, soit une forte truite ou un saumon venant happer des insectes à la surface de l'eau. Il enfonce alors ses serres dans la chair du dos, et parvient, en s'aidant de ses ailes, il amener le poisson sur le rivage où il le dépèce. Mais à est quelquefois victime de son audace et de sa voracité. Un poisson très vigoureux et de fortes dimensions peut plonger et entraîner avec lui, au fond de l'eau, le pygargue qui périt alors asphyxié.

L'orfraie ou pygargue d'Europe est un grand et bel oiseau qui atteint presque la taille de l'aigle royal, c'est-à-dire un mètre environ. On le rencontre dans toute l'Europe et en Afrique. Il passe sur nos côtes, en automne, en poursuivant les bandes d'oies et de canards qui émigrent vers le Sud ; et on le revoit au printemps lorsqu'il retourne vers le Nord.

Le pygargue à tête blanche, nommé vulgairement aigle à tête blanche, habite l'Amérique septentrionale. Il est doué de beaucoup de force et d'adresse. C'est peut-

Aigle pêcheur

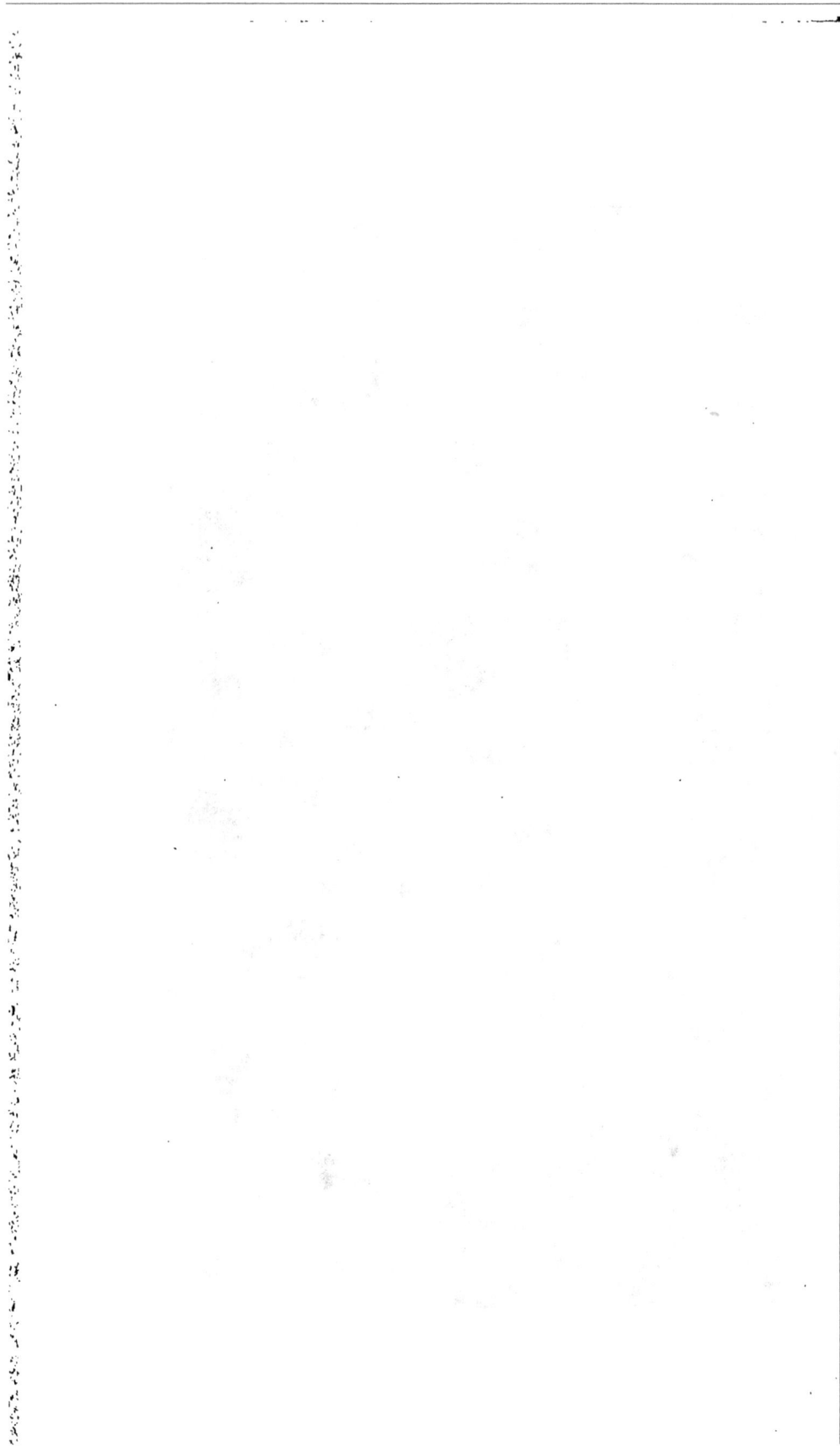

être pour ce motif qu'il est représenté comme emblème sur l'étendard des États-Unis. Ce choix déplaisait à l'illustre Franklin. « C'est un oiseau d'un naturel bas et « méchant, disait-il; il ne sait point gagner honnête- « ment sa vie. En outre, ce n'est jamais qu'un lâche « coquin. Le petit roitelet, qui n'est pas si gros qu'un

Grèbe huppé.

« moineau, l'attaque résolument et le chasse de son can- « ton. Ainsi, à aucun titre, ce n'est un emblème conve- « nable pour le brave et honnête peuple américain. »

Dans l'Inde et le Bengale, le pygargue garanda ou pygargue des Grandes Indes est l'objet de la vénération des brahmes, comme oiseau consacré à Vishnou.

II. *Grèbes.* — Ces oiseaux vivent sur la mer, mais ils

préfèrent le séjour des eaux douces, où ils se nourrissent de végétaux aquatiques, d'insectes, de vers, de mollusques et de petits poissons. Ils nagent avec une égale facilité à la surface des eaux comme entre deux eaux; dans cette dernière natation, ils se servent des ailes et semblent voler dans l'élément liquide : ils plongent longtemps, voyagent et émigrent sur les eaux. Sur terre, leur démarche est gauche et gênée; ils se tiennent presque constamment dans une attitude verticale, appuyés sur le croupion, les doigts et les tarses étendus latéralement; mais ils sont très élégants dans l'eau, où ils plongent et nagent admirablement. On les trouve dans l'ancien et le nouveau continent; leur dépouille y est utilisée comme fourrure; et on fait des manchons d'un blanc argenté avec la peau de leur poitrine, dont le duvet est serré, ferme et lustré.

Le grand grèbe ou le grèbe huppé (*Podiceps cristatus*) est assez commun sur les cours d'eau et les étangs les plus profonds du midi de la France, où il arrive en automne et reste jusqu'au printemps. Les plumes de la tête sont longues et divisées, sur l'occiput, en forme de deux cornes de couleur noire vers le bout. Je n'ai souvent trouvé, dans l'estomac de cet oiseau, que des pelotes de plumes dont il avait dépouillé son abdomen pour lui servir de lest ou d'aliment à défaut d'autre nourriture.

Le petit grèbe (*Podiceps minor*), grèbe de rivières ou grèbe castagneux, est sédentaire sur les cours d'eau, les étangs et les marais du midi de la France; sa chair y devient fort grasse, et d'un meilleur goût que celle de ses congénères. Il construit, dans les roseaux et à la surface de l'eau, un nid dans lequel la femelle pond cinq ou sept œufs oblongs, d'un blanc verdâtre ombré

Nid de grèbe castagneux.

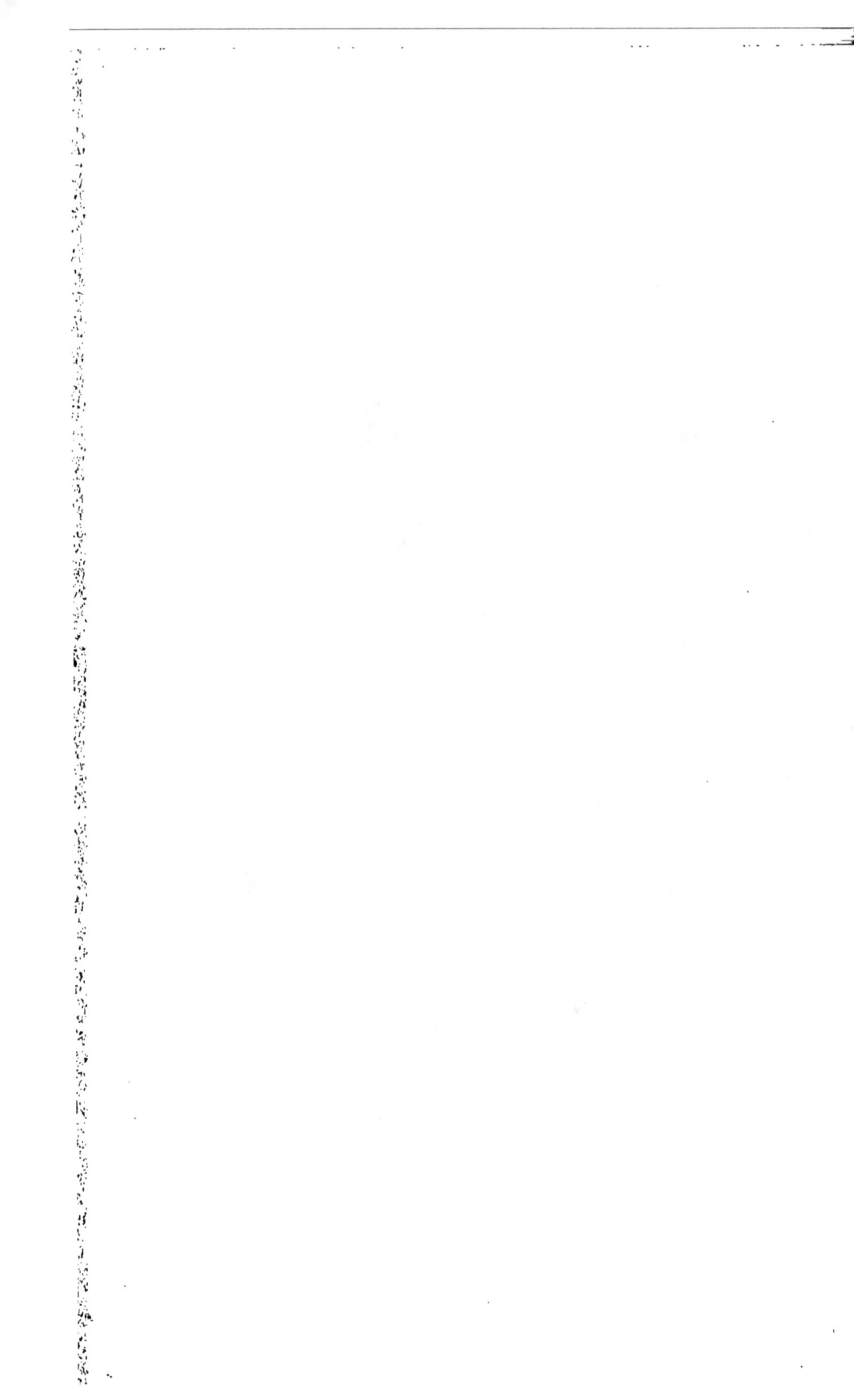

de brun. Ce nid est un véritable radeau qui vogue à la surface de nos étangs; il est formé d'un amas de grosses tiges de plantes aquatiques habilement entremêlées et très serrées; et comme celles-ci contiennent une notable quantité d'air dans leurs cellules, et qu'en se décomposant elles produisent divers gaz, l'ensemble devient plus léger que l'eau. Si la femelle est menacée d'un danger quelconque, elle plonge une de ses pattes dans l'eau et s'en sert comme d'une rame pour transporter ailleurs le berceau de sa progéniture. Le nid entraîne souvent avec lui une grande nappe d'herbes aquatiques, et ressemble alors à une petite île flottante.

III. *Poules d'eau.* — Les poules d'eau sont répandues sur une partie du globe, au milieu des marais et des étangs, aux bords des lacs et des rivières. Ce sont des oiseaux très gracieux, qui se tiennent habituellement parmi les roseaux, et se promènent quelquefois sur les larges feuilles des nénufars. Quoique leur vol ne soit ni élevé ni rapide, elles savent néanmoins éviter le chasseur avec beaucoup d'adresse. Harcelées de trop près, elles se jettent à l'eau, plongent et ne reparaissent que quelques pas plus loin, en ne montrant de leur tête que ce qui est strictement nécessaire pour respirer et étudier la situation; elles ne s'envolent que lorsque tout danger a disparu. Dans certains pays, elles sont sédentaires; dans d'autres, au contraire, elles accomplissent des migrations, et, dans ce cas, elles varient leurs plaisirs en voyageant tantôt à pied, tantôt à la nage, tantôt à tire d'aile. Elles suivent, chaque année, la même route, et reviennent établir leur nid au lieu où elles ont fait leur première ponte. Les œufs sont couvés alternativement par le mâle et la femelle, qui ont la précaution,

lorsqu'ils s'éloignent, de recouvrir d'herbes leur précieux trésor, afin de le soustraire aux recherches de leurs
ennemis, et surtout à la voracité des corbeaux et des pies.

La poule d'eau ordinaire (*Gallinula choropus*) habite
l'Europe, où on la trouve surtout en France, en Italie,
en Allemagne et en Hollande. Elle est d'un naturel
timide, et reste cachée, pendant le jour, au milieu des
roseaux. Son nid est construit très habilement avec des
débris de roseaux et de joncs entrelacés. Immédiatement après leur éclosion, les petits sortent du nid et
suivent leurs parents. Ils ne sont alors revêtus que d'un
duvet rare et grossier; mais ils courent avec vitesse,
comme de petits rats, sur les plantes aquatiques, nagent
et plongent pour se cacher à la moindre apparence de
danger.

IV. *Martins-pêcheurs.* — Ces oiseaux sont les *Alcyons*
des anciens, et ont été l'objet de fables ridicules. On
leur attribuait, par exemple, la propriété de faire sécher le bois sur lequel ils s'arrêtaient. On accordait à
leur corps desséché la propriété d'indiquer le vent, d'é-
carter la foudre, de donner en partage la beauté, d'amener la paix et l'abondance. Aujourd'hui encore, dans
certaines provinces, on croit que leur dépouille préserve
les draps et autres étoffes de laine de l'attaque des tei-
gnes. Les martins-pêcheurs sont répandus sur toute la
surface du globe. On en trouve un grand nombre d'espèces surtout dans les régions chaudes de l'Afrique et
de l'Asie.

Le martin-pêcheur alcyon (*Alcedo ispida*) est un de
nos plus beaux oiseaux; son plumage ne le cède en rien,
pour la vivacité des nuances, à celui des plus riches espèces des tropiques.

Nid de poule d'eau.

Si les oiseaux de proie, habitants des grands bois,
sont considérés comme nuisibles pour le chasseur, le
martin-pêcheur, sur le bord des eaux, peut être regardé
par le pêcheur comme un oiseau essentiellement nuisible. Semblable à ces voleurs du grand monde, il porte la
brillante livrée d'un gentilhomme, son plumage bleu et

Martin-pêcheur d'Europe.

vert le fait respecter et aimer par ceux qui devraient lui
vouer une haine implacable; mais il est si beau quand
il vole, les couleurs de son habit jettent de si joyeux reflets, que vraiment ce serait dommage d'en vouloir à ses
jours, et pour ne point passer pour barbare on le laisse
vivre paisiblement. Vrai braconnier de rivière, toujours

à l'affût, toujours en chasse, il fait une énorme consommation de petits poissons; voyez-le perché des heures entières sur la même branche ; on le prendrait pour un
philosophe rêveur, tant il est immobile, tant il paraît dé-
taché des choses de ce monde; mais attendez, il tourne
la tête, baisse les yeux : c'est qu'il aperçoit une proie, objet de sa convoitise ; dès qu'il juge le moment propice, il
se jette à l'eau, où il plonge et reparaît presque aussitôt,
tenant en son bec un petit poisson tout frétillant. Pour
le consommer il vole à terre, où il le tue avant de le
manger. Comme le canard, il est vorace, et comme lui
il fait vite sa digestion; aussi son appétit est insatiable,
et, à peine son repas achevé, il se remet à la recherche
d'une nouvelle victime. En changeant de place, s'il aperçoit quelque proie facile, il s'arrête tout à coup dans son
vol rapide, s'élève, plane quelques instants, et se laisse
tomber comme un plomb sur le poisson, qu'il manque
bien rarement.

Son organisation est telle, qu'il ne peut rester vingt-
quatre heures sans manger; aussi lui faut-il une nourriture énorme par rapport à sa taille. J'ai pu constater
qu'un martin adulte consommait par jour de 150 à 160
grammes de poissons, ce qui fait par an 54 à 58 kilogrammes! C'est beaucoup par un si petit être, mais
ce n'est pas tout. Ces 54 à 58 kilogrammes sont formés, dans la plupart des cas, de fretin ou d'alevin
des meilleures espèces, qui seraient devenus de bons et
gros poissons; le martin choisit ses mets; il aime les
fins morceaux et dédaigne souvent le fretin commun.

Le martin-pêcheur joint la hardiesse à l'habileté. Il
va pêcher dans les viviers, dans les parcs d'éclosion ; je
l'ai même vu venir prendre le poisson jusque dans le pa-

nier du pêcheur, quand celui-ci était éloigné et attentif
à suivre les mouvements de son bouchon.

V. *Cincle plongeur* ou *Merle d'eau*. — Cet oiseau est
connu dans quelques localités, particulièrement en Savoie, sous le nom de *Religieuse*, à cause du large plastron blanc qui lui couvre toute la gorge, le devant du

Martin-pêcheur d'Afrique.

cou et la poitrine, où il forme une espèce de rabat d'autant plus apparent que le reste du plumage est brun ou
même noirâtre; c'est aussi pour ce motif que quelques
personnes l'appellent ironiquement le *procureur*.

Par ses mœurs franchement aquatiques, le cincle constitue une curieuse exception dans l'ordre des passe-

reaux; car il est toujours, sur les bords ou au milieu
des eaux, à la recherche des insectes, des mollusques et
des petits poissons dont il fait sa nourriture. Quoiqu'il
n'ait pas les doigts palmés même rudimentairement, il
plonge et se meut entre deux eaux, en étendant les ailes
et s'en servant comme de nageoires. Souvent aussi il
rase, dans son vol, la surface de l'eau pour saisir les
insectes ailés. Pour chercher ses aliments dans l'eau, il
y descend d'abord jusqu'aux plumes du ventre, ensuite
il laisse pendre ses ailes en les agitant durant l'immersion, et continue de marcher, la tête haute, jusqu'au
fond; là il se promène, va et revient sur ses pas, en
capturant des larves, des vers, des mollusques et de petits poissons avec la même aisance que sur la grève. C'est
dans cet état que son plumage, serré et comme imprè-
gné d'une matière huileuse, paraît quelquefois entouré
de bulles d'air produites par le mouvement de trépida-
tion que les ailes impriment pendant l'immersion et qui
lui donnent un aspect argenté. D'autres fois, il passe
comme un rat à la surface de l'eau, d'un bord à l'autre,
ou il flotte avec les ailes étendues en se laissant aller au
courant à la poursuite des insectes et du menu fretin.

Les oiseaux plongeurs sont forcés de remonter fréquemment à la surface pour renouveler l'air de leurs
poumons; le cincle sait renouveler sa provision d'air
au sein même de l'eau. On le voit, en effet, après une
immersion de 25 ou 30 secondes dans les eaux claires et
transparentes, s'arrêter un instant, relever la tête en
laissant échapper de son bec quelques bulles d'air, puis
fouiller rapidement sous ses ailes légèrement écartées du
corps et reprendre sa marche, tandis que des centaines
de petites bulles d'air s'échappant de dessous les ré-

Cincle plongeur et son nid.

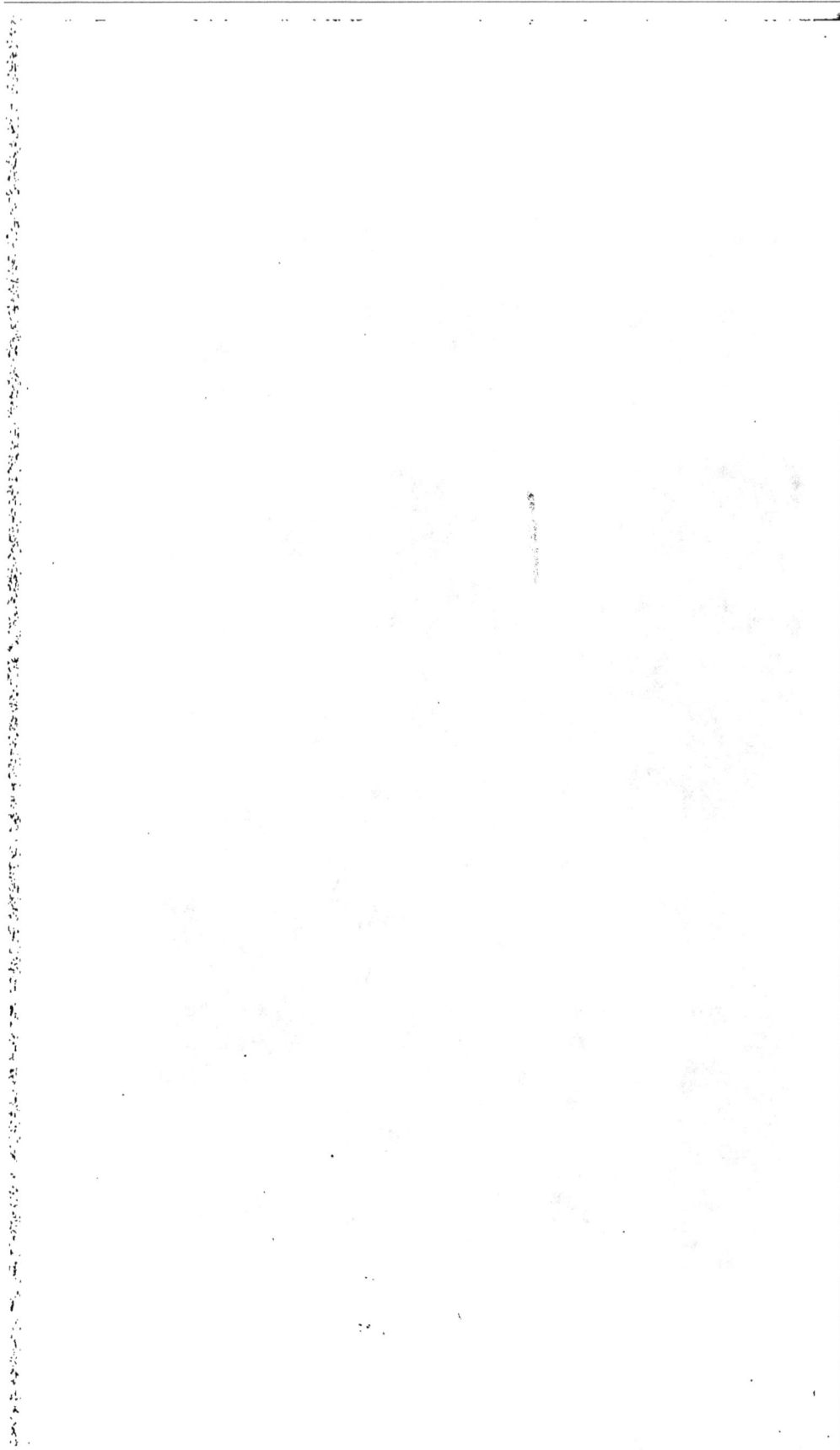

miges viennent crever à la surface. 25 ou 30 secondes
après, il recommence et ne revient à l'air libre que
lorsqu'il ne remonte plus un seul globule, la provision
étant épuisée. On peut conclure de là que, sous l'écarte-
ment des ailes, au moment où le cincle entre dans l'eau
et qu'il *s'ébroue*, il s'amasse une certaine quantité d'air
dont l'oiseau s'empare en partie lorsqu'il a rejeté celui
qui n'est pas respirable, et que c'est par ce renouvelle-
ment d'oxygène aspiré qu'il peut demeurer immergé
pendant une minute et demie, et quelquefois même plus
longtemps.

Le cincle est essentiellement montagnard; il recherche les lieux qui lui offrent des rivières, des torrents,
des ruisseaux d'eau limpide coulant sur des graviers.
Mais, au commencement de l'automne, il se rapproche
de la plaine pour s'établir sur les bords des lacs hérissés de rochers, ou le long des ruisseaux ou bien à la
source des rivières. Quand il a choisi son canton, il ne
le quitte pas et n'empiète sur les parties voisines que
forcé par de graves circonstances; mais s'il respecte la
propriété du voisin, en revanche il veut être maître chez
lui. Il y vit en famille, et ne supporte pas les étrangers
ou les indiscrets.

VI. *Fauvettes des roseaux.* — Ces jolis et gracieux
oiseaux grimpent avec agilité le long des roseaux qui
croissent dans les étangs et les marais, ou sur les bords
des lacs et des eaux courantes. Leur nourriture ne se
compose presque exclusivement que d'insectes.

La rousserolle turdoïde (*Calamoherpe turdoides*) est
connue vulgairement sous les noms de *rossignol de marais* ou de *cra cra;* elle est la plus grande de toutes
celles connues en Europe, et n'arrive en France que

vers la fin d'avril pour en repartir en août ou, au plus
tard, en septembre, dès que les brouillards se mani-
festent dans les localités qu'elle habite. Le mâle paraît
généralement quelques jours avant la femelle. Il commence à chanter dès les premiers jours de mai, et dé-

Fauvette des roseaux.

bute ordinairement par les syllabes *cra, cra, cara, cara,*
dites lentement et d'un ton enroué; il continue ensuite
par celles-ci : *tret, tret, treu, hiy,* répétées avec un peu
plus de vivacité. Il chante jusqu'au commencement de
juillet, surtout le matin et le soir, et même durant la
nuit. Pour établir son nid, la grosse rousserolle choisit
les points les plus chargés de roseaux dont le pied

Nid de fauvette rousserolle.

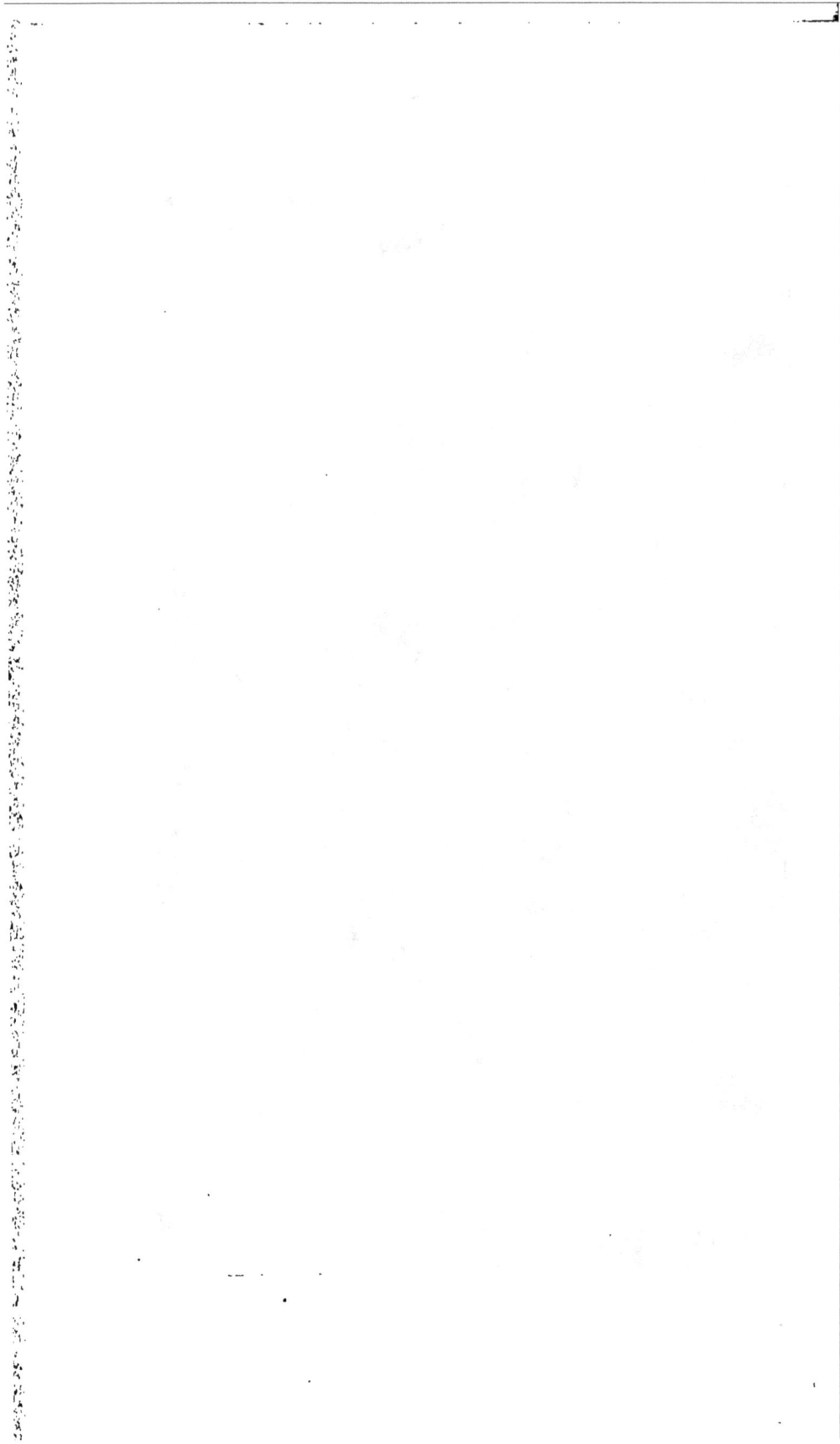

baigne dans l'eau. On l'y voit grimper avec prestesse le
long de leurs cannes, saisir en même temps les insectes
qu'elle y découvre et poursuivre au vol les mouches et
libellules. Le mâle et la femelle commencent à confec-
tionner leur nid vers le milieu de mai. Ils ramassent, à
cet effet, une grande quantité de tiges et de feuilles
sèches, surtout de petits joncs et de roseaux, dont ils
composent tout leur ouvrage à l'extérieur, après avoir
entortillé les premiers brins autour de trois, quatre ou
cinq cannes très rapprochées les unes des autres, de
sorte que le nid se trouve assujetti à peu près dans
toute sa hauteur, et placé généralement à 1 mètre au-
dessus de l'eau, quelquefois sur la vase ou la mousse
des marécages. L'intérieur est garni avec des têtes ou
panicules sèches de roseaux ; et pour en faire une couchette très moelleuse, ils garnissent le fond avec le duvet satiné des saules et des peupliers. Après la mue,
qui a eu lieu à la fin de l'été, la chair de la rousserolle
se couvre de graisse et devient d'un goût exquis qui ne
le cède en rien à celui de la poule d'eau poussin, connue vulgairement sous le nom de *poulette*.

La petite rousserolle, dite effervatte ou bec-fin des roseaux (*Calamoherpe arundinacea*), est un charmant petit
oiseau qui habite plusieurs contrées de l'Europe, où il
est généralement très commun. Sans cesse en mouvement, il grimpe le long des tiges de roseaux en faisant
entendre un chant continuel, *tran, tran, trin, trin, kiri,
kiri, hauys, hauys*, qu'il n'interrompt pas même quand
on l'approche de très près. Au printemps et en été, il
chante même la nuit. La petite rousserolle arrive en
France au printemps, et nous quitte dans le courant
d'octobre. Elle construit son nid en forme de panier

allongé, entrelacé à trois ou quatre tiges de roseaux.

La fauvette aquatique ou fauvette des marais (*Calamoherpe aquatica*) se trouve dans plusieurs contrées du centre et du midi de l'Europe. Elle séjourne, en hiver, dans le midi de la France, sautillant au milieu des marais dans les buissons et les tamaris. Le mâle a un petit gazouillement fort doux, et fait entendre un petit cri : *tré-kré, tré-kré*. Cet oiseau construit son nid avec art, en l'entrelaçant aux tiges des plantes aquatiques.

La fauvette des joncs au bec-fin phragmite (*Calamoherpe phragmitis*) habite, comme les précédentes, les étangs, les marais, les bords des lacs et des cours d'eau. Son nid est entrelacé dans les roseaux. Cet oiseau se trouve en France, en Angleterre et en Hollande.

La fauvette ou bec-fin à moustaches noires (*Sylvia melanopogon*) est propre aux contrées méridionales ; elle est sédentaire dans le midi de la France, et recherche les pays inondés et couverts de roseaux. Cet oiseau est peu farouche ; il se cramponne aux cannes de joncs, les parcourt de bas en haut et aime à marcher sur les plantes aquatiques. Le mâle, pendant l'été et les beaux jours d'hiver, fait entendre un petit ramage très agréable, qu'il commence par les syllabes *kui-tui*.

VII. *Cormorans*. — Ces oiseaux sont répandus dans presque toutes les parties du monde ; ils sont abondants en Hollande, où leurs œufs sont recherchés pour donner de la qualité aux biscuits de mer. En Europe, on ne connaît que trois espèces bien déterminées : le cormoran ordinaire ou grand cormoran (*Carbo cormoranus*), dont le plumage est d'un noir verdâtre à reflets, habite l'Europe, la Sibérie et l'Amérique septentrionale ; en France, il est sédentaire sur quelques points des côtes

Fauvette des marais.

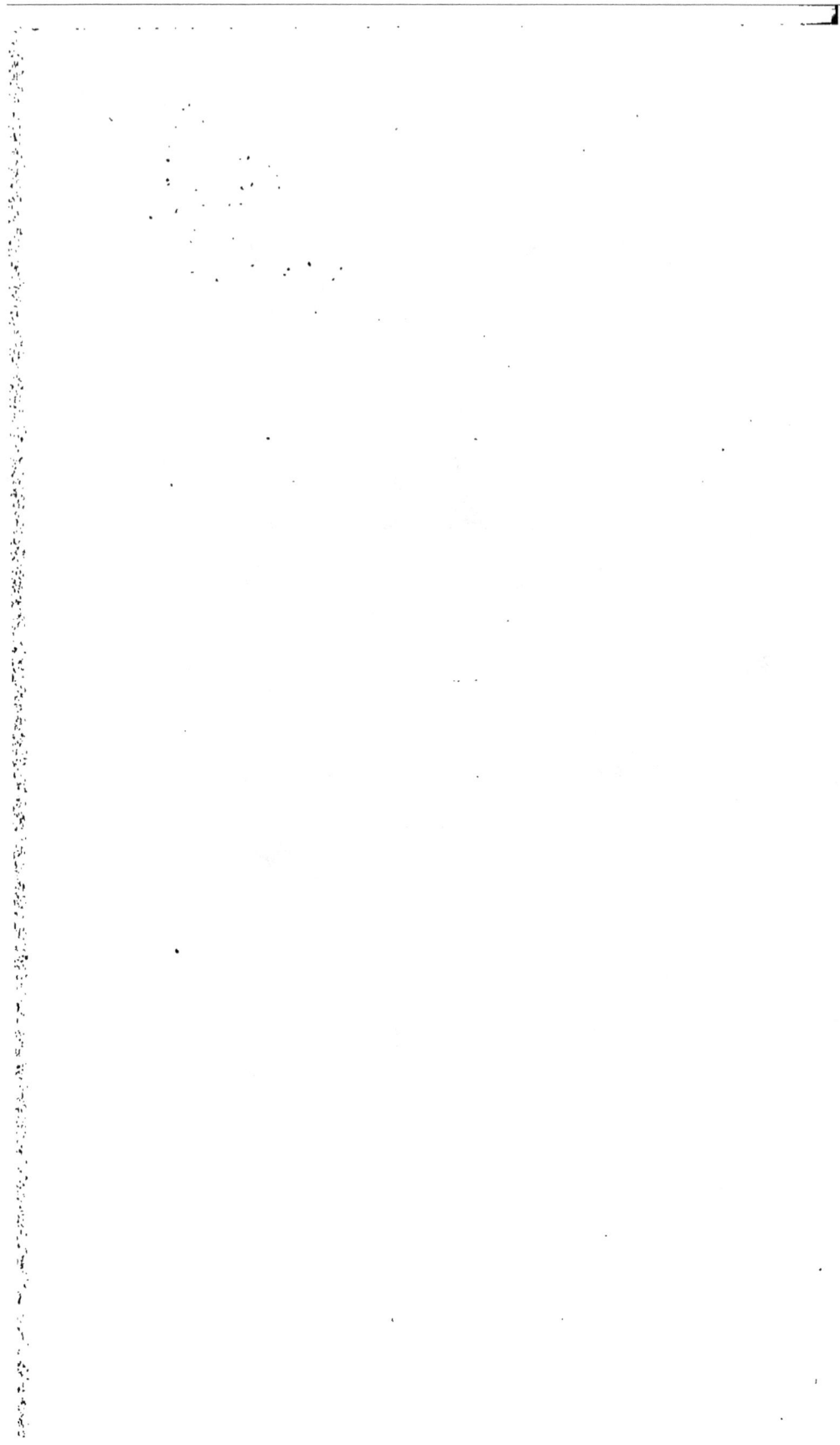

de l'Océan, où il se reproduit. Il émigre par petites troupes et se montre de passage régulier, au printemps et à
l'automne, dans les parties de nos départements septen-
trionaux limitrophes de la mer. Le cormoran huppé
(*Carbo cristatus*) habite les côtes occidentales de l'Europe et quelques-unes des îles de la Méditerranée, notamment la Sardaigne, la Corse, etc. Le cormoran pyg-
mée (*Carbo pigmæus*) habite l'Asie septentrionale et
occidentale, l'Europe orientale et l'Afrique septentrionale.

Les cormorans fréquentent habituellement les bords
de la mer et l'embouchure des fleuves et des rivières,
où ils trouvent en abondance les poissons dont ils font
leur nourriture. Ils volent très bien, et sont aussi bons
nageurs qu'excellents plongeurs; lorsqu'ils nagent, leur
tête est seule à découvert; mais, pour rechercher et
poursuivre leur proie, ils se submergent. C'est avec le
bec qu'ils saisissent le poisson; pour l'avaler, ils le jettent en l'air et le reçoivent la tête la première, de telle
sorte que les nageoires se couchent au passage.

Le cormoran ordinaire a un appétit presque insatiable;
il se gorge outre mesure, surtout quand il peut saisir
des anguilles; les dégâts qu'il commet dans les eaux
sont généralement considérables, car il peut dévorer, en
un seul jour, 3 à 4 kilogrammes de poissons.

L'homme a cherché à utiliser l'habileté et d'adresse
que les cormorans déploient à la pêche.

### PÊCHE AU CORMORAN

L'art de dresser les oiseaux de vol ou fauconnerie,
pour prendre le gibier, nous vient des Orientaux; il a

été importé en France par les chevaliers, à leur retour des croisades. Mais la pêche avec le cormoran est originaire de la Chine, et remonte conséquemment à la plus haute antiquité, car Dieu seul sait l'âge de la nation chinoise! On raconte dans les mémoires du temps que c'est un Flamand, appelé à la cour de France avec deux cormorans dressés, qui pêcha le premier devant le roi Louis XIII dans les pièces d'eau du palais de Fontainebleau. Il est probable cependant que Henri IV a eu des cormorans; ce n'est même pas douteux, puisqu'on lit dans Heroard, premier médecin du roi Louis XIII enfant : « Le 24 septembre 1609, M. le Dauphin, avec Leurs Majestés, au grand jardin à Fontainebleau, vont voir pêcher au cormoran dans les canaux. » Ce qui est certain, c'est que la pêche avec des oiseaux a été introduite en Europe par les Hollandais, qui ont été imités par les Anglais, que M. Wood était maître des cormorans à la fauconnerie de Charles Ier, et que plus tard cette pêche a fait son apparition en France. Cet art avait été complètement délaissé. Sa résurrection récente en France est due à MM. Le Couteulx de Canteleu et Pierre Pichot, qu'on retrouve partout et toujours lorsqu'il s'agit d'une innovation sportive intéressante. C'est en 1865 que ces intelligents sportsmen firent venir d'Angleterre le meilleur fauconnier qui existe peut-être en Europe, le fameux John Barr. M. Le Couteulx apprit de lui la manière de dresser les oiseaux plongeurs; non content de savoir, il voulut que tout le monde bénéficiât de son expérience; il publia, en conséquence, un excellent livre sur la pêche au cormoran. D'autre part, on se procura, au Jardin d'acclimatation de Paris, un assez grand nombre de jeunes cormorans, et deux de mes amis,

MM. Barrachin et de la Rue, en ont dressé quelques-uns. M. de la Rue a publié, à leur sujet, de charmants articles dans le *Bulletin de la Société d'acclimatation* et dans *la Chasse illustrée*.

Le cormoran est très-estimé des Chinois pour la pêche : ils lui donnent le nom de *lou-sse;* on le trouve dans plusieurs provinces, mais on recherche particulièrement ceux du Hou-nan et du Ho-nan. Bien dressés à la pêche, leur prix est assez élevé et va jusqu'à 160 francs la paire. Ce prix s'explique par les longs soins et la patience qu'exige leur éducation.

Les cormorans peuvent pondre à deux ans, et au moment de cet acte on prépare, dans un endroit retiré et obscur, un nid de paille sur lequel la femelle vient pondre ses œufs, qu'elle couve presque toujours elle-même. L'incubation dure trente jours. Pendant les sept premiers jours, on donne aux jeunes oiseaux de la viande hachée très-menu, qu'on leur distribue trois fois par jour et qu'ils préfèrent à toute autre nourriture. Néanmoins, après ce temps, on ajoute de petits poissons à la viande de bœuf. Le dixième jour, l'éleveur transporte les jeunes cormorans sur son bateau, où ils prennent aussitôt place sur le perchoir commun, dont les bois sont garnis de chanvre; aussitôt qu'ils sont assez forts, on les met à l'eau et on les laisse quelques minutes au milieu de leurs aînés. Au bout de quelques semaines, ils sont déjà merveilleusement dressés à happer et à recevoir au passage les petits poissons qui leur sont jetés du bateau. Ce n'est qu'à sept ou huit mois qu'ils sont bien dressés pour la pêche. On leur met alors autour du cou un collier de rotin pour les empêcher d'avaler le poisson; on leur attache à la patte une cordelette, longue de $0^m,65$ environ, et terminée par une flotte en bambou ou en bois. A un signal donné par le pêcheur, qui est posté sur son bateau, la main armée d'une gaule fourchue de 2 mètres environ de longueur, tous les cormorans plongent dans l'eau, cherchent leur proie, et, quand ils l'ont saisie, reparaissent à la surface, tenant le poisson dans leur bec. Le pêcheur accroche alors la flotte avec sa longue perche, sur laquelle monte aussitôt le cormoran, et, avec sa main, retire le poisson qui est jeté dans un filet. Lorsque le poisson est très-gros et pèse, par exemple, de 3 kil. 1/2 à 4 kilogr., les cormorans se prêtent une mutuelle assistance, l'un prenant le poisson par les nageoires, un autre par la queue, etc... Les plus petits poissons qu'ils rapportent pèsent 125 gr. environ. Chaque capture est récompensée par un petit morceau de poisson que l'oiseau peut avaler, malgré son collier. Il arrive souvent que les cormorans, fatigués de ne rien prendre, ou bien par paresse, essayent de se reposer; alors le maître impitoyable frappe, à côté d'eux, l'eau avec sa gaule, et les pauvres oiseaux, effrayés, s'empressent de continuer leur travail, qui n'est suspendu que de midi à deux heures. La nuit on les laisse dormir tranquillement. Cette pêche, qui n'est interrompue que par les grands froids, est assez productive : 20 à 30 cormorans peuvent prendre pour plus de 6 francs de poisson par jour. En général, les pêcheurs aux cormorans sont associés; les oiseaux appartenant à chaque société portent une marque particulière. On a le plus grand soin d'eux, et lorsqu'ils sont malades, on leur fait prendre de l'huile de sésame. Les cormorans peuvent rendre des services jusqu'à l'âge de dix ans

# LES MAMMIFÈRES AQUATIQUES

Parmi les mammifères des eaux douces, il en est quelques-uns dont les mœurs sont vraiment merveilleuses et ne sont encore connues que d'un petit nombre de personnes.

I. *Ornithorhynque* ou *Taupe de rivière*. — Rien de plus étrange que cet animal, qui ressemble à une taupe énorme avec un bec de canard. Il tient à la fois de l'oiseau, du reptile et du mammifère. Sa bouche, en effet, se termine par une espèce de bec corné; ses excréments et les produits de la génération s'évacuent, comme ceux des oiseaux, par un orifice commun nommé cloaque. Son épaule présente, comme chez les Sauriens, une double clavicule. Par tous les autres côtés, il est un véritable mammifère. Ses mamelles sont peu apparentes et privées de tetines; mais elles sécrètent une liqueur lactée destinée à nourrir les petits. On ne connaît qu'une seule espèce d'ornithorhynque, l'*ornithorhynque paradoxal*, animal de la grosseur d'une petite loutre, désigné par les colons australiens sous le nom de *taupe de rivière*, qui habite les bords des lacs et des rivières de la Nouvelle-Hollande et de la terre de Van-Diémen,

Il se nourrit de larves aquatiques, de vers, de mollusques et, au besoin, de détritus végétaux; il vit, par couple, dans des terriers qu'il creuse sous les berges et dont il ne sort habituellement que la nuit ou pendant le jour pour nourrir sa famille. C'est au fond de ces terriers garnis de racines entrelacées que la femelle dépose ses petits; peu d'heures après leur naissance, elle les *conduit à l'eau pour les allaiter*. Les petits viennent à tour de rôle opérer une pression sur les glandes lactifères de leur mère; le lait se répand à la surface de l'eau, sous la forme d'une huile bleuâtre; et c'est alors que les petits s'empressent de la humer en poussant de petits grognements. Ce mode d'allaitement, qui n'a d'analogue dans aucun ordre des mammifères, suffirait à lui seul pour faire de l'ornithorhynque une des plus étonnantes bizarreries de la nature.

II. *Desmans.* — Ces animaux sont spécialement organisés pour une existence aquatique. Leurs pattes de derrière sont palmées et leur queue est aplatie, dans une certaine portion de sa longueur, de manière à servir de rames. Leur corps est allongé et recouvert de poils soyeux. Ils vivent sur les bords des lacs et des rivières, et vont chercher dans l'eau les insectes, les mollusques, les grenouilles et même les petits poissons. On n'en connaît que deux espèces, qui sont propres à l'Europe : le *desman moscovite* et le *desman des Pyrénées*. Le *desman moscovite* habite la Russie; sa taille est à peu près double de celle de notre rat d'eau. L'odeur qu'il exhale est si pénétrante, qu'elle se communique à la chair des poissons assez voraces pour se nourrir des cadavres de cette espèce. Les gros poissons avalent parfois les desmans qui vont chasser dans l'eau. Le *desman des Pyré-*

*nées* est beaucoup plus petit que le précédent; il est commun dans les petits cours d'eau du département des Hautes-Pyrénées.

III. *Ondatras* ou *rats musqués*. — Ces mammifères, dont la taille égale celle d'un lapin, sont très-communs dans l'Amérique du Nord, spécialement au Canada. Leurs pieds de derrière sont à demi palmés et bordés de poils raides à chaque doigt; et leur queue, presque aussi longue que le corps, est comprimée et couverte d'é-cailles. Grâce à ces dispositions, ils s'élancent et se jouent avec aisance dans l'eau, leur élément naturel. Ils sont pourvus d'une glande qui sécrète un liquide laiteux d'une odeur musquée excessivement pénétrante : de là, le nom de *rat musqué* qu'on leur donne quelquefois.

Ces animaux sont de véritables architectes; ils ont l'esprit de construction très développé; ils ressemblent, à cet égard, aux castors, et savent mettre en pratique le principe d'association pour la garantie et le bien-être de chacun. Ils réunissent, en effet, leurs efforts pour édi-fier des villages où ils trouvent un abri assuré contre le froid et contre leurs ennemis. Lorsqu'une colonie d'on-datras s'est formée, elle se transporte sur le bord d'un lac ou d'un cours d'eau tranquille, et cherche un endroit dépourvu d'escarpement. Le choix fixé, chacun se met à à l'œuvre et les huttes s'élèvent rapidement. Elles ont extérieurement la forme d'un dôme, et se composent de joncs préalablement enfoncés en terre comme des pieux, puis réunis les uns aux autres par d'autres joncs solidement entrelacés. Les interstices sont ensuite rem-plis avec de la terre glaise pétrie au moyen des pattes de devant et appliquée, à l'aide de la queue, d'une façon très satisfaisante. Une dernière tresse de joncs couvre ce revêtement et porte l'épaisseur de la muraille à 0m,35.

Contre la crue des eaux et l'envahissement possible de son domicile, l'ondatra ne néglige pas les précautions. Il dispose des gradins dans l'intérieur de la hutte et peut ainsi s'élever progressivement selon le niveau de la rivière. Cet animal est doué, d'ailleurs, d'un degré d'observation bien remarquable; car les gradins supérieurs ne sont jamais atteints par les eaux, excepté dans les crues tout à fait extraordinaires. La grandeur des cabanes varie selon le nombre de leurs habitants. En général, elles ont de 0m,60 à 0m,70 de diamètre intérieur, et peuvent abriter sept à huit individus; mais on en trouve de beaucoup plus vastes. Diverses galeries les font communiquer *par-dessous la rivière* avec la rive opposée. Ces galeries sont destinées soit à servir de refuge en cas de danger, soit à permettre aux ondatras d'aller chercher, durant l'hiver, les racines dont ils se nourrissent. Dans cette saison, en effet, l'entrée de leur demeure est obstruée par l'eau, et ils vivent dans une obscurité complète. Les huttes des rats musqués sont quelquefois réunies en nombre considérable; elles présentent, ainsi agglomérées, le singulier aspect de maisons en miniature. C'est là que les industrieux rongeurs se confinent pendant les mois rigoureux.

Dès les premiers jours du printemps, ils sortent de leur demeure souterraine, se répandent dans les terres et s'accouplent. Aussitôt qu'elles ont été fécondées, les femelles regagnent le logis; mais les mâles continuent à vagabonder dans les champs. A la fin de l'été, mâles et femelles se réunissent de nouveau en plus ou moins grand nombre et vont fonder une nouvelle colonie; car on affirme que ces animaux n'occupent jamais deux années de suite le même campement.

Dans la construction des digues et surtout des levées de défense contre les inondations, l'homme doit prendre des précautions contre les animaux rongeurs; car, plus d'une fois, les levées du Pô ont été percées par les taupes, et celles du Mississipi par les rats musqués.

IV. *Castor*. — Les mœurs et l'intelligence de cet animal l'ont rendu célèbre dans le monde entier. On le trouve dans les régions septentrionales des deux continents; en Europe, dans le midi de la France, dans la Russie, la Pologne, la Prusse et l'Autriche; en Asie, dans la Sibérie et la Grande Tartarie. Mais on ne le rencontre plus en grandes colonies que dans les solitudes de l'Amérique du Nord, principalement du Canada, où il recherche les régions entrecoupées de lacs et de cours d'eau; car il est essentiellement aquatique.

Vers le mois de juin, les castors se réunissent en troupes de deux cents à trois cents individus pour se livrer à la construction de leurs demeures; ils choisissent alors un endroit convenable, et donnent généralement la préférence à un cours d'eau assez considérable pour supporter le flottage des bois dont ils ont besoin pour leurs travaux. Car, avant de bâtir leurs demeures, ils construisent une digue destinée à mettre ces demeures à l'abri des inondations. Toute la troupe prend part aux travaux; les uns, à l'aide de leurs tranchantes incisives, coupent et ébranlent un gros arbre dont ils savent diriger la chute de manière à ce qu'il tombe en travers de la rivière; les autres attaquent des arbres plus petits et, après les avoir débités en pieux, les amènent sur l'eau, où ils les font flotter jusqu'à l'emplacement de la

digue. D'autres travailleurs enfoncent ces pieux dans le
lit de la rivière, et les relient ensuite entre eux avec des
branches flexibles. Ce n'est pas tout; les castors ne sont
pas seulement d'habiles charpentiers, ils sont aussi de
bons maçons. En effet, ils vont sur la rive, gâchent de
la terre avec leurs pieds, la battent avec leur queue, et
en font des pelotes pour maçonner les pilotis. Après ce
travail, la digue est terminée; elle a quelquefois de 30
à 35 mètres de longueur, sur 3 à 4 mètres d'épaisseur à
la base.

La construction de cette chaussée dénote chez les castors plus que de l'instinct; car elle exige un grand
nombre d'actes réfléchis. Et ce qui prouve encore qu'ils
n'agissent pas machinalement, c'est que si, dans leurs
explorations, ils trouvent un lac convenablement placé
et dont les eaux ne sont pas sujettes à de fortes variations de niveau, ils ne construisent pas de digue parce
qu'ils n'ont pas à redouter l'inondation de leurs cabanes. Celles-ci sont bâties sur pilotis près du bord de
l'eau. Pour leur édification, la troupe des castors se
fractionne en petites compagnies dont chacune travaille
pour son compte.

Les cabanes affectent une forme ronde ou ovale, et ont
intérieurement deux à trois mètres de diamètre; elles
présentent deux, quelquefois même trois étages; l'inférieur ou le rez-de-chaussée sert de magasin pour la
provision d'hiver, qui se compose d'écorces et de branches de saules, de peupliers, d'aunes et autres bois
tendres, dont les castors font leur nourriture favorite;
l'étage supérieur est plus spécialement consacré à l'habitation. Les murs ont quelquefois $0^m,60$ d'épaisseur et
se terminent par un plafond en forme de dôme. Cette

maçonnerie est complètement imperméable, et résiste aux coups de vent les plus violents; elle est faite de bois, de pierres, de sables et de limon, le tout cimenté par un mortier que l'habile maçon applique avec sa queue, comme avec une truelle. Chaque cabane a deux issues : l'une, cachée par l'eau, s'ouvre dans le magasin et permet aux habitants de s'échapper en plongeant l'autre est percée dans le mur de l'étage supérieur pour l'entrée et la sortie. Le nombre des habitants d'une même cabane est généralement de quatre ou six, accouplés deux à deux, et va quelquefois jusqu'à dix-huit ou vingt. Habituellement, les différents couples vivent à côté les uns des autres, dans une harmonie parfaite, et ce n'est que par exception qu'ils se retranchent dans des compartiments particuliers.

La même harmonie règne dans toute la colonie. Si un castor soupçonne un danger quelconque, il bat immédiatement l'eau avec sa queue, et produit un bruit qui, se transmettant rapidement sur l'eau, se propage dans toutes les cabanes. Leurs habitants se mettent de suite en mesure d'échapper au péril; les uns plongent, les autres se blottissent dans leur demeure, où l'homme seul pourrait les atteindre.

Le castor cesse de bâtir quand il se trouve dans des conditions qui ne lui présentent plus assez de sécurité. Cet animal s'est maintenu sur notre sol jusqu'à la fin du moyen âge. Mais l'homme abuse de tout; en perfectionnant ses armes et ses procédés de chasse, il a fait au castor une guerre d'extermination. Alors les colonies et les familles se sont dispersées; d'architectes et de constructeurs qu'ils étaient, les castors sont devenus fouisseurs; et au lieu de se bâtir une cabane bien confortabl pour y vivre en commun, ils se tiennent dans l'isolement et sont réduits à se creuser un long terrier aboutissant à la berge d'un cours d'eau. On les appelle, pour cette raison, *castors terriers.*

On trouve encore quelquefois, en France, des castors terriers sur le cours méridional du Rhône et à l'entrée de ses principaux affluents, tels que l'Isère, le Gardon et la Durance.

On pourrait aisément et à peu de frais favoriser la propagation et la multiplication du castor dans les immenses marais de l'est et du nord de l'Europe. Cette entreprise deviendrait, en peu d'années, une source de richesses pour ces contrées. Les castors fournissent de précieuses fourrures, que l'Europe achète en Amérique à des prix très élevés.

V. *Loutres.* — Ces mammifères habitent toutes les parties du monde; mais c'est en Europe et en Amérique qu'elles sont le plus répandues. On les trouve sur les bords des cours d'eau, des lacs et des étangs; car elles sont essentiellement organisées pour la vie aquatique. Leurs formes sveltes, leur tête petite et aplatie, leurs pattes palmées qui font l'office de rames, leur queue longue et forte qui sert de gouvernail, leur poil lisse et luisant, tout est disposé pour leur permettre de plonger et de couler avec rapidité au milieu des eaux.

La loutre commune (*Lutra vulgaris*) est assez répandue en France; elle mesure 0$^m$,70 du bout du museau à l'origine de la queue, qui est longue de 0$^m$,50 à 0$^m$,55; la couleur générale de sa robe est le brun, plus ou moins foncé; la femelle se distingue du mâle par une taille plus petite, un corps plus fluet et un pelage plus clair. Elle habite exclusivement près des eaux douces, et préfère les ruisseaux où vivent des truites et des écrevisses, et, en général, les eaux dont les bords sont plantés d'arbres ou d'arbustes. Sa demeure est souterraine; l'ouverture est placée, autant que possible, à 0^m,50 ou 0^m,60 au-dessus du niveau de l'eau; de là, part un couloir de 1^m,20 à 1^m,50 qui monte obliquement et qui conduit à un vaste donjon tapissé d'herbes et toujours sec. Un second couloir, assez étroit, se dirige vers la surface de la berge et sert à la ventilation; mais, afin de mieux cacher sa retraite, elle pratique habituellement les trous à air au milieu d'un épais buisson. Dans la plupart des cas, elle utilise et approprie les trous ou cavités que l'eau a creusés sur les bords; quelquefois aussi, elle s'accommode de quelque retraite naturelle, ou s'empare d'un terrier abandonné, situés au voisinage de l'eau; et comme elle est très craintive et très rusée, elle a souvent plusieurs habitations. Lorsque les hautes eaux submergent son terrier, elle se réfugie soit sur les arbres, soit dans les abris qu'elle peut rencontrer à proximité.

Dans les premiers jours du printemps, la femelle met bas deux, trois et même quatre petits aveugles qu'elle soigne avec la plus vive sollicitude. Son affection pour eux est si grande que souvent elle se fait tuer sur place plutôt que de les abandonner. Quand on les lui enlève, elle suit le ravisseur et témoigne sa douleur par des cris ayant quelque ressemblance avec la voix humaine. Les petits, de leur côté appellent leur mère avec un ton de voix qui ressemble aux cris des enfants; au bout de neuf à dix jours, ils ouvrent les yeux; et à l'âge de deux mois environ, la mère les emmène à la pêche, Ils restent avec elles pendant six mois au moins, durant lesquels ils font leur éducation.

La loutre se nourrit presque exclusivement de poissons qu'elle saisit en plongeant; elle mange aussi de
petits mammifères, des reptiles aquatiques, des oiseaux,
des écrevisses, des insectes, des mollusques et même des
végétaux; mais elle donne toujours la préférence aux
beaux et bons poissons, tels que truites et saumons.
Toutes les nuits elle quitte sa tanière pour se mettre en
pêche; sa tactique est exactement celle de ces rusés
braconniers qui prennent le poisson à la main; elle bat,
vers son milieu, le lit du cours d'eau qu'elle exploite,
tournant, virant à grand bruit, et même soulevant les
pierres. Effarouchés, épouvantés, les poissons se réfu-
gient dans les cavités de la rive; alors, changeant d'al-
lure, glissant silencieusement dans l'eau, elle va choisir
sa proie. Mais, comme elle ne peut ni respirer, ni manger dans l'eau, elle porte le poisson soit sur un îlot ou
un rocher au-dessus de l'eau, soit sur le rivage; et là,
elle le mange tout entier, s'il est petit; s'il est gros, elle
le saisit entre ses deux pattes de devant, l'entame près
des ouïes, dévore la chair du dos, et laisse le reste.
Dans les localités très poissonneuses, elle ne mange
même que les parties les plus délicates du dos; et souvent, dans une seule pêche où elle prend plusieurs gros
poissons, elle ne dévore de chacun d'eux qu'une très
faible partie. Les dégâts qu'elle occasionne deviennent
alors très considérables; car l'on peut évaluer à douze
cents kilogrammes environ la quantité de poissons nécessaire à l'alimentation annuelle du père, de la mère et
de leurs trois petits. En général, les habitants de la campagne ne troublent pas une loutre aussi friande, surtout
quand le droit de pêche appartient à un fermier ou à un
grand propriétaire; bien au contraire, ils la regardent

comme le pourvoyeur providentiel de leur maigre table, et, tous les matins, ils vont explorer les bords de l'eau pour ramasser les poissons dont elle n'a souvent dévoré qu'une faible partie.

La loutre ne borne pas ses expéditions aux eaux des environs de son habitation; elle n'hésite pas à s'aventurer sur la terre ferme; et, quoique mauvaise marcheuse, elle entreprend quelquefois d'assez lointaines pérégrinations, soit pour trouver la tranquillité, soit pour rechercher des eaux pouvant lui fournir une nourriture plus abondante et plus facile. C'est ainsi qu'on la voit soudainement apparaître dans des étangs, des viviers et même des mares isolés, au milieu des bois ou des terres, à une distance de plusieurs kilomètres de tout cours d'eau.

La loutre est, par conséquent, un animal très nuisible; aussi, pour mettre un terme à ses dégâts, on lui fait un guerre très active. Le chasseur a encore un autre but, c'est de s'emparer de sa peau, qui fournit une fourrure à la fois belle, brillante, chaude et durable; on en fait des manchons, des coiffures, des manteaux et d'autres vêtements. Les habitudes routinières de la loutre décèlent très promptement sa présence dans les lieux qu'elle fréquente. Presque toujours, en effet, elle entre dans l'eau au même endroit, en sort également à la même place, parcourt sur la rive le même trajet, de sorte qu'après peu de temps le terrain conserve des traces fort apparentes de son passage.

Dans l'opinion d'un bon nombre de personnes, et dans ce nombre on compte des chasseurs, même des naturalistes, notamment notre grand et illustre Buffon, la loutre serait un animal essentiellement sauvage, intrai-

table et peu apte à être conservé en domesticité. Je ne
puis partager cette opinion ; car la loutre non seulement
s'élève très facilement en captivité, mais elle est même
celui de tous les animaux sauvages de nos contrées qui
paye les soins de l'homme par la familiarité et la docilité les plus complètes. On a même tiré parti de son
adresse à poursuivre et à saisir le poisson, pour la faire
pêcher au profit de l'homme. Depuis un temps immémorial ce mode de pêche est usité dans l'Inde, en Chine,
en Suède, en Angleterre, etc.... Je me bornerai à reproduire ici quelques faits bien connus.

Les Indiens, d'après le rapport de l'évêque Héber, ont
des loutres dressées à chasser le poisson : « J'arrivai,
dit-il, à un endroit de la rivière où, à ma grande sur-
prise, je vis une rangée d'une dizaine de loutres, toutes
grandes et belles, qui étaient attachées chacune à un pi-
quet de bambou planté sur le rivage, au moyen d'une
laisse et d'un collier de paille. Quelques-unes nageaient
aussi loin que cette laisse le leur permettait ; d'autres
étaient couchées sur la rive, ayant une partie du corps
seulement hors de l'eau ; d'autres, enfin, se roulaient au
soleil sur le sable en faisant entendre une sorte de petit
sifflement assez aigu, mais qui paraissait d'ailleurs être
un cri de plaisir. On me dit que, dans ce centre, beaucoup
de pêcheurs avaient ainsi une ou plusieurs loutres qui
n'étaient guère moins apprivoisées que des chiens, et qui
leur rendaient des services analogues, tantôt poussant
dans les filets les bandes de poissons, tantôt saisissant les
plus gros avec leurs dents et les rapportant elles-mêmes. »

D'après M. Swinhoe, les pêcheurs chinois, à l'imita-
tion de ce qui se fait dans l'Inde, emploient la loutre
pour la pêche. Cet auteur dit avoir rencontré sur le

Yang-tse-Kiang, un pêcheur chinois qui tenait enchaînée
dans son bateau une loutre apprivoisée, qui paraissait
bien privée et familière; quand il avait jeté à l'eau son
large filet, muni de poids au bord, il permettait à sa
loutre, maintenue par une longue corde, de sauter dans
la rivière : l'animal nageait et plongeait tout autour du
filet, y poussant ainsi le poisson; le pêcheur en rappro-
chait peu à peu les bords. Pour faire revenir la loutre
à bord, le pêcheur donnait deux ou trois secousses à la
corde, et l'animal venait paisiblement reprendre sa place
dans un coin du bateau.

Un mémoire, fort ancien déjà, d'un académicien de
Stockholm, nous indique la méthode de dressage usitée
dans son pays : « On prend, dit-il, une jeune loutre, on
l'attache avec soin, et on la nourrit pendant quelques
jours avec de l'eau et des poissons; ensuite on détrempe
dans cette eau, du lait, de la soupe, des choux et des
herbages. Quand l'élève commence à s'habituer à ces
nouveaux aliments, on substitue le pain au poisson;
cependant, de temps en temps, on lui donne encore des
têtes, et bientôt l'habitude corrige la nature. On dresse
la loutre, après quelques mois de prison, à rapporter,
comme on dresse un jeune chien, et, quand elle est
assez exercée, on la mène au bord d'un ruisseau, on lui
jette du poisson qu'elle rapporte et dont on lui donne la
tête à manger pour récompense. Dans la suite, on lui
donne plus de liberté, et on la laisse aller dans les rivières, où elle saisit le poisson pour le rapporter à son
maître, qui tire d'elle le service que le chasseur tire
du faucon. » Un paysan de la Scanie, qui avait dressé
une loutre à ce service, prenait journellement autant
de poissons qu'il lui en fallait pour nourrir sa famille.

Dans son Histoire naturelle illustrée, M. Wood dit : « Un chasseur bien connu possédait une loutre qui était merveilleusement dressée. Quand on appelait *Neptune* (c'est le nom qu'on lui avait donné), elle arrivait aussitôt. Déjà, très jeune, elle montrait beaucoup d'intelligence, et avec les années elle crût en docilité. On la laissait courir et pêcher partout librement. Elle pourvoyait la cuisine, et employait souvent à cela ses nuits entières. Le matin, on la trouvait à son poste, et les étrangers ne pouvaient assez s'émerveiller de la voir au milieu des chiens d'arrêt et des lévriers, avec lesquels elle vivait dans les meilleurs termes. »

Brehm rapporte, de la manière suivante, le récit d'une jeune fille qui avait élevé une loutre avec du lait : « Ma loutre supportait toutes mes caresses ; je la mettais sur mon cou, sur mon dos ; je la prenais dans les mains, me cachais le visage dans sa fourrure ; je la saisissais par les pattes de devant et la faisais tourner. Ce n'était que quand je l'éloignais qu'elle était mécontente ; elle cherchait alors à grimper sur moi. Ceci la rendait un peu désagréable ; elle mordait ma robe, et y faisait des trous qui, si je ne le remarquais aussitôt, s'agrandissaient beaucoup dans la suite ; jamais je ne pouvais garder une jupe propre pendant une journée ; je ne pouvais non plus la laisser dormir où elle voulait : elle avait les pattes trop sales. Nous avions, néanmoins, l'une pour l'autre une grande amitié qui ne fit que croître à mesure que la loutre devenait plus grande et plus intelligente. »

Je pourrais reproduire ici un grand nombre d'autres faits analogues, résultant de mes propres essais et de ceux rapportés par M. Gaillard dans la *Chasse illustrée ;*

mais, en raison, des limites de mon livre, je ne citerai
que l'histoire d'une loutre apprivoisée par un noble po-
lonais, le maréchal Chrysostome Passek :

« Pendant que j'étais à Ozowka, le roi Jean Sobieski
m'envoya Straszewski avec une lettre ; le grand écuyer
m'écrivit aussi et me pria de faire cadeau au roi de ma
loutre, en m'offrant autant d'argent que je voudrais, et
m'assurant toutes sortes de faveurs en échange ; c'était
comme si l'on m'eût fait entrer du charbon ardent dans
le cœur ; je résistai longtemps, mais à la fin, voyant
qu'il revenait toujours à la charge, je dus consentir à
me séparer de mon animal favori. Nous bûmes de l'eau-
de-vie et nous nous rendîmes dans la prairie, car la
loutre rôdait autour de l'étang. Je l'appelai par son nom,
« Ver » ; elle sortit des roseaux, sauta autour de moi et
me suivit dans la chambre. Straszewski était émer-
veillé, et il disait : « Combien le roi va chérir un animal
aussi apprivoisé ! » je lui répondais : « Tu ne vois et ne
loues que sa docilité, mais tu auras encore plus à louer,
quand tu auras vu ses autres qualités. » Nous nous rendîmes à l'étang voisin et nous nous tînmes sur la digue.
Je criai : « Ver, j'ai besoin de poisson pour mes hôtes,
saute à l'eau ! » La loutre s'élança et apporta d'abord
une ablette ; je l'appelai une seconde fois : elle apporta
un petit brochet, et la troisième fois un grand brochet,
qu'elle avait blessé au cou. Straszewski se frappe le
front et s'écrie : « Dieu, que vois-je ! » Je lui demandai :
« Veux-tu qu'elle en cherche encore ? » Elle m'en apporta
jusqu'à ce que j'en eusse assez. Straszewski était hors
de lui de joie, et espérait surprendre le roi par le récit
de ces faits ; je lui montrai avant son départ toutes les
vertus de ma bête. La loutre couchait avec moi ; elle

était très propre, jamais elle ne salit ni mon lit, ni ma
chambre. Elle était un bon gardien, un véritable cer-
bère. Dans la nuit, personne ne pouvait s'approcher de
mon lit, à peine si elle permettait à mon domestique
d'enlever mes bottes; après, il ne devait plus se montrer, sans quoi elle poussait un cri tel qu'il me réveillait du plus profond sommeil. S'il m'arrivait que, m'étant
couché un peu entre deux vins, mon sommeil fût plus
profond qu'à l'ordinaire, elle s'agitait tellement sur ma
poitrine et faisait tant de bruit qu'elle finissait toujours
par m'éveiller. Le jour, elle se couchait dans un coin,
et dormait si profondément qu'on pouvait la prendre
dans les bras sans qu'elle ouvrît les yeux. Elle ne man-
geait ni poisson, ni viande crue. Le vendredi et le samedi, jours de jeûne, il fallait faire bouillir pour elle
un poulet ou un pigeon, encore ne voulait-elle pas y
toucher, s'ils n'étaient accommodés au persil, car elle
aimait extraordinairement cette herbe. Quand quelqu'un
me prenait par l'habit et que je criais : « Il me touche! »
elle s'élançait avec un cri perçant, et sautait après ses
habits et ses jambes, comme un chien. Elle aimait un
chien caniche, qui s'appelait *Caporal*. Elle en avait appris tous les tours; ils vivaient en bonne amitié, et
dans la chambre comme en voyage, ils étaient toujours
ensemble. Elle ne se mêlait pas aux autres chiens, les
chassait à coups de pattes et à coups de dents, et aucun
d'eux n'était assez hardi pour lui faire du mal. Un jour,
Stanislas Ozarawski descendit chez moi, après un voyage
que nous avions fait ensemble; je lui donnai la bien-
venue. La loutre, qui ne m'avait pas vu depuis plusieurs
jours, s'approcha de moi et me combla de caresses.
Mon hôte, qui avait avec lui un très beau lévrier, dit à

son fils : « Samuel, retiens le chien, qu'il ne déchire
pas la loutre. — Ne t'inquiète pas, répondis-je ; cet animal, quelque petit qu'il soit, ne supporte aucune insulte.
— Comment! tu plaisantes? reprit-il ; mon chien saisit
le loup et le renard ne respire qu'une fois dans ses pattes. » — Après avoir joué avec moi, la loutre aperçut
le chien étranger, s'approcha de lui et le fixa ; le chien
la fixa pareillement ; elle tourna autour de lui, le flaira,
se recula et se retira ; je pensais en moi-même : Elle ne
fera rien au chien. Mais à peine avions-nous commencé à
parler, qu'elle se glissa près de lui, lui donna des coups
de patte sur le museau et le força à passer par la porte
et à se réfugier derrière le poêle : mais elle l'y suivit
encore. Le chien, ne retrouvant pas d'autre issue, sauta
sur la table et brisa deux verres taillés remplis de vin ;
on le mit à la porte, et il ne rentra plus dans la chambre, quoique son maître ne partît que le lendemain à
midi. Quand la loutre rencontrait un chien sur son chemin, elle poussait un tel cri, que celui-ci prenait la
fuite. Cet animal m'était très utile en voyage. Quand,
lors du carême, je passais avec elle près d'une rivière
ou d'un étang, je mettais pied à terre et criais : « Ver,
saute à l'eau ! » Elle sautait aussitôt et m'apportait des
poissons pour moi et pour ma suite ; elle rapportait
aussi des grenouilles et tout ce qu'elle trouvait. Le seul
désagrément était que les gens se rassemblaient en
masse pour voir cet animal, comme s'il venait des
Indes. Je rendis un jour visite à mon oncle Félix Cho-
ciewski, chez lequel se trouvait le prêtre Srebienski ; il
était assis à table près de moi ; la loutre était couchée
sur mon dos. c'était sa manière favorite de se reposer.
Le prêtre, en la voyant, crut que c'était une fourrure et

la saisit ; mais la loutre s'éveilla, cria, le mordit à la main, tellement qu'il en tomba évanoui de terreur.

« Straszewski se rendit auprès du roi et lui raconta ce qu'il avait vu et entendu. Le roi me fit demander combien je voulais pour ma loutre, et le grand écuyer Piekarski m'écrivit : « Pour l'amour de Dieu, ne refuse pas la demande du roi, donne-lui ta loutre ; tu n'auras sans cela pas de repos. » Straszewski m'apporta la lettre et me raconta que le roi disait toujours : « *Bis dat, qui cito dat* » (celui qui donne de suite donne le double). Le roi fit venir deux beaux chevaux turcs de Jaworow, les fit splendidement harnacher et me les envoya en échange. Je donnai ma loutre. Lorsque je mis ma chère bête dans une cage pour l'envoyer à son nouveau maître, la pauvrette se prit à crier et à piauler si douloureusement que je me sauvai au plus vite en me bouchant les oreilles ; jamais je n'ai autant souffert. Elle s'agitait dans sa cage, tandis qu'on traversait le village. Elle devint triste et maigrit. Quand on la présenta au roi, il se réjouit et dit : « Cette bête est très maigre, mais elle sera bientôt mieux. » Elle montrait les dents à quiconque voulait la toucher. Le roi dit à la reine : « Marie, qu'en penses-tu, si je la caressais un peu ? » La reine jette un cri perçant en le priant de n'en rien faire ; néanmoins, le roi approcha sa main en disant : « Si elle ne me mord pas, ce sera un bon signe, et, dans le cas contraire, qu'importe ? on ne mettra pas cela dans les journaux. » Il la caressa donc, et, au lieu de le mordre, elle fit la mignonne, ce qui réjouit si fort le roi que, depuis ce moment, il jouait sans cesse avec elle, et il répudia son oiseau favori, le casoar, et le lynx apprivoisé qu'il avait dans son parc. En envoyant la loutre, j'avais écrit une feuille entière d'in-

structions relatives à ses habitudes et à la manière de la
nourrir; on suivit à la lettre mes conseils, et elle s'ac-
coutuma peu à peu à sa nouvelle habitation. Le roi lui
fit apporter à manger, lui donna lui-même sa nourriture
et elle en prit une partie. Elle se promena librement
dans la chambre pendant deux jours; on lui plaça alors
des vaisseaux avec des petits poissons et des écrevisses;
la loutre y sauta avec joie et rapporta les poissons. Le roi
dit un jour à la reine : « Marie, je ne mangerai pas
d'autres poissons que ceux que me pêchera la loutre.
Nous allons aller à Wilanow, et nous verrons comment
elle se connaît en poissons. »

« Mais, la nuit suivante, la loutre sortit du château, rôda
aux environs, et fut tuée d'un coup de bâton par un dragon qui ne savait pas qu'elle était apprivoisée. Il en ven-
dit la peau à un juif pour 12 sols. Le lendemain, on
chercha la loutre partout, on cria, on se lamenta. On
finit par trouver le juif et le dragon; ils furent arrêtés
et conduits devant le roi. Lorsqu'il vit la fourrure, il se
couvrit les yeux avec une main, s'arracha les cheveux
avec l'autre, et s'écria : « Qui est un honnête homme,
qu'il le frappe! qui croit en Dieu, qu'il le frappe! » Le
dragon fut condamné à mort. Alors parurent les prêtres,
les confesseurs, les évêques; ils prièrent le roi, lui re-
présentèrent que le dragon n'avait péché que par igno-
rance. Ils obtinrent qu'il ne fût que fustigé. Le roi ne
mangea point de toute cette journée, et ne voulut parler
à personne. Voilà quel fut le résultat de ce beau caprice
royal; Jean n'en retira presque aucun plaisir, et il me
priva du mien! »

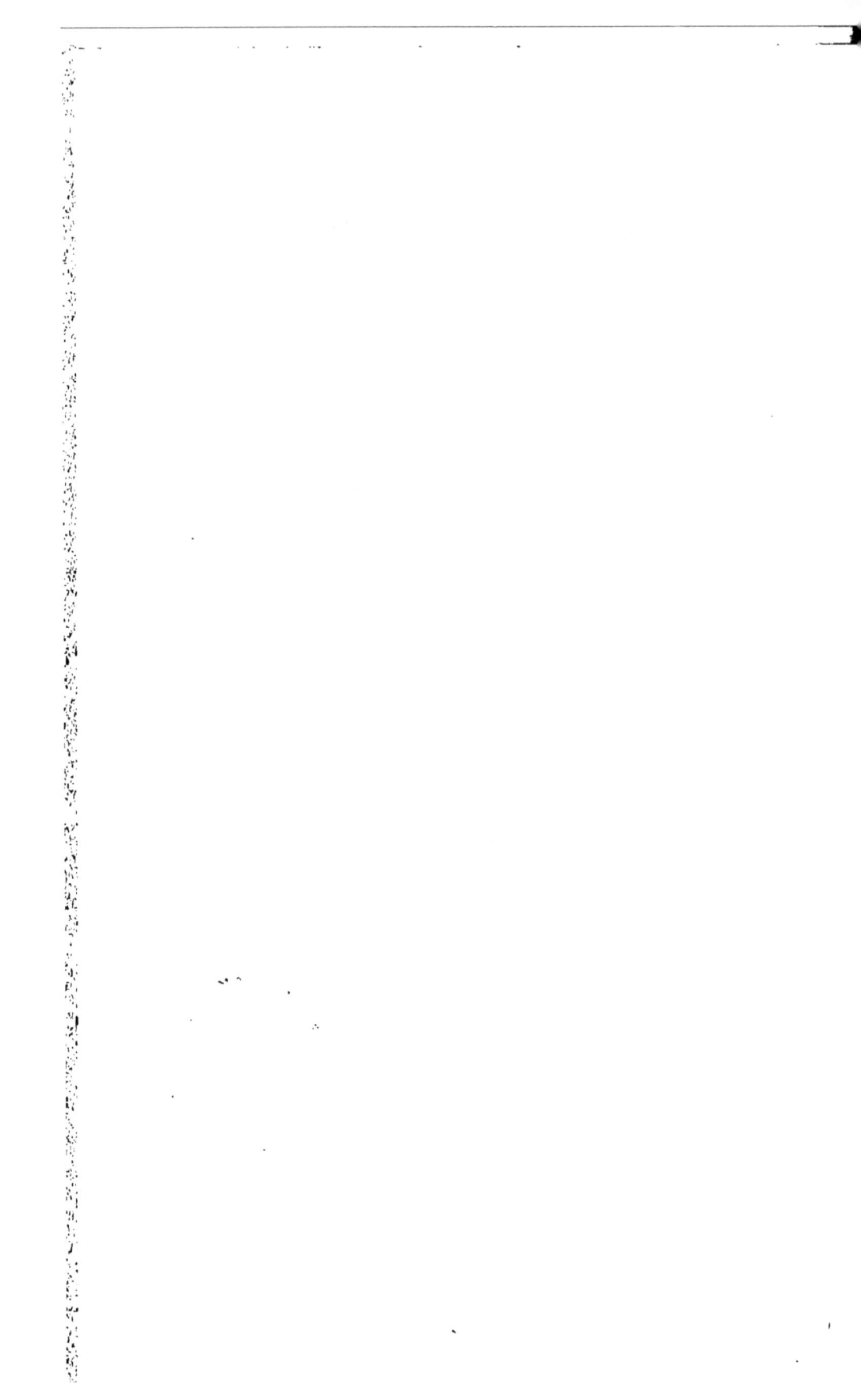

# CONCLUSION

On peut apprécier, par tout ce qui précède, le rôle important que remplissent sur la terre les fleuves, les rivières et les ruisseaux. Ce rôle est essentiellement subordonné à l'existence des massifs boisés, surtout de ceux qui couvrent les montagnes et les flancs des vallées. Sachons respecter ces grands régulateurs du régime des eaux, et, au lieu de chercher à les détruire, faisons au contraire tous nos efforts pour les protéger et les conserver, et pour accroître encore leur action par le *gazonnement* et *le boisement des montagnes*. Car, ainsi que je l'ai dit en commençant ce livre, *tout est harmonie dans l'œuvre de Dieu*.

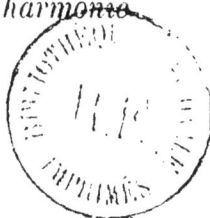

25

# TABLE DES GRAVURES

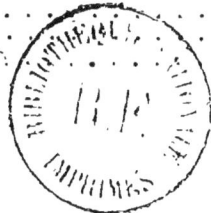

# TABLE ALPHABÉTIQUE

# TABLE DES MATIÈRES

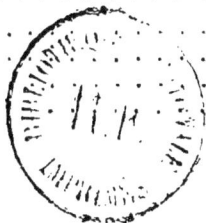

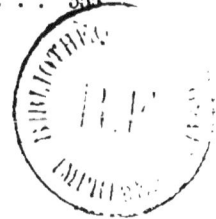

16954. — Paris — Imp. A. Lahure, 9, rue de Fleurus

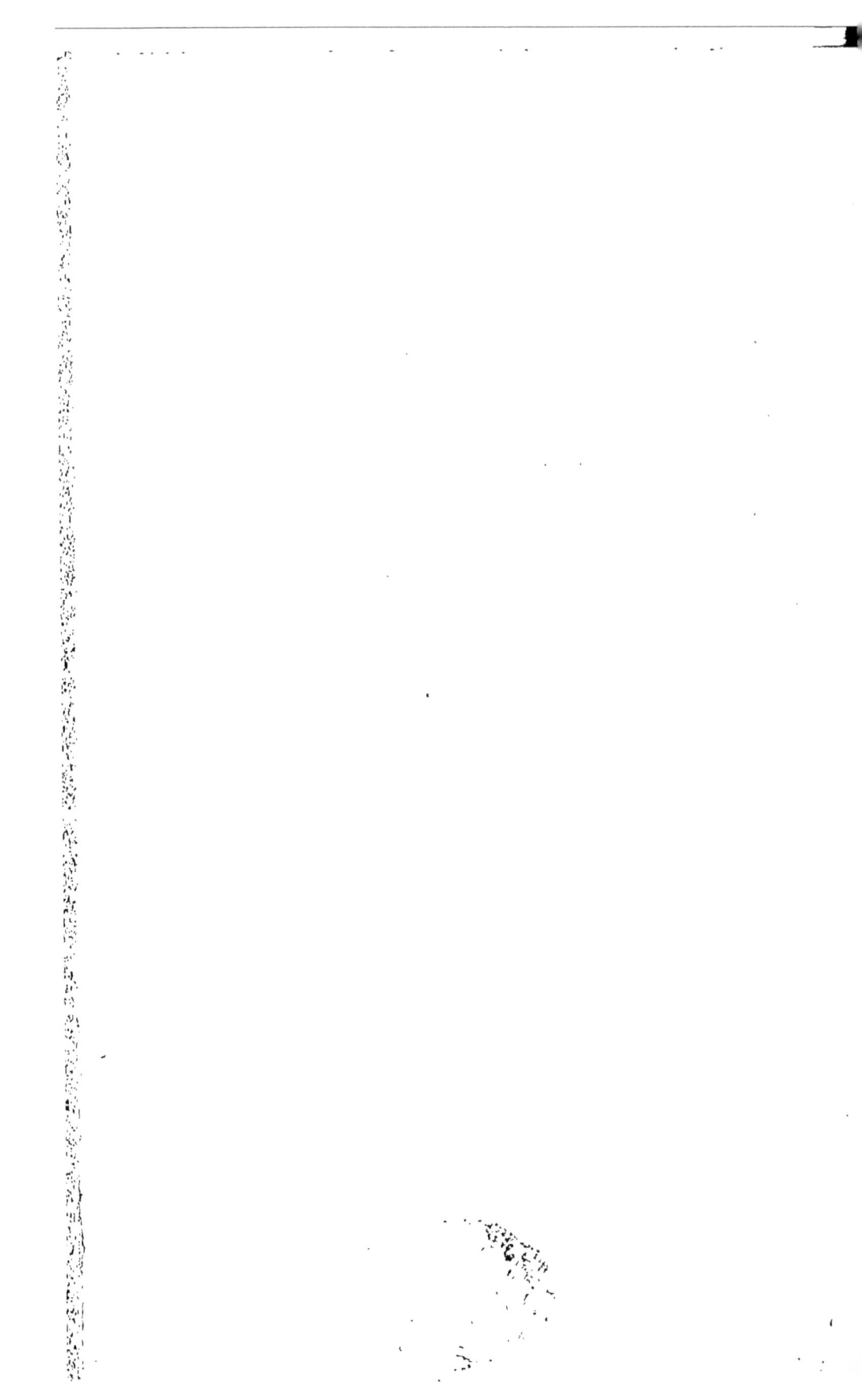

# LIBRAIRIE HACHETTE & Cie

### BOULEVARD SAINT-GERMAIN, 79, A PARIS

LE

# JOURNAL DE LA JEUNESSE

## NOUVEAU RECUEIL HEBDOMADAIRE

### TRÈS RICHEMENT ILLUSTRÉ

## POUR LES ENFANTS DE 10 A 15 ANS

### Les quinze premières années (1873-1887),

### formant trente beaux volumes grand in-8°, sont en vente

Ce nouveau recueil est une des lectures les plus attrayantes que l'on puisse mettre entre les mains de la jeunesse. Il contient des nouvelles, des contes, des biographies, des récits d'aventures et des voyages, des causeries sur l'histoire naturelle, la géographie, les arts et l'industrie, etc., par

Mmes S. BLANDY, COLOMB, GUSTAVE DEMOULIN, EMMA D'ERWIN, ZÉNAÏDE FLEURIOT, ANDRÉ GÉRARD, JULIE GOURAUD, MARIE MARÉCHAL L. MUSSAT, P. DE NANTEUIL, OUIDA, DE WITT NÉE GUIZOT,

MM. A. ASSOLLANT, DE LA BLANCHÈRE, LÉON CAHUN, RICHARD CORTAMBERT, ERNEST DAUDET, DILLAYE, LOUIS ÉNAULT, J. GIRARDIN, AIMÉ GIRON, AMÉDÉE GUILLEMIN, CH. JOLIET, ALBERT LÉVY, ERNEST MENAULT, EUGÈNE MULLER, PAUL PELET, LOUIS ROUSSELET, G. TISSANDIER, P. VINCENT, ETC.

et est

## ILLUSTRÉ DE 8500 GRAVURES SUR BOIS

### d'après les dessins de

É. BAYARD, BERTALL, BLANCHARD, CAIN, CASTELLI, CATENACCI, CRAFTY, G. DELORT, FAGUET, FÉRAT, FERDINANDUS, GILBERT, GODEFROY DURAND, HUBERT-CLERGET, KAUFFMANN, LIX, A. MARIE MESNEL, MOYNET, MYRBACH, A. DE NEUVILLE, PHILIPPOTEAUX, POIRSON, PRANISHNIKOFF, RICHNER, RIOU, RONJAT, SAHIB, TAYLOR, THÉROND, TOFANI, TH. WEBER, ZIER.

# CONDITIONS DE VENTE ET D'ABONNEMENT

**LE JOURNAL DE LA JEUNESSE** paraît le samedi de chaque semaine. Le prix du numéro, comprenant 16 pages grand in-8°, est de **40** centimes.

Les 52 numéros publiés dans une année forment deux volumes.

Prix de chaque volume, broché, **10** francs; cartonné en percaline rouge, tranches dorées, **13** francs.

Pour les abonnés, le prix de chaque volume du *Journal de la Jeunesse* est réduit à **5** francs broché.

## PRIX DE L'ABONNEMENT
# POUR PARIS ET LES DÉPARTEMENTS

Un an (2 volumes).............. **20** FRANCS
Six mois (1 volume)............. **10** —

Prix de l'abonnement pour les pays étrangers qui font partie de l'Union générale des postes : Un an, **22** fr.; six mois, **11** fr.

*Les abonnements se prennent à partir du 1ᵉʳ décembre et du 1ᵉʳ juin de chaque année.*

# MON JOURNAL

## SIXIÈME ANNÉE

## NOUVEAU RECUEIL MENSUEL ILLUSTRÉ

## POUR LES ENFANTS DE 5 A 10 ANS

### PUBLIÉ SOUS LA DIRECTION DE

## Mᵐᵉ Pauline KERGOMARD et de M. Charles DEFODON

---

### CONDITIONS DE VENTE ET D'ABONNEMENT :

---

Il paraît un numéro le 15 de chaque mois depuis le 15 octobre 1881.

Prix de l'abonnement : Un an, 1 fr. 80 ; prix du numéro, 15 centimes.

Les six premières années de ce nouveau recueil forment six beaux volumes grand in-8°, illustrés de nombreuses gravures. La première année est épuisée ; la septième est en cours de publication.

Prix de l'année, brochée, 2 fr. ; cartonnée en percaline gaufrée, avec fers spéciaux à froid, 2 fr. 50.

Prix de l'emboîtage en percaline, pour les abonnés ou les acheteurs au numéro, 50 centimes.

# NOUVELLE COLLECTION ILLUSTRÉE

POUR LA JEUNESSE ET L'ENFANCE

1re SÉRIE, FORMAT IN-8° JÉSUS

Prix du volume : broché, 7 fr. ; cartonné, tranches dorées, 10 fr.

**About** (ED.) : *Le roman d'un brave homme.* 1 vol. illustré de 52 compositions par Adrien Marie.

— *L'homme à l'oreille cassée.* 1 vol. illustré de 51 compositions par Eug. Courboin.

**Cahun** (L.) : *Les aventures du capitaine Magon.* 1 vol. illustré de 72 gravures d'après Philippoteaux.

— *La bannière bleue.* 1 vol. illustré de 73 gravures d'après Lix.

**Deslys** (CHARLES) : *L'héritage de Charlemagne.* 1 vol. illustré de 127 gravures d'après Zier.

**Dillaye** (FR.) : *Les jeux de la jeunesse,* leur origine, leur histoire, avec l'indication des règles qui les régissent. 1 vol. illustré de 203 gravures.

**Du Camp** (MAXIME) : *La vertu en France.* 1 vol. illustré de gravures d'après DUEZ, MYRBACH, TOFANI et E. ZIER.

**Rousselet** (LOUIS) : *Nos grandes écoles militaires et civiles.* 1 vol. illustré de gravures d'après A. LE-MAISTRE, FR. RÉGAMEY et P. RENOUARD.

2e SÉRIE, FORMAT IN-8° RAISIN

Prix du volume : broché, 4 fr. ; cartonné, tranches dorées, 6 fr.

**Assollant** (A.) : *Montluc le Rouge.* 2 vol. avec 107 grav. d'après Sahib.

— *Pendragon.* 1 vol. avec 42 gravures d'après C. Gilbert.

**Auerbach** : *La fille aux pieds nus.* Nouvelle imitée de l'allemand par J. Gourdault. 1 vol. avec 72 gravures d'après Vautier.

**Baker** (S. W.) : *L'enfant du naufrage,* traduit de l'anglais par Mme Fernand. 1 vol. avec 10 gravures.

**Blandy** (Mme S.) : *Rouzélou.* 1 vol. illustré de 112 gravures d'après E. Zier.

**Cahun** (L.) : *Les pilotes d'Ango.* 1 vol. avec 45 gravures d'après Sahib.

— *Les mercenaires.* 1 vol. avec 54 gravures d'après P. Fritel.

**Chéron de la Bruyère** (Mme) : *La tante Derbier.* 1 vol. illustré de 50 gravures d'après Myrbach.

**Colomb** (Mme) : *Le violoneux de la sapinière.* 1 vol. avec 85 gravures d'après A. Marie.

— *La fille de Carilès.* 1 vol. avec 96 gravures d'après A. Marie. Ouvrage couronné par l'Académie française.

— *Deux mères.* 1 vol. avec 133 gravures d'après A. Marie.

— *Le bonheur de Françoise.* 1 vol. vec 112 gravures d'après A. Marie.

— *Chloris et Jeanneton.* 1 vol. avec 105 gravures d'après Sahib.

— *L'héritière de Vauclain.* 1 vol. avec 104 grav. d'après C. Delort.

— *Franchise.* 1 vol. avec 113 gravures d'après C. Delort.

— *Feu de paille.* 1 vol. avec 98 gravures d'après Tofani.

— *Les étapes de Madeleine.* 1 vol. avec 105 gravures d'après Tofani.

Colomb (M^me) : *Denis le tyran.* 1 vol. avec 115 gravures d'après Tofani.

— *Pour la muse.* 1 vol. avec 105 gravures d'après Tofani.

— *Pour la patrie.* 1 vol. avec 112 gravures d'après E. Zier.

— *Hervé Plémeur.* 1 vol. avec 112 gravures d'après E. Zier.

— *Jean l'innocent.* 1 vol. illustré de 112 gravures d'après Zier.

— *Danielle.* 1 vol. illustré de 112 gravures d'après Tofani.

Cortambert (E.) : *Voyage pittoresque à travers le monde.* 1 vol. avec 81 gravures.

— *Mœurs et caractères des peuples* (Europe, Afrique). 1 vol. avec 69 gr.

— *Mœurs et caractères des peuples* (Asie, Amérique, Océanie). 1 vol. avec 60 gravures.

Cortambert et Deslys : *Le pays du soleil.* 1 vol. avec 35 gravures.

Daudet (E.) : *Robert Darnetal.* 1 vol. avec 81 grav. d'après Sahib.

Demoulin (M^me G.) : *Les animaux étranges.* 1 vol. avec 172 gravures.

— *Les gens de bien.* 1 vol. avec 32 gravures d'après Gilbert.

— *Les maisons des bêtes.* 1 vol. avec 70 gravures.

Deslys (Ch.) : *Courage et dévouement. Histoire de trois jeunes filles.* 1 vol. avec 31 gravures d'après Lix et Gilbert.

— *L'Ami François.* 1 vol. avec 35 gr.

— *Nos Alpes,* avec 39 gravures d'après J. David.

— *La mère aux chats.* 1 vol. avec 50 gravures d'après H. David.

Énault (L.) : *Le chien du capitaine.* 1 vol. avec 43 gravures d'après E. Riou.

Erwin (M^me E. d') : *Heur et malheur.* 1 vol. avec 0 gravures d'après H. Castelli.

Fath (G.) : *Le Paris des enfants.* 1 vol. avec 60 gravures d'après l'auteur.

Fleuriot (M^lle Z.) : *M. Nostradamus.* 1 vol. avec 36 gravures d'après A. Marie.

— *La petite duchesse.* 1 vol. avec 73 gravures d'après A. Marie.

— *Grandcœur.* 1 vol. avec 45 gravures d'après C. Delort.

— *Raoul Daubry, chef de famille.* 1 vol. avec 32 gravures d'après C. Delort.

— *Mandarine.* 1 vol. avec 95 gravures d'après C. Delort.

— *Cadok.* 1 vol. avec 24 gravures d'après C. Gilbert.

— *Câline.* 1 vol. avec 102 grav. d'après G. Fraipont.

— *Feu et flamme.* 1 vol. avec 80 gravures d'après Tofani.

— *Le clan des têtes chaudes.* 1 vol. illustré de 65 gravures d'après Myrbach.

— *Au Galadoc.* 1 vol. illustré de 60 gravures d'après Zier.

Girardin (J.) : *Les braves gens.* 1 vol. avec 115 gravures d'après E. Bayard.

Ouvrage couronné par l'Académie française.

— *Nous autres.* 1 vol. avec 182 gravures d'après E. Bayard.

— *Fausse route.* 1 vol. avec 55 grav. d'après H. Castelli.

— *La toute petite.* 1 vol. avec 128 gravures d'après E. Bayard.

— *L'oncle Placide.* 1 vol. avec 139 gravures d'après A. Marie.

— *Le neveu de l'oncle Placide.* 3 vol. illustrés de 367 gravures d'après A. Marie, qui se vendent séparément.

— *Le neveu de l'oncle Placide,*

— *Grand-père.* 1 vol. avec 91 gravures d'après C. Delort.

Ouvrage couronné par l'Académie française.

**Girardin** (J.) : *Maman*. 1 vol. avec 112 gravures d'après Tofani.

— *Le roman d'un cancre*. 1 vol. avec 119 gravures d'après Tofani.

— *Les millions de la tante Zézé*. 1 vol. avec 112 grav. d'après Tofani.

— *La famille Gaudry*. 1 vol. avec 112 gravures d'après Tofani.

— *Histoire d'un Berrichon*. 1 vol. avec 112 gravures d'après Tofani.

— *Le capitaine Bassinoire*. 1 vol. illustré de 119 gravures d'après Tofani.

— *Second violon*. 1 vol. illustré de 112 gravures d'après Tofani.

**Giron** (AIMÉ) : *Les trois rois mages*. 1 vol. illustré de 60 gravures d'après Fraipont et Pranishnikoff.

**Gouraud** (M^lle J.) : *Cousine Marie*. 1 vol. avec 36 gravures d'après A. Marie.

**Hayes** (le D^r) : *Perdus dans les glaces*, traduit de l'anglais, par L. Renard. 1 vol. avec 58 gravures d'après Crépon, etc.

**Henty** (C.) : *Les jeunes francs-tireurs*, traduit de l'anglais, par M^me Rousseau. 1 vol. avec 20 gravures d'après Janet-Lange.

**Kingston** (W.) : *Une croisière autour du monde*, traduit de l'anglais par J. Belin de Launay. 1 vol. avec 44 gravures d'après Riou.

**Nanteuil** (M^me P. de) : *Capitaine*. 1 vol. illustré de 72 gravures d'après Myrbach.

**Paulian** (L.) : *La hotte du chiffonnier*. 1 vol. avec 47 gravures d'après J. Férat.

**Rousselet** (L.) : *Le charmeur de serpnts*. 1 vol. avec 68 gravures d'après A. Marie.

— *Le fils du connétable*. 1 vol. avec 113 gravures d'après Pranishnikoff.

— *Les deux mousses*. 1 vol. avec 90 gravures d'après Sahib.

**Rousselet** (L.) : *Le tambour du Royal-Auvergne*. 1 vol. avec 115 gravures d'après Poirson.

— *La peau du tigre*. 1 vol. avec 102 gravures d'après Bellecroix et Tofani.

**Saintine** : *La nature et ses trois règnes, ou la mère Gigogne et ses trois filles*. 1 vol. avec 171 gravures d'après Foulquier et Faguet.

— *La mythologie du Rhin et les contes de la mère-grand*. 1 vol. avec 160 gravures d'après G. Doré.

**Stanley** (H.) : *La terre de servitude*, traduit de l'anglais par Levoisin. 1 vol. avec 21 gravures d'après P. Philippoteaux.

**Tissot** et **Améro** : *Aventures de trois fugitifs en Sibérie*. 1 vol. avec 72 gravures d'après Pranishnikoff.

**Tom Brown**, scènes de la vie de collège en Angleterre. Imité de l'anglais par J. Girardin. 1 vol. avec 69 grav. d'après G. Durand.

**Witt** (M^me de), née Guizot : *Scènes historiques*. 1^re série. 1 vol. avec 18 gravures d'après E. Bayard.

— *Scènes historiques*. 2^e série. 1 vol. avec 28 gravures d'après A. Marie.

— *Lutin et démon*. 1 vol. avec 36 gravures d'après Pranishnikoff et E. Zier.

— *Normands et Normandes*. 1 vol. avec 70 gravures d'après E. Zier.

— *Un jardin suspendu*. 1 vol. avec 39 gravures d'après C. Gilbert.

— *Notre-Dame Guesclin*. 1 vol. avec 70 gravures d'après E. Zier.

— *Une sœur*. 1 vol. avec 65 gravures d'après E. Bayard.

— *Légendes et récits pour la jeunesse*. 1 vol. avec 18 gravures d'après Philippoteaux.

— *Un nid*. 1 vol. avec 63 gravures d'après Ferdinandus.

— *Un patriote au quatorzième siècle*. 1 vol. illustré de gravures d'après E. Zier.

# BIBLIOTHÈQUE DES PETITS ENFANTS

## DE 4 A 8 ANS

FORMAT GRAND IN-16

### CHAQUE VOLUME, BROCHÉ, 2 FR. 25

CARTONNÉ EN PERCALINE BLEUE, TRANCHES DORÉES, 3 FR. 50

*Ces volumes sont imprimés en gros caractères.*

---

**Cheron de la Bruyère** (Mme): *Contes à Pépée.* 1 vol. avec 24 gravures d'après Grivaz.
— *Plaisirs et aventures.* 1 vol. avec 30 gravures d'après Jeanniot.
— *La perruque du grand-père.* 1 vol. illustré de 30 gravures, d'après Tofani.
— *Les enfants de Boisfleuri.* 1 vol. illustré de 30 gravures d'après Semechini.

**Colomb** (Mme) : *Les infortunes de Chouchou.* 1 vol. avec 48 gravures d'après Riou.

**Desgranges** (Guillemette) : *Le chemin du collège.* 1 vol. illustré de 30 gravures d'après Tofani.

**Duporteau** (Mme) : *Petits récits.* 1 vol. avec 28 gravures d'après Tofani.

**Erwin** (Mme E. d') : *Un été à la campagne.* 1 vol. avec 39 gravures d'après Sahib.

**Franck** (Mme E.) : *Causeries d'une grand'mère.* 1 vol. avec 72 gravures d'après C. Delort.

**Fresneau** (Mme), née de Ségur: *Une année du petit Joseph.* Imité de l'anglais. 1 vol. avec 67 gravures d'après Jeanniot.

**Girardin** (J.) : *Quand j'étais petit garçon.* 1 vol. avec 52 gravures d'après Ferdinandus.
— *Dans notre classe.* 1 vol. avec 26 gravures d'après Jeanniot.

**Le Roy** (Mme F.) : *L'aventure de Petit Paul.* 1 vol. illustré de 45 gravures, d'après Ferdinandus.

**Molesworth** (Mrs) : *Les aventures de M. Baby,* traduit de l'anglais par Mme de Witt. 1 vol. avec 12 gravures d'après W. Crane.

**Pape-Carpantier** (Mme) : *Nouvelles histoires et leçons de choses.* 1 vol. avec 42 gravures d'après Semechini.

**Surville** (André) : *Les grandes vacances.* 1 vol. avec 30 gravures d'après Semechini.
— *Les amis de Berthe.* 1 vol. avec 30 gravures d'après Ferdinandus.
— *La petite Givonnette.* 1 vol. illustré de 34 gravures d'après Grigny.
— *Fleur des champs.* 1 vol. illustré de 32 gravures d'après Zier.

**Witt** (Mme de), née Guizot : *Histoire de deux petits frères.* 1 vol. avec 45 grav. d'après Tofani.
— *Sur la plage.* 1 vol. avec 55 gravures, d'après Ferdinandus.
— *Par monts et par vaux.* 1 vol. avec 54 grav. d'après Ferdinandus.
— *Vieux amis.* 1 vol. avec 60 gravures d'après Ferdinandus.
— *En pleins champs.* 1 vol. avec 45 gravures d'après Gilbert.
— *Petite.* 1 vol. avec 56 gravures d'après Tofani.
— *A la montagne.* 1 vol. illustré de 5 gravures d'après Ferdinandus.
— *Deux tout petits.* 1 vol. illustré de 32 gravures d'après Ferdinandus.

# BIBLIOTHÈQUE ROSE ILLUSTRÉE

### FORMAT IN-16

## CHAQUE VOLUME, BROCHÉ, 2 FR. 25

### CARTONNÉ EN PERCALINE ROUGE, TRANCHES DORÉES, 3 FR. 50

---

### Iʳᵉ SÉRIE, POUR LES ENFANTS DE 4 A 8 ANS

**Anonyme** : *Chien et chat*, traduit de l'anglais. 1 vol. avec 45 gravures d'après E. Bayard.

— *Douze histoires pour les enfants de quatre à huit ans*, par une mère de famille. 1 vol. avec 8 gravures d'après Bertall.

— *Les enfants d'aujourd'hui*, par le même auteur. 1 vol. avec 40 gravures d'après Bertall.

**Carraud** (Mᵐᵉ) : *Historiettes véritables*, pour les enfants de quatre à huit ans. 1 vol. avec 94 gravures d'après G. Fath.

**Fath** (G.) : *La sagesse des enfants*, proverbes. 1 vol. avec 100 gravures d'après l'auteur.

**Laroque** (Mᵐᵉ) : *Grands et petits*. 1 vol. avec 64 gravures d'après Bertall.

**Marcel** (Mᵐᵉ J.) : *Histoire d'un cheval de bois*. 1 vol. avec 20 gravures d'après E. Bayard.

**Pape-Carpantier** (Mᵐᵉ *Histoire et leçons de choses pour les enfants*. 1 vol. avec 85 gravures d'après Bertall.

Ouvrage couronné par l'Académie française.

**Perrault, MMᵐᵉˢ d'Aulnoy** et **Leprince de Beaumont** : *Contes de fées*. 1 vol. avec 65 gravures d'après Bertall et Forest.

**Porchat** (J.) : *Contes merveilleux*. 1 vol. avec 21 gravures d'après Bertall.

**Schmid** (le chanoine) : 190 *contes pour les enfants*, traduit de l'allemand par André Van Hasselt. 1 vol. avec 29 gravures d'après Bertall.

**Ségur** (Mᵐᵉ la comtesse de) : *Nouveaux contes de fées*. 1 vol. avec 46 gravures d'après Gustave Doré et H. Didier.

### IIᵉ SÉRIE, POUR LES ENFANTS DE 8 A 14 ANS

**Achard** (A.) : *Histoire de mes amis*. 1 vol. avec 25 gravures d'après Bellecroix.

**Alcott** (Miss) : *Sous les lilas*, traduit de l'anglais par Mᵐᵉ S. Lepage. 1 vol. avec 23 gravures.

**Andersen** : *Contes choisis*, traduits du danois par Soldi. 1 vol. avec 40 gravures d'après Bertall.

**Anonyme** : *Les fêtes d'enfants*, scènes et dialogues. 1 vol. avec 41 gravures d'après Foulquier.

**Assollant** (A.). *Les aventures mer- veilleuses mais authentiques du capitaine Corcoran.* 2 vol. avec 50 gravures, d'après A. de Neuville.

**Barrau** (Th.) : *Amour filial.* 1 vol. avec 41 gravures d'après Ferogio.

**Bawr** (Mᵐᵉ de) : *Nouveaux contes.* 1 vol. avec 40 gravures d'après Bertall.

Ouvrage couronné par l'Académie française.

**Beleze** : *Jeux des adolescents.* 1 vol. avec 140 gravures.

**Berquin** : *Choix de petits drames et de contes.* 1 vol. avec 36 gravures d'après Foulquier, etc.

**Berthet** (E.) : *L'enfant des bois.* 1 vol. avec 61 gravures.

**Blanchère** (De la) : *Les aventures de la Ramée.* 1 vol. avec 36 gra- vures d'après E. Forest.

— *Oncle Tobie le pêcheur.* 1 vol. avec 80 gravures d'après Foulquier et Mesnel.

**Boiteau** (P.): *Légendes* recueillies ou composées pour les enfants. 1 vol. avec 42 gravures d'après Bertall.

**Carpentier** (Mˡˡᵉ E.) : *La maison du bon Dieu.* 1 vol. avec 58 gravures d'après Riou.

— *Sauvons-le !* 1 vol. avec 60 gra- vures d'après Riou.

— *Le secret du docteur,* ou la maison fermée. 1 vol. avec 43 gravures d'après P. Girardet.

— *La tour du preux.* 1 vol. avec 59 gravures d'après Tofani.

— *Pierre le Tors.* 1 vol. avec 64 gra- vures d'après Zier.

**Carraud** (Mᵐᵉ Z.): *La petite Jeanne,* ou le devoir. 1 vol. avec 21 gra- vures d'après Forest.

Ouvrage couronné par l'Académie française.

**Carraud** (Mᵐᵉ Z.) : *Les goûters de la grand'mère.* 1 vol. avec 18 gra- vures d'après E. Bayard.

— *Les métamorphoses d'une goutte d'eau.* 1 vol. avec 50 gravures d'après E. Bayard.

**Castillon** (A.): *Les récréations phy- siques.* 1 vol. avec 36 gravures d'après Castelli.

— *Les récréations chimiques,* faisant suite au précédent. 1 vol. avec 34 gravures d'après H. Castelli.

**Cazin** (Mᵐᵉ J.) : *Les petits monta- gnards.* 1 vol. avec 51 gravures d'après G. Vuillier.

— *Un drame dans la montagne.* 1 vol. avec 33 grav. d'après G. Vuillier.

— *Histoire d'un pauvre petit.* 1 vol. avec 40 gravures d'après Tofani.

— *L'enfant des Alpes.* 1 vol. avec 33 gravures d'après Tofani.

— *Perlette.* 1 vol. illustré de 54 gra- vures d'après MYRBACH.

— *Les saltimbanques.* 1 vol. avec 66 gravures d'après Girardet.

**Chabreul** (Mᵐᵉ de) : *Jeux et exer- cices des jeunes filles.* 1 vol. avec 62 gravures d'après Fath, et la musique des rondes.

**Colet** (Mᵐᵉ L.) : *Enfances célèbres.* 1 vol. avec 57 grav. d'après Foulquier.

**Contes anglais,** traduits par Mᵐᵉ de Witt. 1 vol. avec 43 gravures d'après Morin.

**Deslys** (Ch.) : *Grand'maman.* 1 vol. avec 29 gravures d'après E. Zier.

**Edgeworth** (Miss : *Contes de l'adolescence,* traduits par A. Le François. 1 vol. avec 42 gravures d'après Morin.

— *Contes de l'enfance,* traduits par le même. 1 vol. avec 26 gravures d'après Foulquier.

**Edgeworth** (Miss) : *Demain*, suivi de *Mourad le malheureux*, contes traduits par H. Jousselin. 1 vol. avec 55 gravures d'après Bertall.

**Fath** (**G.**) : *Bernard, la gloire de son village.* 1 vol. avec 56 gravures d'après M^me G. Fath.

**Fénelon** : *Fables.* 1 vol. avec 29 grav. d'après Forest et É. Bayard.

**Fleuriot** (M^lle) : *Le petit chef de famille.* 1 vol. avec 57 gravures d'après H. Castelli.

— *Plus tard*, ou le jeune chef de famille. 1 vol. avec 60 gravures d'après É. Bayard.

— *L'enfant gâté.* 1 vol. avec 48 gravures d'après Ferdinandus.

— *Tranquille et Tourbillon.* 1 vol. avec 45 grav. d'après C. Delort.

— *Cadette.* 1 vol. avec 52 gravures d'après Tofani.

— *En congé.* 1 vol. avec 61 gravures d'après Ad. Marie.

— *Bigarette.* 1 vol. avec 48 gravures d'après Ad. Marie.

— *Bouche-en-Cœur.* 1 vol. avec 45 gravures d'après Tofani.

— *Gildas l'intraitable*, 1 vol. avec 56 gravures d'après E. Zier.

— *Parisiens et Montagnards.* 1 vol. avec 49 gravures d'après E. Zier.

**Foë** (de) : *La vie et les aventures de Robinson Crusoé*, traduites de l'anglais. 1 vol. avec 40 gravures.

**Fonvielle** (W. de) : *Néridah.* 2 vol. avec 45 gravures d'après Sahib.

**Fresneau** (M^me), née de Ségur : *Comme les grands!* 1 vol. illustré de 46 gravures d'après Ed. ZIER.

**Genlis** (M^me de) : *Contes moraux.* 1 vol. avec 40 gravures d'après Foulquier, etc.

**Gérard** (A.) : *Petite Rose. — Grande Jeanne.* 1 vol. avec 28 gravures d'après Gilbert.

**Girardin** (J.) : *La disparition du grand Krause.* 1 vol. avec 70 gravures d'après Kauffmann.

**Giron** (A.) : *Ces pauvres petits.* 1 vol. avec 22 gravures d'après B. Nouvel.

**Gouraud** (M^lle J.) : *Les enfants de la ferme.* 1 vol. avec 59 grav. d'après É. Bayard.

— *Le livre de maman.* 1 vol. avec 68 grav. d'après É. Bayard.

— *Cécile, ou la petite sœur.* 1 vol. avec 26 grav. d'après Desandré.

— *Lettres de deux poupées.* 1 vol. avec 59 gravures d'après Olivier.

— *Le petit colporteur.* 1 vol. avec 27 grav. d'après A. de Neuville.

— *Les mémoires d'un petit garçon.* 1 vol. avec 86 gravures d'après É. Bayard.

— *Les mémoires d'un caniche.* 1 vol. avec 75 gravures d'après É. Bayard.

— *L'enfant du guide.* 1 vol. avec 60 gravures d'après É. Bayard.

— *Petite et grande.* 1 vol. avec 48 gravures d'après É. Bayard.

— *Les quatre pièces d'or.* 1 vol. avec 54 gravures d'après É. Bayard.

— *Les deux enfants de Saint-Domingue.* 1 vol. avec 54 gravures d'après É. Bayard.

— *La petite maîtresse de maison.* 1 vol. avec 37 grav. d'après Marie.

— *Les filles du professeur.* 1 vol. avec 36 grav. d'après Kauffmann.

— *La famille Harel.* 1 vol. avec 44 gravures d'après Valnay.

— *Aller et retour.* 1 vol. avec 40 gravures d'après Ferdinandus.

— *Les petits voisins.* 1 vol. avec 39 gravures d'après C. Gilbert.

— *Chez grand'mère.* 1 vol. avec 98 gravures d'après Tofani.

— *Le petit bonhomme.* 1 vol. avec 45 grav. d'après A. Ferdinandus.

Gouraud (M<sup>lle</sup> J.) . *Le vieux châ-teau*. 1 vol. avec 28 gravures d'après E. Zier.

— *Pierrot*. 1 vol. avec 31 gravures d'après E. Zier.

— *Minette*. 1 vol. illustré de 52 gra-vures d'après TOFANI.

— *Quand je serai grande!* 1 vol. avec 60 gravures d'après Ferdinandus.

Grimm (les frères) : *Contes choisis*, traduits par Ferd. Baudry. 1 vol. avec 40 gravures d'après Bertall.

Hauff : *La caravane*, traduit par A. Talon. 1 vol. avec 40 gravures d'après Bertall.

— *L'auberge du Spessart*, traduit par A. Talon. 1 vol. avec 61 gra-vures d'après Bertall.

Hawthorne : *Le livre des mer-veilles*, traduit de l'anglais par L. Rabillon. 2 vol. avec 40 gra-vures d'après Bertall.

Hébel et Karl Simrock : *Contes allemands*, traduits par M. Martin. 1 vol. avec 27 grav. d'après Bertall.

Johnson (R. B.) : *Dans l'extrême Far West*, traduit de l'anglais par A. Talandier. 1 vol. avec 20 gra-vures d'après A. Marie.

Marcel (M<sup>me</sup> J.) : *L'école buisson-nière*. 1 vol. avec 20 gravures d'a-près A. Marie.

— *Le bon frère*. 1 vol. avec 21 gra-vures d'après E. Bayard.

— *Les petits vagabonds*. 1 vol. avec 25 gravures d'après E. Bayard.

— *Histoire d'une grand'mère et de son petit-fils*. 1 vol. avec 36 gra-vures d'après C. Delort.

— *Daniel*. 1 vol. avec 45 gravures d'après Gilbert.

— *Le frère et la sœur*. 1 vol. avec 45 gravures d'après E. Zier.

— *Un bon gros pataud*. 1 vol. avec 45 gravures d'après Jeanniot.

Maréchal (M<sup>lle</sup> M.) : *La dette de Ben-Aïssa*. 1 vol. avec 20 gravures d'après Bertall.

— *Nos petits camarades*. 1 vol. avec 18 gravures d'après E. Bayard et H. Castelli, etc.

— *La maison modèle*. 1 vol. avec 42 gravures d'après Sahib.

Marmier (X.) : *L'arbre de Noël*. 1 vol. avec 68 grav. d'après Bertall.

Martignat (M<sup>lle</sup> de) : *Les vacances d'Élisabeth*. 1 vol. avec 36 gravures d'après Kauffmann.

— *L'oncle Boni*. 1 vol. avec 42 gra-vures d'après Gilbert.

— *Ginette*. 1 vol. avec 50 gravures d'après Tofani.

— *Le manoir d'Yolan*. 1 vol. avec 56 gravures d'après Tofani.

— *Le pupille du général*. 1 vol. avec 40 gravures d'après Tofani.

— *L'héritière de Maurivèze*. 1 vol. avec 39 grav. d'après Poirson.

— *Une vaillante enfant*. 1 vol. avec 43 gravures par Tofani.

— *Une petite-nièce d'Amérique*. 1 vol. avec 43 gravures d'après Tofani.

— *La petite fille du vieux Thémy*. 1 vol. illustré de 42 gravures d'après TOFANI.

Mayne-Reid (le capitaine) : *Les chasseurs de girafes*, traduit de l'anglais par H. Vattemare. 1 vol. avec 10 grav. d'après A. de Neuville.

— *A fond de cale*, traduit par M<sup>me</sup> H. Loreau. 1 vol. avec 12 gravures.

— *A la mer!* traduit par M<sup>me</sup> H. Loreau. 1 vol. avec 12 gravures.

— *Bruin*, ou les chasseurs d'ours, traduit par A. Letellier. 1 vol. avec 8 grandes gravures.

— *Les chasseurs de plantes*, traduit par M<sup>me</sup> H. Loreau. 1 vol. avec 29 gravures.

**Mayne-Reid** (le capitaine) : *Les exilés dans la forêt*, traduit par Mᵐᵉ H. Loreau. 1 vol. avec 12 gravures.

— *L'habitation du désert*, traduit par A. Le François. 1 vol. avec 24 gravures.

— *Les grimpeurs de rochers*, traduits par Mᵐᵉ H. Loreau. 1 vol. avec 20 gravures.

— *Les peuples étranges*, traduits par Mᵐᵉ H. Loreau. 1 vol. avec 24 gravures.

— *Les vacances des jeunes Boërs*, traduites par Mᵐᵉ H. Loreau. 1 vol. avec 12 gravures.

— *Les veillées de chasse*, traduites par H.-B. Révoil. 1 vol. avec 43 gravures d'après Freeman.

— *La chasse au Léviathan*, traduite par J. Girardin. 1 vol. avec 51 gravures d'après A. Ferdinandus et Th. Weber.

— *Les naufragés de la Calypso*. 1 vol. traduit par Mᵐᵉ GUSTAVE DEMOULIN et illustré de 55 gravures d'après PRANISHNIKOFF.

**Muller** (E.) : *Robinsonnette*. 1 vol. avec 22 gravures d'après Lix.

**Ouida** : *Le petit comte*. 1 vol. avec 34 gravures d'après G. Vullier, Tofani, etc.

**Peyronny** (Mᵐᵉ de), née d'Isle : *Deux cœurs dévoués*. 1 vol. avec 53 gravures d'après J. Devaux.

**Pitray** (Mᵐᵉ de) : *Les enfants des Tuileries*. 1 vol. avec 29 gravures d'après É. Bayard.

— *Les débuts du gros Philéas*. 1 vol. avec 57 grav. d'après H. Castelli.

— *Le château de la Pétaudière*. 1 vol. avec 78 grav. d'après A. Marie.

— *Le fils du maquignon*. 1 vol. avec 65 gravures d'après Riou.

— *Petit monstre et poule mouillée*. 1 vol. avec 66 grav. par E. Girardet.

**Rendu** (V.) : *Mœurs pittoresques des insectes*. 1 vol. avec 49 grav.

**Rostoptchine** (Mᵐᵉ la comtesse) : *Belle, Sage et Bonne*. 1 vol. avec 39 gravures d'après Ferdinandus.

**Sandras** (Mᵐᵉ) : *Mémoires d'un lapin blanc*. 1 vol. avec 20 gravures d'après E. Bayard.

**Sannois** (Mˡˡᵉ la comtesse de) : *Les soirées à la maison*. 1 vol. avec 42 gravures d'après É. Bayard.

**Ségur** (Mᵐᵉ la comtesse de) : *Après la pluie, le beau temps*. 1 vol. avec 128 grav. d'après É. Bayard.

— *Comédies et proverbes*. 1 vol. avec 60 gravures d'après É. Bayard.

— *Diloy le chemineau*. 1 vol. avec 90 gravures d'après H. Castelli.

— *François le bossu*. 1 vol. avec 114 gravures d'après É. Bayard.

— *Jean qui grogne et Jean qui rit*. 1 vol. avec 70 grav. d'après Castelli.

— *La fortune de Gaspard*. 1 vol. avec 52 gravures d'après Gerlier.

— *La sœur de Gribouille*. 1 vol. avec 72 grav. d'après H. Castelli.

— *Pauvre Blaise!* 1 vol. avec 65 gravures d'après H. Castelli.

— *Quel amour d'enfant!* 1 vol. avec 79 gravures d'après É. Bayard.

— *Un bon petit diable*. 1 vol. avec 100 gravures d'après H. Castelli.

— *Le mauvais génie*. 1 vol. avec 90 gravures d'après É. Bayard.

— *L'auberge de l'ange gardien*. 1 vol. avec 75 grav. d'après Foulquier.

— *Le général Dourakine*. 1 vol. avec 100 gravures d'après É. Bayard.

— *Les bons enfants*. 1 vol. avec 70 gravures d'après Ferogio.

— *Les deux nigauds*. 1 vol. avec 76 gravures d'après H. Castelli.

— *Les malheurs de Sophie*. 1 vol. avec 48 grav. d'après H. Castelli.

Ségur (M^me a comtesse de) : *Les petites filles modèles.* 1 vol. avec 21 gravures d'après Bertall.

— *Les vacances.* 1 vol. avec 36 gravures d'après Bertall.

— *Mémoires d'un âne.* 1 vol. avec 75 grav. d'après H. Castelli.

Stolz (M^me de) : *La maison roulante.* 1 vol. avec 20 grav. sur bois d'après É. Bayard.

— *Le trésor de Nanette.* 1 vol. avec 24 gravures d'après É. Bayard.

— *Blanche et noire.* 1 vol. avec 54 gravures d'après É. Bayard.

— *Par-dessus la haie.* 1 vol. avec 56 gravures d'après A. Marie.

— *Les poches de mon oncle.* 1 vol. avec 20 gravures d'après Bertall.

— *Les vacances d'un grand-père.* 1 vol. avec 40 gravures d'après G. Delafosse.

— *Quatorze jours de bonheur.* 1 vol. avec 45 gravures d'après Bertall.

— *Le vieux de la forêt.* 1 vol. avec 32 gravures d'après Sahib.

— *Le secret de Laurent.* 1 vol. avec 32 gravures d'après Sahib.

— *Les deux reines.* 1 vol. avec 32 gravures d'après Delort.

— *Les mésaventures de Mlle Thérèse.* 1 vol. avec 29 grav. d'après Charles.

— *Les frères de lait.* 1 vol. avec 42 gravures d'après E. Zier.

Stolz (M^me de) : *Magali.* 1 vol. avec 36 gravures d'après Tofani.

— *La maison blanche.* 1 vol. avec 35 gravures d'après Tofani.

— *Les deux André.* 1 vol. avec 45 gravures d'après Tofani.

— *Deux tantes.* 1 vol. avec 43 gravures d'après Tofani.

— *Violence et bonté.* 1 vol. avec 36 gravures par Tofani.

Swift : *Voyages de Gulliver*, traduits et abrégés à l'usage des enfants. 1 vol. avec 57 gravures d'après Delafosse.

Taulier : *Les deux petits Robinsons de la Grande-Chartreuse.* 1 vol. avec 69 gravures d'après É. Bayard et Hubert Clerget.

Tournier : *Les premiers chants*, poésies à l'usage de la jeunesse, 1 vol. avec 20 gravures d'après Gustave Roux.

Vimont (Ch.) : *Histoire d'un navire.* 1 vol. avec 40 gravures d'après Alex. Vimont.

Witt (M^me de), née Guizot : *Enfants et parents.* 1 vol. avec 34 gravures d'après A. de Neuville.

— *La petite-fille aux grand'mères.* 1 vol. avec 36 grav. d'après Beau.

— *En quarantaine.* 1 vol. avec 48 gravures d'après Ferdinandus.

## III^e SÉRIE, POUR LES ENFANTS ADOLESCENTS

ET POUVANT FORMER UNE BIBLIOTHÈQUE POUR LES JEUNES FILLES DE 14 A 18 ANS

### VOYAGES

Agassiz (M. et M^me) : *Voyage au Brésil*, traduits et abrégés par J. Belin de Launay. 1 vol. avec 16 gravures et 1 carte.

Aunet (M^me d') : *Voyage d'une femme au Spitzberg.* 1 vol. avec 84 gravures.

Baines : *Voyages dans le sud-ouest de l'Afrique*, traduits et abrégés par J. Belin de Launay. 1 vol. avec 22 gravures et 1 carte.

**Baker**: *Le lac Albert N'yanza*. Nouveau voyage aux sources du Nil, abrégé par Belin de Launay. 1 vol. avec 16 gravures et 1 carte.

**Baldwin** : *Du Natal au Zambèze* (1861-1865). Récits de chasses, abrégés par J. Belin de Launay. 1 vol. avec 24 gravures et 1 carte.

**Burton** (le capitaine) : *Voyages à la Mecque, aux grands lacs d'Afrique et chez les Mormons*, abrégés par J. Belin de Launay. 1 vol. avec 12 gravures et 3 cartes.

**Catlin** : *La vie chez les Indiens*, traduit de l'anglais. vol. avec 25 gravures.

**Fonvielle** (W. de) : *Le glaçon du Polaris*, aventures du capitaine Tyson. 1 vol. avec 19 gravures et 1 carte.

**Hayes** (Dr) : *La mer libre du pôle*, traduit par F. de Lanoye, et abrégé par J. Belin de Launay. 1 vol. avec 14 gravures et 1 carte.

**Hervé** et de **Lanoye** : *Voyages dans les glaces du pôle arctique*. 1 vol. avec 40 gravures.

**Lanoye** (F. de) : *Le Nil et ses sources*. 1 vol. avec 32 gravures et des cartes.

— *La Sibérie*. 1 vol. avec 48 gravures d'après Lebreton, etc.

— *Les grandes scènes de la nature*. 1 vol. avec 40 gravures.

— *La mer polaire*, voyage de l'Érèbe et de la Terreur, et expédition à la recherche de Franklin. 1 vol. avec 29 gravures et des cartes.

— *Ramsès le Grand*, ou l'Egypte il y a trois mille trois cents ans. 1 vol. avec 39 gravures d'après Lancelot, É. Bayard, etc.

**Livingstone** : *Explorations dans l'Afrique australe*, abrégées par J. Belin de Launay. 1 vol. avec 20 gravures et 1 carte.

**Livingstone** : *Dernier journal* abrégé par J. Belin de Launay. 1 vol. avec 16 gravures et 1 carte.

**Mage** (L.) : *Voyage dans le Soudan occidental*, abrégé par J. Belin de Launay. 1 vol. avec 16 gravures et 1 carte.

**Milton et Cheadle** : *Voyage de l'Atlantique au Pacifique*, traduit et abrégé par J. Belin de Launay. 1 vol. avec 16 gravures et 2 cartes.

**Mouhot** (Ch.) : *Voyage dans le royaume de Siam, le Cambodge et le Laos*. 1 vol. avec 28 gravures et 1 carte.

**Palgrave** (W. G.) : *Une année dans l'Arabie centrale*, traduite et abrégée par J. Belin de Launay. 1 vol. avec 12 gravures, 1 portrait et 1 carte.

**Pfeiffer** (Mme) : *Voyages autour du monde*, abrégés par J. Belin de Launay. 1 vol. avec 16 gravures et 1 carte.

**Piotrowski** : *Souvenirs d'un Sibérien*. 1 vol. avec 10 gravures d'après A. Marie.

**Schweinfurth** (Dr) : *Au cœur de l'Afrique* (1866-1871). Traduit par Mme H. Loreau, et abrégé par J. Belin de Launay. 1 vol. avec 16 gravures et 1 carte.

**Speke** : *Les sources du Nil*, édition abrégée par J. Belin de Launay. 1 vol. avec 24 gravures et 3 cartes.

**Stanley** : *Comment j'ai retrouvé Livingstone*, traduit par Mme Loreau, et abrégé par J. Belin de Launay. 1 vol. avec 16 gravures et 1 carte.

**Vambéry** : *Voyages d'un faux derviche dans l'Asie centrale*, traduits par E. D. Forgues, et abrégés par J. Belin de Launay. 1 vol. avec 18 gravures et une carte.

## HISTOIRE

**Le loyal serviteur :** *Histoire du gentil seigneur de Bayard*, revue et abrégée, à l'usage de la jeunesse, par Alph. Feillet. 1 vol. avec 36 gravures d'après P. Sellier.

**Monnier (M.) :** *Pompéi et les Pompéiens*. Édition à l'usage de la jeunesse. 1 vol. avec 25 gravures d'après Thérond.

**Plutarque :** *Vie des Grecs illustres*, édition abrégée par A. Feillet. 1 vol. avec 53 gravures d'après P. Sellier.

— *Vie des Romains illustres*, édition abrégée par A. Feillet. 1 vol. avec 69 gravures d'après P. Sellier.

**Retz** (Le cardinal de) : *Mémoires* abrégés par A. Feillet. 1 vol. avec 35 gravures d'après Gilbert, etc.

## LITTÉRATURE

**Bernardin de Saint-Pierre :** *Œuvres choisies*. 1 vol. avec 12 gravures d'après É. Bayard.

**Cervantès :** *Don Quichotte de la Manche*. 1 vol. avec 64 gravures d'après Bertall et Forest.

**Homère :** *L'Iliade et l'Odyssée*, traduites par P. Giguet et abrégées par Alph. Feillet. 1 vol. avec 33 gravures d'après Olivier.

**Le Sage :** *Aventures de Gil Blas*, édition destinée à l'adolescence. 1 vol. avec 50 gravures d'après Leroux.

**Mac-Intosch** (Miss) : *Contes américains*, traduits par Mme Dionis. 2 vol. avec 50 gravures d'après É. Bayard.

**Maistre** (X. de) : *Œuvres choisies*. 1 vol. avec 15 gravures d'après É. Bayard.

**Molière :** *Œuvres choisies*, abrégées à l'usage de la jeunesse. 2 vol. avec 22 gravures d'après Hillemacher.

**Virgile :** *Œuvres choisies*, traduites et abrégées à l'usage de la jeunesse, par Th. Barrau. 1 vol. avec 20 gravures d'après P. Sellier.

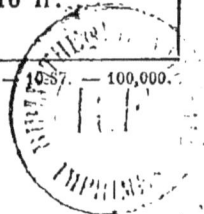

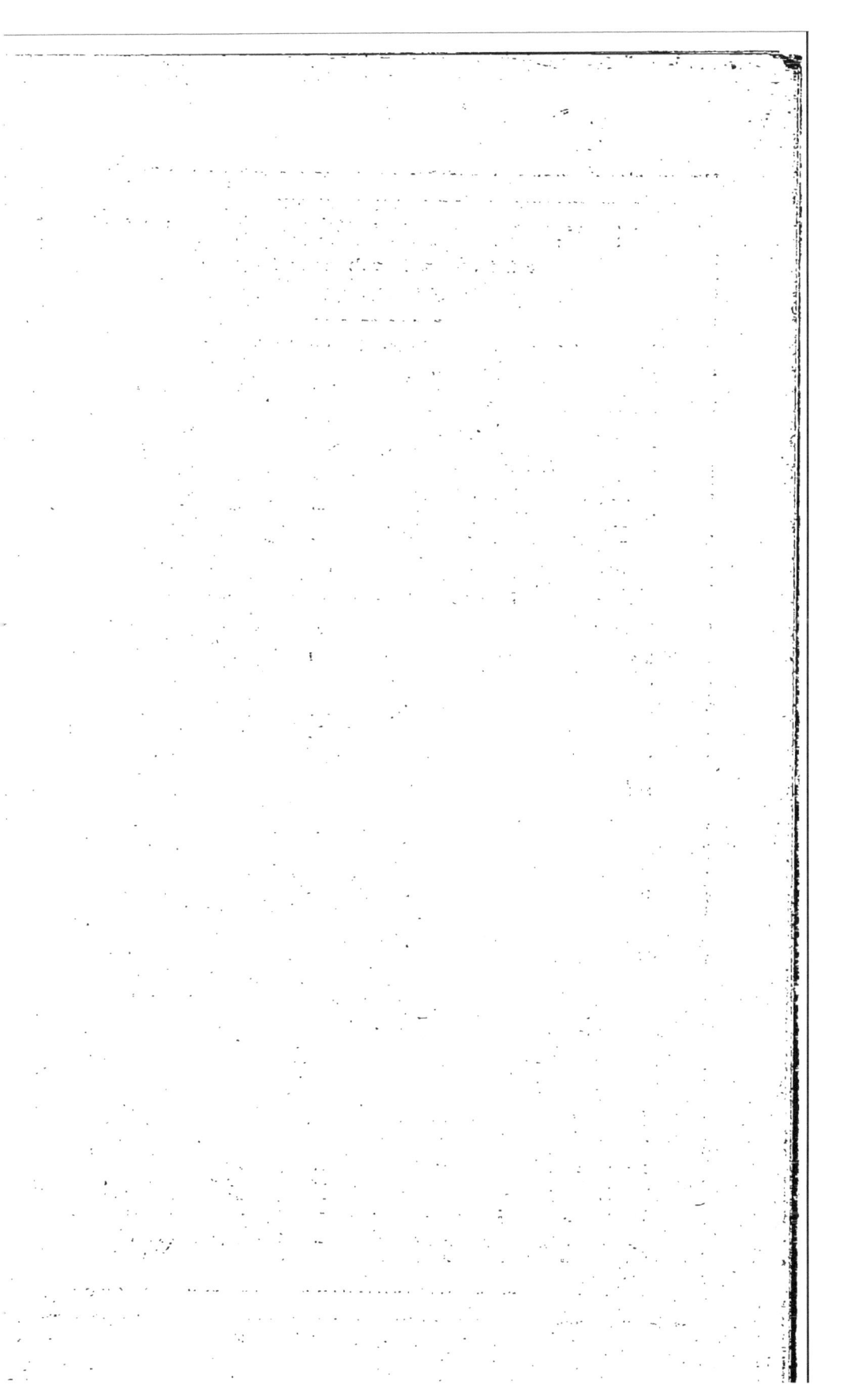

# BIBLIOTHÈQUE DES MERVEILLES

### à 2 fr. 25 c. le volume in-18 jésus

La reliure percaline, tranches rouges, se paye en sus 1 fr. 25 c.

Imprimerie. Lahure, rue de Fleurus, 9, à Paris.